图们江流域常见水生生物图谱

殷旭旺 王汨 李晓丽 宋晶 等 著

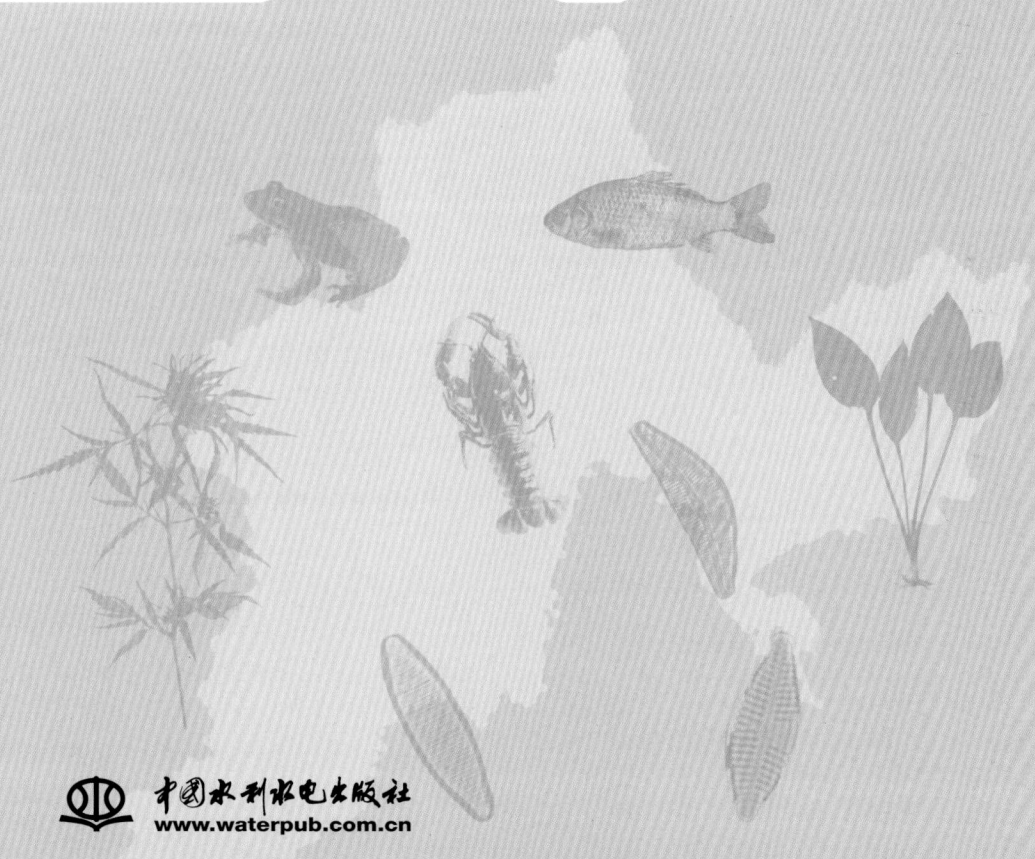

中国水利水电出版社
www.waterpub.com.cn
·北京·

内 容 提 要

本书共分三部分，第一部分为概述，主要介绍图们江流域概况，内容包括自然地理、气象水文、经济社会和生态环境；图们江水生生物多样性调查（包括调查原则、调查方法、流程和主要结果）。第二部分主要展示图们江常见水生生物的图鉴及分类特征，内容涵盖藻类、大型底栖动物、鱼类、两栖动物、爬行动物和大型植物。第三部分为附录，提供了物种的名录与分布。

本书适合流域水生态监测与评价、流域水生生物多样性保护、流域渔业资源养护等相关领域的科研和管理人员参考阅读。

图书在版编目（CIP）数据

图们江流域常见水生生物图谱 / 殷旭旺等著.
北京：中国水利水电出版社, 2025. 3. -- ISBN 978-7
-5226-2801-1

Ⅰ. Q178.42-64

中国国家版本馆CIP数据核字第20242DF785号

书　　名	图们江流域常见水生生物图谱 TUMEN JIANG LIUYU CHANGJIAN SHUISHENG SHENGWU TUPU	
作　　者	殷旭旺　王　汨　李晓丽　宋　晶　等　著	
出版发行	中国水利水电出版社 （北京市海淀区玉渊潭南路1号D座　100038） 网址：www.waterpub.com.cn E-mail: sales@mwr.gov.cn 电话：(010) 68545888（营销中心）	
经　　售	北京科水图书销售有限公司 电话：(010) 68545874、63202643 全国各地新华书店和相关出版物销售网点	
排　　版	北京金五环出版服务有限公司	
印　　刷	北京天工印刷有限公司	
规　　格	170mm×240mm　16开本　20.75印张　438千字	
版　　次	2025年3月第1版　2025年3月第1次印刷	
印　　数	0001—1000册	
定　　价	258.00元	

凡购买我社图书，如有缺页、倒页、脱页的，本社营销中心负责调换
版权所有·侵权必究

编委会成员

殷旭旺　王　汨　李晓丽　宋　晶　毛凤锦
张锦锐　浦同淯　李庆南　刘　钢

序
PREFACE

淡水是人类赖以生存的环境资源，蕴藏着相对较高的生物多样性，例如内陆淡水仅占全球水资源的0.01%和陆地面积的0.8%，却养育了近10%的动物种类；由淡水生物多样性所产生的生态系统服务价值达数万亿元。然而淡水生态系统在人类社会工业化和城市化的进程中受到了极大影响，仅在20世纪全球范围内就有50%的内陆淡水生境丧失，而剩余的淡水生境也正在经历由于森林砍伐、农业耕作、环境污染、生物入侵、富营养化和气候变暖等所导致的生态系统退化。河流作为淡水生态系统的重要组成部分，具有非常明显的空间异质性，在水文状况、水环境质量、物理生境特征和水生生物群落结构等方面，不仅表现为与上游集水区和流经区的河岸带土地利用类型具有显著的关联性，还受到气候变暖引发的河流水温和降水量变化的影响。

图们江位于我国东北地区，是典型的山溪性河流生态系统，也是比较脆弱的生态系统，对人类活动的反应敏感，且具有将上游集水区内微小尺度的生态环境变化累积放大并向下游传递，进而影响其下游更高等级河流生态系统的作用。因此，图们江是研究全球气候变化背景下水生生物多样性响应模式的极佳的实验场所，可为解决人类社会长久发展和自然生态环境开发之间的矛盾，进而实现流域科学管理和资源可持续利用提供重要的科学依据。自2020年起，本书编者在图们江全流域开展水资源和水生生物多样性调查，完成藻类、大型底栖动物、鱼类、两栖动物、爬行动物和大型植物等类群的分布区域调查、生物标本制作以及物种鉴定和拍照，并将相关成果编纂成册，深入盘点并全面记载图们江常见水生生物类群的形态和分布，客观反映和凸显流域内水生生物多样性特征，为相关科研人员与社会公众提供了一本准确翔实的工具书和科研读物，对支撑图们江流域水资源管理、水环境保护、水生态修复以及服务社会经济发展、科学普及、产教研融合都具有重要意义。

本书的编写以《重点流域水生态环境保护规划》为指导，遵循"绿水青山就是金山银山"的生态文明发展理念，工作过程秉承务实严谨的学术作风，每个生物数据的获取都是基于调查、分析、研究、核实及审定的结果，为读者提供了权威、可靠、可信的信息来源，具有鲜明的科学性和创新性。本书亦充分考虑不同层次读者的需求，将各生物类群调查研究成果以真实的图片和简洁的语言进行展示，兼备工具书和科普读物的基本功能。希望本书的出版为今后在东北虎豹国家公园及图们江全流域开展水生生物多样性保护和渔业资源养护提供技术参考和科学指导，也希望为其他流域生物多样性研究和保护利用提供借鉴。

最后，在本书的出版之际，谨向我国在流域生态学、水生生物学、环境科学等领域耕耘奋斗的一线科研工作者们表示诚挚的敬意！

赵 文

2024 年 9 月 10 日

前言
FORWARD

图们江是中国、朝鲜、俄罗斯三国交界处的国际性河流，是中国内陆通向日本海的唯一水上通道，也是东北亚区域经济、人口、地理三个中心的交汇处，在联结亚、欧、美海陆运输格局中居于重要的枢纽地位。图们江流域具有河流、湿地、森林等多种生态系统类型，蕴含丰富的生物多样性，在东北三江源地区担负着水源涵养、水土保持、生物多样性保育和生态系统功能维持的重要作用；流域内坐落的东北虎豹国家公园，更是东北虎、东北豹、梅花鹿等珍稀野生动物的天然家园。

进入21世纪，图们江流域内人类活动加剧，河流生态系统受到不同程度干扰，水资源总量锐减、水环境质量恶化、关键生境丧失等问题日益凸显，导致水生生物多样性和水生态系统功能均受到较大影响。流域内的旗舰物种，如马苏大麻哈鱼（*Oncorhynchus masou*）、普通大麻哈鱼（*Oncorhynchus keta*）、驼背大麻哈鱼（*Oncorhynchus gorbuscha*）等如今难以重现其壮观的洄游场景；流域内众多的珍稀水生生物，如东北七鳃鳗（*Lampetra morii*）、细鳞鲑（*Brachymystax lenok*）、花羔红点鲑（*Salvelinus malma*）、东北小鲵（*Hynobius leechii*）等的种群数量也急剧下降。因此，推进我国东北地区典型脆弱流域生态系统保护与修复，服务山水林田湖草沙一体化保护和系统治理，加快推进人与自然和谐共生的现代化，促进东北地区经济社会进入绿色、低碳的高质量发展，已经成为新时代推动东北全面振兴的重要途径。

本书主要介绍图们江流域常见水生生物类群，重点收集全流域藻类、大型底栖动物、鱼类、两栖动物、爬行动物和大型植物的图像资料，用以展示流域水生生物多样性现状，为在本流域开展水生生物多样性保护和渔业资源养护提供科学依据。图们江流域浮游动物在本书中并未涉及，将另册总结。

本书由大连海洋大学和山西农业大学的科研工作人员合作编写，全书包括流域概况、水生生物多样性调查、生物图鉴、附录等内容；其中，图们江流域概况和水生生物多样性调查部分由殷旭旺、毛凤锦、李庆南等执笔；生物图鉴中藻类部分由殷旭旺、毛凤锦执笔，大型底栖动物部分由殷旭旺、张锦锐、浦同淯执笔，鱼类部分由王汨、刘钢执笔，两栖动物和爬行动物部分由宋晶执笔，大型植物部分由李晓丽执笔。全书由殷旭旺完成校正和定稿。本书的编写和出版得到"科技基础资源调查专项（2019FY101700）"和"国家自然科学基金（41977193）"的资助，在此致以衷心感谢！

由于编者水平有限，书中不足之处在所难免，敬请读者批评指正。

编者

2024 年 9 月

- 序
- 前言
- 概述
- 藻类

  蓝藻门 Cyanophyta ················ 20
    蓝藻纲 Cyanophyceae ············ 20
      色球藻目 Chroococcales ············ 20
      颤藻目 Oscillatoriales ············ 21
      念珠藻目 Nostocales ············ 24
  隐藻门 Crptophyta ················ 26
    隐藻纲 Crptophyceae ············ 26
  黄藻门 Xanthophyta ················ 27
      黄丝藻目 Tribonemtales ············ 27
  硅藻门 Bacillariophyta ················ 28
    中心藻纲 Centricae ············ 28
      圆筛藻目 Coscinodiscales ············ 28
    羽纹藻纲 Pennatae ············ 31
      无壳缝目 Araphidiales ············ 31
      拟壳缝目 Raphidionales ············ 44
      双壳缝目 Biraphidinales ············ 46
      单壳缝目 Monoraphidales ············ 77
      管壳缝目 Aulonoraphidinales ············ 82
  裸藻门 Euglenophyta ················ 91
    裸藻纲 Euglenophyceae ············ 91
      裸藻目 Euglenales ············ 91
  金藻门 Chrysophyta ················ 94
    金藻纲 Chrysophyceae ············ 94

色金藻目 Chromulinales ·················· 94

绿藻门 Chlorophyta ························ **96**

　绿藻纲 Chlorophyceae ···················· **96**

　　团藻目 Volvocales ························ 96

　　绿球藻目 Chlorococcales ················ 98

　　　非集结体亚目 Acoenobianae ········ 98

　　　真集结体亚目 Eucoenobianae ······ 104

　　丝藻目 Ulothrichales ···················· 108

　双星藻纲 Zygnemaphyceae ············ **111**

　　鼓藻目 Desmidiales ···················· 111

甲藻门 Dinophyta ························ **113**

　甲藻纲 Dinophyceae ···················· **113**

　　多甲藻目 Peridiniales ·················· 113

大型底栖动物

环节动物门 Annelida ······················ **116**

　寡毛纲 Oligochaeta ······················ **116**

　　近孔寡毛目 Plesiopora ················ 116

　蛭纲 Clitellata ···························· **117**

　　颚蛭目 Ganthobdellida ················ 117

　　吻蛭目 Rhynchobdellida ·············· 118

软体动物门 Mollusca ······················ **119**

　腹足纲 Gastropoda ······················ **119**

　　基眼目 Basommatophora ············ 119

　　中腹足目 Mesogastropoda ·········· 121

线形动物门 Nemathelminthes ·········· **122**

　铁线虫纲 Gordioda ······················ **122**

　　铁线虫目 Gordioidea ·················· 122

节肢动物门 Arthropoda ·················· **123**

　软甲纲 Malacostraca ···················· **123**

　　端足目 Amphipoda ···················· 123

  十足目 Decapoda ⋯⋯⋯⋯⋯⋯⋯⋯⋯⋯⋯ 124

 昆虫纲 Insecta ⋯⋯⋯⋯⋯⋯⋯⋯⋯⋯⋯⋯⋯ **126**

  半翅目 Hemiptera ⋯⋯⋯⋯⋯⋯⋯⋯⋯⋯ 126

  广翅目 Megaloptera ⋯⋯⋯⋯⋯⋯⋯⋯⋯ 129

  鳞翅目 Lepidoptera ⋯⋯⋯⋯⋯⋯⋯⋯⋯ 129

  鞘翅目 Coleoptera ⋯⋯⋯⋯⋯⋯⋯⋯⋯⋯ 130

  蜻蜓目 Odonata ⋯⋯⋯⋯⋯⋯⋯⋯⋯⋯⋯ 133

  双翅目 Diptera ⋯⋯⋯⋯⋯⋯⋯⋯⋯⋯⋯⋯ 136

  蜉蝣目 Ephemeroptera ⋯⋯⋯⋯⋯⋯⋯⋯ 169

  襀翅目 Plecoptera ⋯⋯⋯⋯⋯⋯⋯⋯⋯⋯ 184

  毛翅目 Trichoptera ⋯⋯⋯⋯⋯⋯⋯⋯⋯ 193

■ 鱼类

  七鳃鳗目 Petromyzontiformes ⋯⋯⋯⋯⋯ 212

  鲟形目 Acipenseriformes ⋯⋯⋯⋯⋯⋯⋯ 213

  鲑形目 Salmoniformes ⋯⋯⋯⋯⋯⋯⋯⋯ 214

  鲑亚目 Salmonoide ⋯⋯⋯⋯⋯⋯⋯⋯⋯⋯ 214

  胡瓜鱼目 Osmeriformes ⋯⋯⋯⋯⋯⋯⋯⋯ 216

  鳗鲡目 Anguilliformes ⋯⋯⋯⋯⋯⋯⋯⋯ 218

  鲤形目 Cypriniformes ⋯⋯⋯⋯⋯⋯⋯⋯⋯ 219

  鲇形目 Siluriformes ⋯⋯⋯⋯⋯⋯⋯⋯⋯⋯ 232

  刺鱼目 Gasterosteiformes ⋯⋯⋯⋯⋯⋯⋯ 233

  鲉形目 Scorpaeniformes ⋯⋯⋯⋯⋯⋯⋯⋯ 234

  鲈形目 Perciformes ⋯⋯⋯⋯⋯⋯⋯⋯⋯⋯ 235

  鲀形目 Tetraodontiformes ⋯⋯⋯⋯⋯⋯⋯ 238

■ 两栖动物

  有尾目 Caudata ⋯⋯⋯⋯⋯⋯⋯⋯⋯⋯⋯⋯ 240

  无尾目 Anura ⋯⋯⋯⋯⋯⋯⋯⋯⋯⋯⋯⋯⋯ 241

■ 爬行动物

  有鳞目 Squamata ⋯⋯⋯⋯⋯⋯⋯⋯⋯⋯⋯ 248

■ 大型植物

■ 附录

概述

一、图们江流域水系概况

（一）自然地理概况

图们江，又称土门江，位于吉林省东南边境，是中华人民共和国、俄罗斯联邦和朝鲜民主主义人民共和国的界河。干流总长525km，中朝界河段长507km，俄朝界河段长15km。图们江河道总落差为1290m，平均坡降1.2‰。总流域面积33168km^2，中国一侧22632.07km^2，占流域面积的68.38%。图们江发源于长白山东麓，自红土水与弱流水汇合处向东流，在和龙市崇善乡罗山农场对岸红丹水汇入后转向东北，至古城里附近左岸红旗河（河长65.8km，流域面积1199km^2）与对岸的西头水相继汇入。在图们市北，左岸嘎呀河汇入，转向东流，在珲春市密江村密江（河长56km，流域面积771km^2）汇入后转向东南。在吉林省珲春市敬信镇防川"土"字界碑出境，以下沿朝鲜（咸镜北道）、俄罗斯（滨海边疆区哈桑区）边界流程15km注入日本海（陈慧等，2006）。

图们江流域在地质构造上，位于天山－阴山纬向构造带和长白山新华夏系第二褶皱隆起带交界处的东部。流域内的构造体系复杂多样，褶皱强烈，地层多变，岩性复杂。岩石以花岗岩、花岗闪长岩、正片麻岩为主，还有闪长岩、安山岩、页岩、砂岩、玄武岩等（南颖等，2006）。流域内的地貌类型复杂多样，地势高低相差悬殊，河流深切，陡坡广布。主要地貌类型为中山、低山、丘陵、台地和河谷平原，其中山地面积约占62.6%，台地约占20.9%，平原约占16.5%。主要山脉有哈尔巴岭、牡丹岭、英额岭、盘岭、高岭、老爷岭、大丽岭和南岗山脉等，主要的平原则分布在海兰江盆谷地、布尔哈通河盆谷地、春河盆谷地和图们江下游地区。这种地貌特征决定了本流域土地利用的特殊格局和污染物的传输状况，为水土流失等灾害的发生发展创造了条件（崔永男等，2021）。

（二）气象水文概况

图们江流域属温带大陆性季风气候，四季分明，春季风大而干燥、夏季温热多雨、秋季凉爽多雾、冬季漫长寒冷。降水年内与年际分布的主要特征有以下几点：

（1）以雨水为主，多年平均降水量为566.50mm，降水量变化总体较为稳定，有微弱的增加趋势，上升趋势仅为4.823mm/10a，降水增加趋势不明显。

（2）降水量年内分配极不均匀，各季降水变化存在差异。冬季受干冷极地大陆气团的控制，降水量仅占年降水量的1%~5%，其中1月降水量不足全年的1%，且多为飘雪。除了夏季降水呈下降趋势外，其他季节降水均呈增多趋势，其中春季气旋活动增多，降水随之增加，降水量占全年的10%~20%，其中4月降水量占全年降水量的3%~6%。夏季受东南季风影响，降水量占年降水量的50%~70%，最大降水月出现在8月（余风，2018；张秀梅，2012）。

（3）降水量在区域上受地形影响明显。在流域上游区、珲春河流域的迎风坡，年降水量600~700mm，为降水高值区。背风坡的延吉盆地和龙盆地一带降水量500mm左右，为低值区。西北部山区，受地形抬升影响降水量有所增加，一般为500~600mm。总的来说，流域降水量较丰富，水源丰沛（张秀梅，2012）。

（4）降水量年际变化较小。流域内最丰年降水量为1140mm，最少年为260.3mm，最大年降水量与最小年降水量比值为4.4。该数值与秦岭淮河以南广大多雨区相近，而比华北及东北西部地区小（张秀梅，2012）。

（三）经济社会概况

图们江流域位于东北亚中心地带，是东北亚经济圈、环日本海经济圈以及中国东北地区的交汇处。以图们市为例，图们市全力致力于电子装备、服装服饰、建筑材料、医药食品"四大主导产业"，构筑"一区五园"区域发展格局，大力实施产业强市发展战略，不断夯实"稳住"基础、激发"进好"动能、保持"调优"态势。据统计，2021年第一产业增加值17718万元，增长10.2%；第二产业增加值95150万元，增长8.2%；第三产业增加值164559万元，增长7.0%。各个产业比重为6.4∶34.3∶59.3。

2022年全年，珲春市实现外贸进出口总额153.07亿元，比上年增长44.1%。其中：出口总额56.28亿元，增长69.2%；进口总额98.00亿元，增长32.7%。2024年，珲春市紧扣产业发展抓招商，围绕落实省委构建"464"产业新格局和州委打造"十大产业集群"部署要求，全面开展全链条、跨链条招商。整合域内和周边资源，通过承接产业转移、引入高新技术、吸纳专业人才等方式，吸引一批优质企业落户珲春。

图们江是中国通向日本海的唯一水上通道。延边朝鲜族自治州对外开放通道有11个，其中公务通道1个，其他10个口岸中有2个对俄口岸，即珲春口岸和珲春铁路口岸。另外有7个对朝口岸和1个航空口岸。10个口岸中一类口岸（国家级）有8个，二类口岸（省级）有2个。7个位于江边的口岸分别是：圈河国际客货公路运输口岸、图们国际运输口岸（图们国际客货公路口岸、图们国际货物铁路口岸）、沙坨子双边客货公路运输口岸、开山屯双边客货公路运输口岸、三合双边客货公路运输口岸、南坪双边客货公路运输口岸、古城里双边客货公路运输口岸。另外4个不在江边的口岸分别为安图双目峰公务通道、延吉航空口岸珲春国际客货公路运输口岸和珲春国际客货铁路运输口岸。

（四）生态环境状况

图们江流域具有河流、湿地、森林等多种生态系统，是丹顶鹤等世界濒危迁徙鸟类的中间停歇地，是图们江红莲、大果野玫瑰等多种珍稀植物和东北虎等世界濒危物种的分布区，担负着东北亚生态网络的核心地位。区域内野生经济植物1600余种，经济动物200余种，其中比较珍贵的有梅花鹿、紫貂、东北豹、东北虎等，特别是长白山区域，具有建立基因库的优越条件（朱卫红等，2014）。

长期以来，由于管理落后、过量采伐、采育失调，森林资源不断受到破坏，林龄和林种结构不合理，从而导致珍贵动、植物数量和种类的减少，涵养水源功能降低，水质日趋恶化。目前，除长白山保护区和极少数地区尚保存有原始森林外，几乎全部的原始森林都变成为次生林。东北虎等一些珍贵动物已濒临灭绝的危险。据统计，图们江流域水土流失面积为33.75hm^2，占流域总面积的14.9%，年平均土壤流失量为812.4万t。按水土流失程度分，中轻度流失面积占现有流失面积的47.8%，中度流失面积占25.8%，强度流失面积占26.2%，中强度流失面积合计占一半以上。特别是在布尔哈通河和海兰江流域，由于人口密度大，林草覆盖率低，耕地、荒地面积大，水土流失现象尤为严重。严重的水土流失导致土壤贫瘠，河道淤塞变浅，河水含沙量增高，农业生态退化，影响了生态环境的良性循环（朱正宪等，2013）。

二、图们江水生生物多样性调查

（一）调查站位分布

根据水系状况，课题组于2020—2023年围绕图们江流域的6条主要支流（珲春河、密江河、嘎呀河、布尔哈通河、海兰河、红旗河）以及图们江干流（中国境内）的355个调查站位，开展系统性水生态系统监测与评价（图1）。全区域监测点位调查主要内容包括：常规水质、水体生境、浮游植物、着生藻类、大型底栖无脊椎动物、鱼类、两栖动物、爬行动物以及水生植物。通过开展图们江流域生物多样性资源调查，有利于全面深入了解图们江流域生态系统的健康状况，制定对应河流水生态修复和生物多样性保护的对策，进而为图们江流域的生物资源保护和修复提供重要依据，对水生态环境生物多样性的保护具有重要意义。

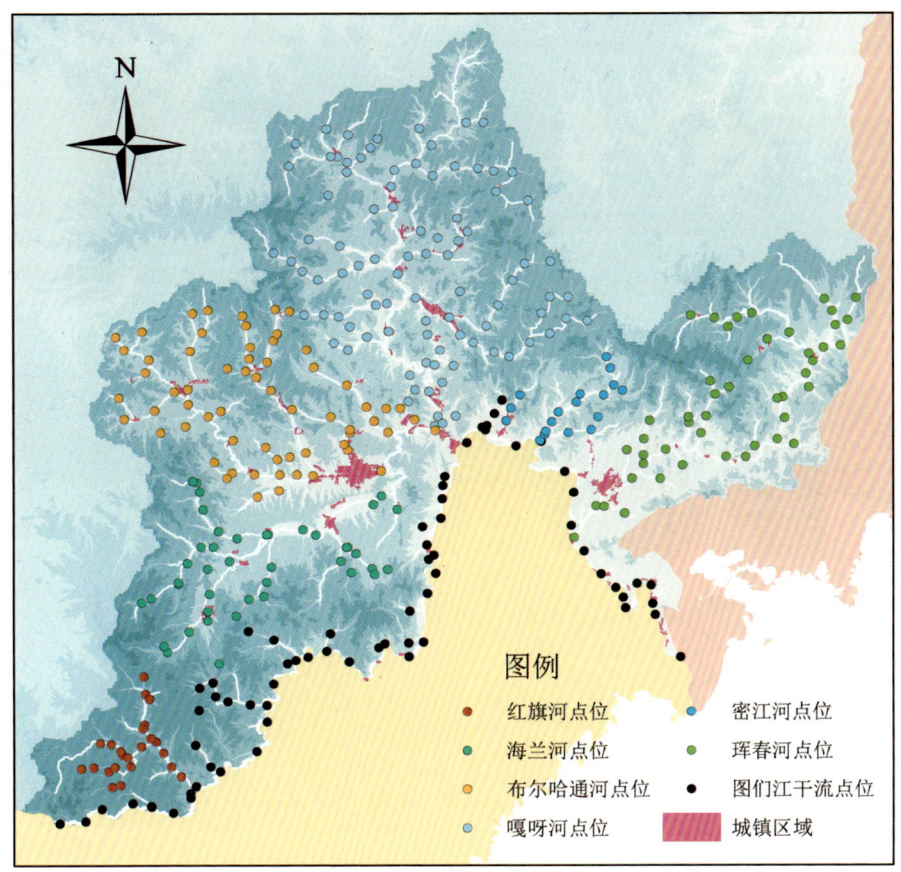

图1　图们江流域（中国境内部分）调查点位图
[审图号：京审字（2024）G第2629号]

（二）水生生物调查方法

1.浮游植物

浮游植物定量、定性样品在距离水体表面0.5m处采集，用有机玻璃采水器采集水样，放入1000mL塑料瓶中，贴好标签，加入1%~1.5%体积的鲁哥氏液进行现场固定。浮游植物藻类定量样品按常规方法沉淀48h后，用虹吸管小心吸取上清液，浓缩定容至50mL。浮游植物在计数之前需要晃动样品瓶，使样品彻底混合后吸出，滴0.1mL在计数框内，用浮游植物计数框在光学显微镜下放大40×10倍进行观察计数。每瓶样品计数两片，并取平均值。鉴定时参考了《中国淡水藻类》《中国常见淡水浮游藻类图谱》《中国内陆水域常见藻类图谱》等资料（图2）。

图 2　浮游植物的调查方法

2. 着生藻类

提前准备好采样工具，包括牙刷、瓶盖、量筒（1L）、洗耳球及移液管、双蒸水、洗瓶、样品容器标签、碘液（鲁哥氏液）、固定剂（4%甲醛）。在每个采样点选择不同生境特征下藻类着生的一个光滑石块作为采样对象，定量将三个瓶盖置于基质上，用刷子清洗瓶盖覆盖区域藻类并用纯净水冲洗干净；定性将石块剩余部分用刷子清洗并用吹净水冲洗。

样品采集后立即加入鲁哥试剂固定，用纯净水进行定容，定容体积根据样品瓶确定。记录采样点信息和标本瓶标签，具体包括：水体名称、地点、采样站点编号、采样时间、采集者的姓名和防腐剂的类型，并记于记录本或记录表上。低温保存样品运回实验室（注意保持冷却和黑暗条件）。保存过程中定期检查并补充固定剂直到分类工作完成。

处理样品时，将两个重复样本混合之后分别作为定性和定量样品，加入 10mL 的鲁哥试剂进行固定，将水样送回实验室，待静置 48h 后，将样品浓缩至 100mL 的瓶中供镜检。

种类鉴定镜检前先将浓缩沉淀后的水样充分摇匀，用移液枪吸取 0.1mL 的着生藻滴入计数框内，在 400 倍的显微镜下对着生藻的 50 个视野进行鉴定和计数。根据相关参考资料对着生藻进行鉴定。鉴定分析至属或种，优势种鉴定到种（图 3）。

图3 着生藻类的调查方法

3. 底栖动物

根据实地调查情况，在可涉水的站位100m范围内，利用D型网采集1次定性样本；利用索伯网定量框（30cm×30cm）置于河流底质上，向下挖取10~20cm厚度的底质，采集3次定量样本；在水较深、不可涉水站位使用彼得圣采泥器随机采集2个平行样本。将网内所有采集样品经过60目的网筛过滤，洗涤到白磁盘中，现场经过人工挑拣，置入300mL的广口塑料瓶中，同时加入95%的酒精溶液保存。在显微镜或解剖镜下进行分类和计数，生物样品尽量鉴定到属或种（图4）。

图4 底栖动物的调查方法

4. 鱼类

调查的流域中，采用电鱼加挂网的方式收集鱼类（图5）。

采用电鱼法进行鱼类标本的收集：各采样点上下游500m的河长范围内，设定为鱼类采样区域，采样区域一般位于其他生物采样的上游区域，防止由于其他生物采样人员的扰动，降低鱼类生物采样的代表性。采样人员两人一组，其中一人负责使用电鱼器进行电鱼，另一人手持抄网和水桶，负责将被电晕的鱼用抄网抄起后放入水桶中。采样时间设定为30min，鱼类样品全部鉴定到种。

采用挂网法进行鱼类标本的收集：在水深超过2m的区域，利用划艇将挂网分别挂在河道的不同区域，30min后进行挂网的收取，在挂网的时间段内可以采用人为扰动和声音扰动等方法，让更多的鱼类个体通过挂网区域，以增加鱼类个体的收集量。标本采集后，对易于辨认和鉴定的种类进行现场鉴定和计数，使用台秤进行称量，分别记录不同物种的数量与重量，选择部分鱼类个体进行标本的保存，将其余个体放回河流中。对于不易辨认的物种和未知种类，与上面留下的个体一并用1%~2%体积的甲醛进行处理。较低浓度的甲醛溶液可以使鱼类在死亡过程中身体扭曲和变形较小，等待全部死亡后，将个体分别排列于纱布之上，用纱布包好后置于塑料袋中，并加入10%的甲醛溶液进行保存，对各样品袋进行标记，分别用记号笔在样品袋和用铅笔在防水纸上进行样点的标号后，将样品袋放入整理箱中保存，鱼类样品全部鉴定到种。

图5　鱼类的调查方法

5. 两栖动物和爬行动物调查方法

两栖动物生存在水环境的周边，爬行动物生存在树林及草丛中。综合考虑保护区地形、地貌、植被以及两栖动物、爬行动物的生态习性，设定4条样线用于调查两栖动物，样线全部沿着水域设定，样线长度为100m，样线岸侧宽度为3~5m，深入水中1~2m，行走速度为1~1.5km/h，尽可能在傍晚进行调查。该地区常见的爬行动物多数在日间活动，设定6条样线，样线的长度为200m，样线宽度为3~5m，行走速度为1~1.5km/h。样线外发现的个体和种类随机记录，并用专业相机拍照，供物种鉴定和内业整理时参考。两栖动物的种类和数量，随鱼类调查获取。鉴于两栖动物和爬行动物的调查具有一定的偶然性，故对于所有调查区域，都对3~5名管理处人员或当地居民进行访谈，通过问询将他们对周边看到、听到的动物信息及数量情况记录在案，也可以通过动物图鉴及查阅的资料对观察到或访问到的物种进行鉴定核实（图6和图7）。

图6　两栖动物和爬行动物的调查

图7　图们江流域历年（2020—2024年）科考留影

6. 大型植物

每个位点水生植物调查方法：漂浮、浮叶及沉水植物采用面积 0.3m×0.5m 的带网铁锹采样，每个点 4 次，称量样方内所有植株的生物量（鲜重），然后计算单位面积生物量；对挺水植物群落，在每一个采集点随机设置 4 个 2m×2m 的样方，称量所有植株地上部分生物量（鲜重），再计算单位面积生物量。

河岸带植物调查方法：在每个位点从水边到高地（即侧向分布格局）布设 3 个调查区域，即低高程区（距水面垂直高 0~1m）、中高程区（距水面垂直高 2~5m）、高高程区（高水位之上直至河水影响完全消失为止的区域，距水面垂直高 6~10m），每个区域设置 3 个样方。草本植物样方采用 1m×1m，现场测量每个样方内每种植物的高度、盖度和所有草本植物地上鲜重。乔木和灌木样方采用 5m（垂直河水流向）×10m（平行河水流向），现场测量每株乔灌木的盖度和基径（图 8）。

图 8　水生植物的调查方法

物种多样性指标测定：多度采用目测法，根据德鲁特（Drude）的七级制进行分级：soc 表示极多、cop3 表示很多、cop2 表示多、cop1 表示尚多、sp 表示不多、sol 表示稀少和 un 表示单株。群落频度、盖度和多度的数量分级参照植物群落清查的主要内容、方法和技术规范。群丛命名采用优势种原则，即以各群丛优势种的名称作为该群丛的名称。优势种确定采用重要值方法，其中重要值=（相对频度+相对盖度+相对多度）/3。

依据物种多样性测度指数应用的广泛程度以及对群落物种多样性状况的反应能力，本调查选取以下 5 种多样性指数来测度和分析群落物种多样性特征。公式分别为

Patrick 丰富度指数： $R=S$

香农 – 威纳（Shannon-Wiener）多样性指数： $H'=-\sum P_i \ln P_i$

Simpson 多样性指数： $D=1-\sum P_i^2$

Pielou 均匀度指数： $J=H'/\log_2 S$

Simpson 优势度指数： $C=\sum P_i^2$

式中　S——每个样地内的物种数；

　　　P_i——物种 i 的相对重要值。

（三）水生生物群落组成及特征

1. 浮游植物

根据图们江浮游植物群落物种数及香农－威纳指数分布图可知（图9），布尔哈通河浮游植物群落的物种丰富度相对较高，其次是图们江干流，嘎呀河物种丰富度最低；密江河浮游植物群落的香农－威纳指数相对较高，其次是珲春河，嘎呀河香农－威纳指数最低。

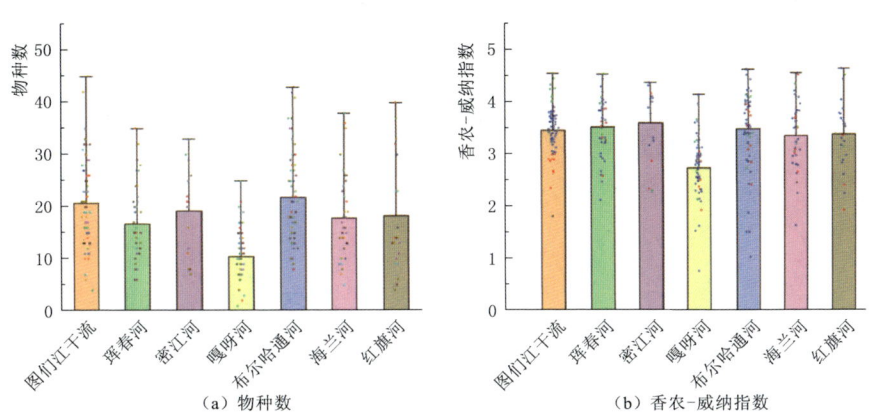

图9 图们江浮游植物群落物种数及香农－威纳指数分布图

此次共采集到436种浮游植物，共8门83属。七条河流主要以硅藻门为主，分别占总数的38.3%、69.4%、81.5%、82.2%、87.5%、84.8%、94.5%。在硅藻门中，曲壳藻科、桥弯藻科、舟形藻科、异极藻科类群占据主导地位，最常见的为胡斯特桥弯藻（*Cymbella hustedtii*）、膨胀桥弯藻（*Cymbella tumida*）和披针曲壳藻（*Achnanthes lanceolata*）等，图们江各河流浮游植物群落各类群物种比例如图10所示。

2. 着生藻类

根据图们江各河流着生藻类群落物种数及香农－威纳指数分布图可知（图11），红旗河着生藻类群落的物种丰富度相对较高，其次是图们江干流，嘎呀河物种丰富度最低；图们江干流着生藻类群落的香农－威纳指数相对较高，其次是珲春河，布尔哈通河香农－威纳指数最低。

此次共采集到540种着生藻类，共7门92属。七条河流主要以硅藻门为主，分别占总数的69.6%、80.1%、66.7%、77.5%、81.1%、79%、88.3%。在硅藻门中曲壳藻科、桥弯藻科、舟形藻科、异极藻科类群占据主导地位，最常见的为披针曲壳藻（*Achnanthes lanceolata*）、短小曲壳藻（*Achnanthes exigua*）、放射舟形藻（*Navicula radiosa*）、简单舟形藻（*Navicula simplex*）、淡绿舟形藻（*Navicula viridula*）、胡斯特桥弯藻（*Cymbella hustedtii*）、膨大桥弯藻（*Cymbella turgida*）、弯曲桥弯藻（*Cymbella sinuata*）、膨胀桥弯藻（*Cymbella tumida*）、

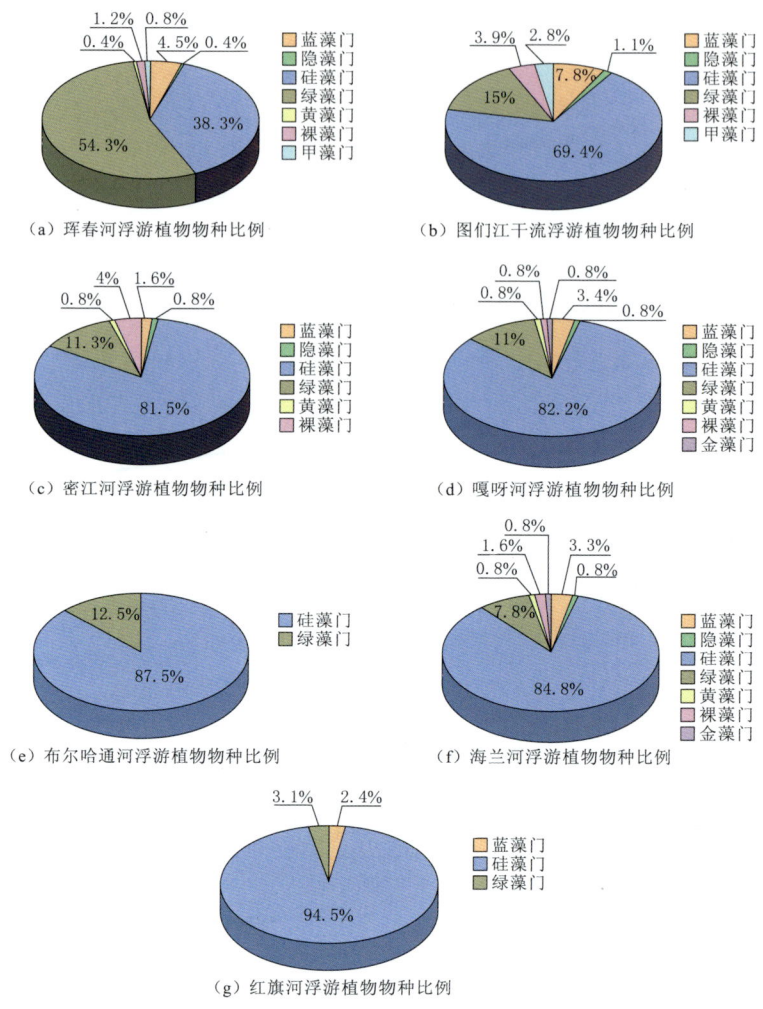

图 10 图们江各河流浮游植物群落各类群物种比例图

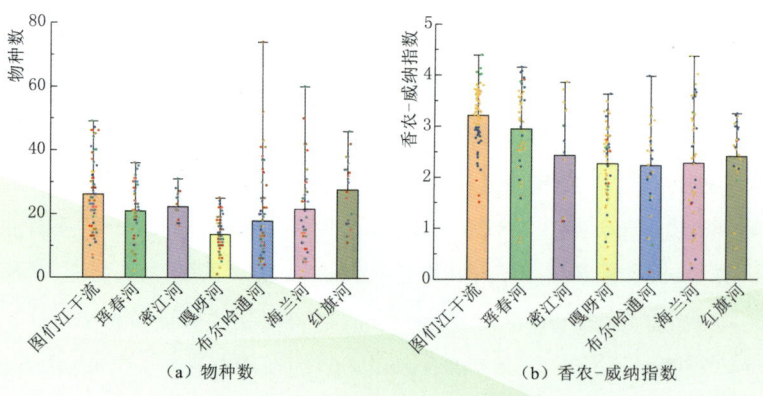

图 11 图们江各河流着生藻类群落物种数及香农－威纳指数分布图

小型异极藻（*Gomphonema parvulum*）、近棒形异极藻（*Gomhponema subclavatum*）、谷皮菱形藻（*Nitzschia palea*）和小片菱形藻（*Nitzschia frustulum*）等，图们江各河流着生藻类群落各类群物种比例如图12所示。

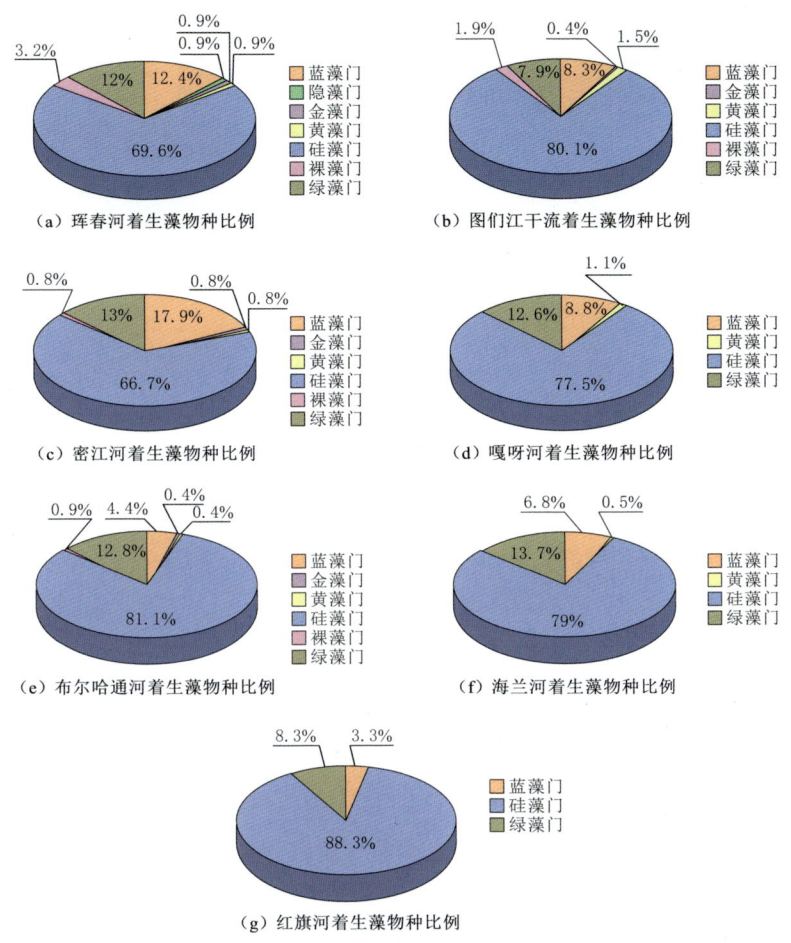

图12　图们江各河流着生藻类群落各类群物种比例图

3. 大型底栖无脊椎动物

根据图们江各河流大型底栖无脊椎动物群落物种数及香农-威纳指数分布图可知（图13），密江河大型底栖无脊椎动物群落的物种丰富度相对高，其次是珲春河和图们江干流，嘎呀河物种丰富度最低；布尔哈通河大型底栖无脊椎动物群落的香农-威纳指数相对较高，其次是海兰河和密江河，嘎呀河香农-威纳指数最低。

此次共采集到836种大型底栖无脊椎动物，隶属于2门290属。主要以双翅目昆虫为主，其次是蜉蝣目昆虫。双翅目和蜉蝣目中常见的种类主要有摇蚊科、大蚊科、蚋科、蠓

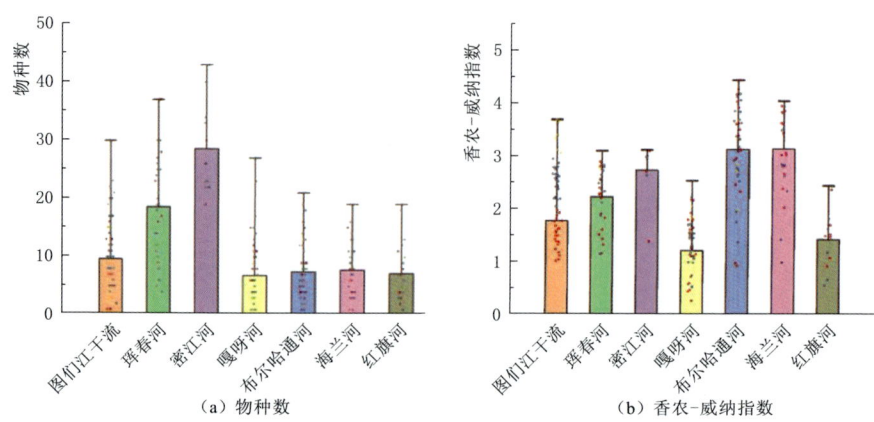

图 13　图们江各河流大型底栖无脊椎动物群落物种数及香农－威纳指数分布图

科、小蜉科、四节蜉科、蜉蝣科、栉颚蜉科等，最常见的物种有白色环足摇蚊（*Cricotopus* sp.）、直突摇蚊属（*Orthocladius* sp.）、寡角摇蚊属（*Diamesa* sp.）、多足摇蚊属（*Polypedilum* sp.）、小突摇蚊属（*Micropsectra* sp.）、弯握蜉属（*Druella* sp.）、小蜉属（*Ephemerella* sp.）、带肋蜉属（*Cincticostella* sp.）、四节蜉属（*Baetis* sp.）、蜉蝣属（*Ephemera* sp.）等，图们江各河流底栖无脊椎动物群落各类群物种比例如图 14 所示。

4. 鱼类

根据图们江各河流鱼类群落物种数及香农－威纳指数分布图可知（图 15），密江河鱼类群落的物种丰富度相对高，其次是珲春河，红旗河物种丰富度最低；嘎呀河鱼类群落的香农－威纳指数多样性相对较高，其次是密江河，红旗河香农－威纳指数最低。

此次共采集到 86 种鱼类动物，隶属于 2 纲 50 属。主要以鲤科鱼类为主，其次是鳅科鱼类较多。在图们江鱼类中常见的属种有鲫属（*Carassius* sp.）、鮈属（*Gobio* sp.）、鱥属（*Phoxinus* sp.）、鳌属（*Hemiculter* sp.）、雅罗鱼属（*Leuciscus* sp.）、须鳅属（*Barbatula* sp.）、七鳃鳗属（*Lampetra* sp.）、杜父鱼属（*Cottus* sp.）、大麻哈鱼属（*Oncorhynchus* sp.）、红点鲑属（*Salvelinus* sp.）、细鳞鲑属（*Brachymystax* sp.）、吻虾虎鱼属（*Rhinogobins* sp.）、鲻属（*Mugil* sp.）等，图们江各河流鱼类群落各类群物种比例如图 16 所示。

5. 两栖动物和爬行动物

（1）两栖动物结构组成。

此次共采集到 9 种两栖动物，隶属于 2 目 8 属，见表 1。主要以无尾目蛙类为主除北方狭口蛙外，其他种均为图们江流域常见种。丰度较大的种主要有东北林蛙（*Rana dybowskii*）、东北粗皮蛙（*Rugosa emeljanovi*）、黑斑侧褶蛙（*Pelophylax nigromaculatus*）、中华蟾蜍（*Bufo gargarizans*）、东方铃蟾（*Bombina orientalis*）。

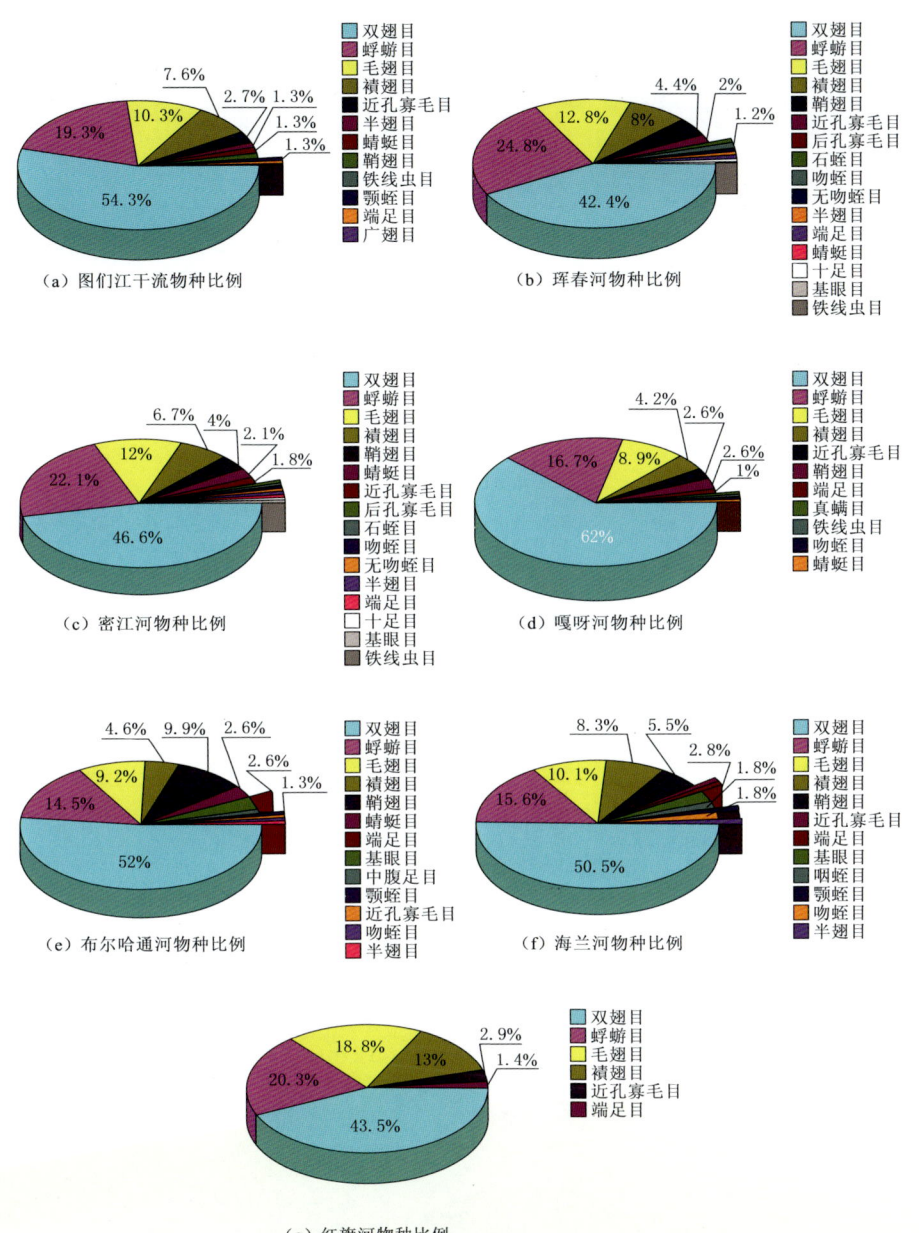

图 14 图们江各河流底栖无脊椎动物群落各类群物种比例图

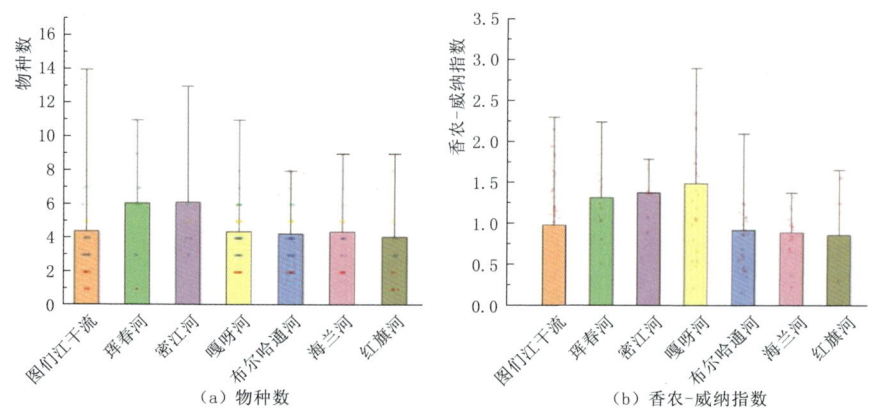

图 15 图们江各河流鱼类群落物种数及香农－威纳指数分布图

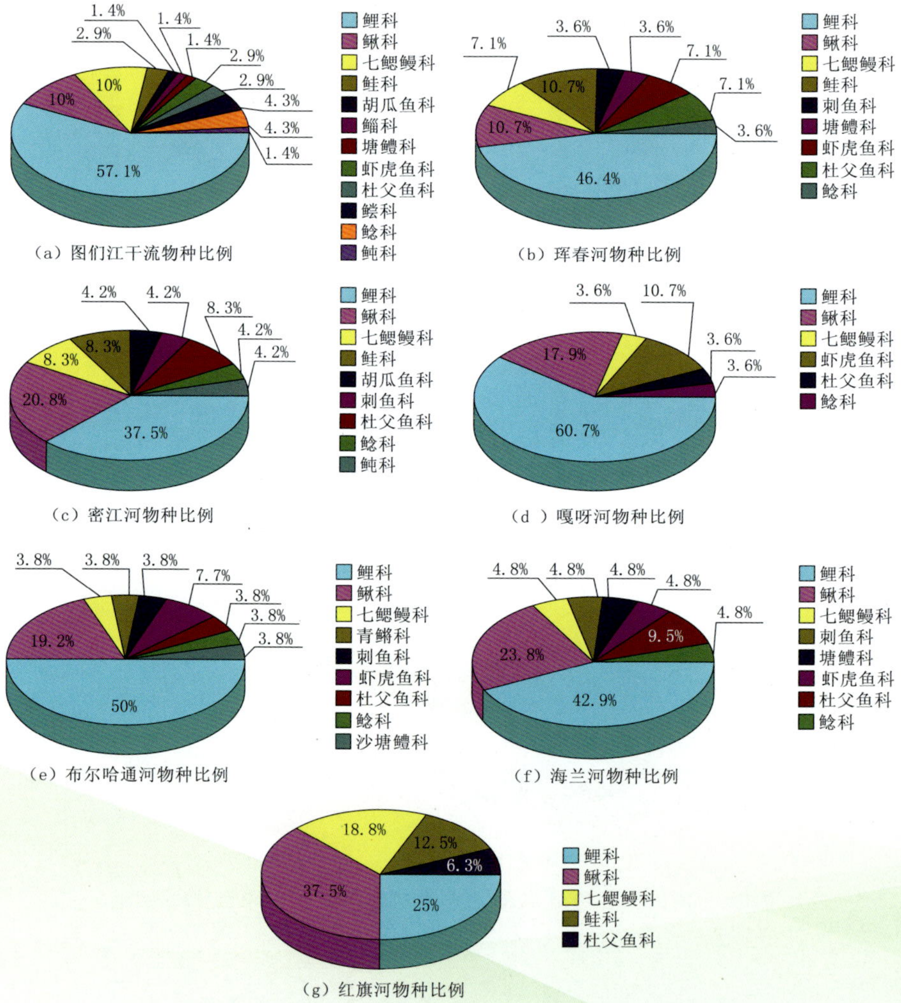

图 16 图们江各河流鱼类群落各类群物种比例图

表1 图们江两栖动物结构组成

目（2）	科（6）	属（8）	种（9）	学名
有尾目	小鲵科	小鲵属	东北小鲵	*Hynobius leechii*
无尾目	铃蟾科	铃蟾属	东方铃蟾	*Bombina orientalis*
	蟾蜍科	蟾蜍属	中华蟾蜍	*Bufo gargarizans*
	雨蛙科	雨蛙属	东北雨蛙	*Hyla ussuriensis*
	姬蛙科	狭口蛙属	北方狭口蛙	*Kaloula borealis*
	蛙科	林蛙属	东北林蛙	*Rana dybowskii*
			黑龙江林蛙	*Rana amurensis*
		粗皮蛙属	东北粗皮蛙	*Rugosa emeljanovi*
		侧褶蛙属	黑斑侧褶蛙	*Pelophylax nigromaculatus*

（2）爬行动物结构组成。

此次共采集到11种爬行动物，隶属于1目6属，见表2，主要以蛇亚目蛇类为主。图们江流域常见种主要有白条锦蛇（*Elaphe dione*）、棕黑锦蛇（*Elaphe schrenckii*）、虎斑颈槽蛇（*Rhabdophis tigrinus*）、短尾蝮（*Gloydius brevicaudus*）。

表2 图们江爬行动物结构组成

目（1）	科（3）	属（6）	种（11）	学名
有鳞目（蜥蜴亚目）	蜥蜴科	麻蜥属	山地麻蜥	*Eremias argus*
		草蜥属	白条草蜥	*Takydromus wolteri*
			黑龙江草蜥	*Takydromus amurensis*
有鳞目（蛇亚目）	游蛇科	锦蛇属	赤峰锦蛇	*Elaphe anomala*
			白条锦蛇	*Elaphe dione*
			棕黑锦蛇	*Elaphe schrenckii*
		腹链蛇属	东亚腹链蛇	*Hebius vibakar*
		颈槽蛇属	虎斑颈槽蛇	*Rhabdophis tigrinus*
	蝰科	亚洲蝮属	短尾蝮	*Gloydius brevicaudus*
			乌苏里蝮	*Gloydius ussuriensis*
			岩栖蝮	*Gloydius saxatilis*

参考文献

崔永男，李明玉，2021. 图们江区域土壤保持服务空间分布特征研究 [J]. 延边大学农学学报，43（2）：85–91.

张秀梅，李春景，2012. 图们江下游降水量时间序列变化特征研究 [J]. 延边大学农学学报，34（2）：116–120.

朱正宪，2013. 浅析图们江流域水生态文明建设的必要性 [J]. 科学技术创新，（26）：184.

林哲浩，郑梅花，李永奎，1999. 图们江流域生态环境问题及其对策 [J]. 延边大学学报（自然科学版），25（1）：70–74.

余凤，2018. 气候变化对图们江干流径流变化影响研究 [D]. 延吉：延边大学.

丁立，1997. 图们江地区的气候环境 [J]. 吉林气象，（4）：9–11.

朱卫红，曹光兰，李莹，等，2014. 图们江流域河流生态系统健康评价 [J]. 生态学报，34（14）：3969–3977.

陈慧，李宝奇，2006. 穆克登碑文中的"土门"即今图们江 [J]. 学术交流，（11）：176–179.

南颖，裴洪淑，2006. 图们江下游的景观特点及其变化 [J]. 延边大学学报（自然科学版），32（1）：69–74.

沈万根，赵宝星，2021. 中国图们江地区经济社会发展报告 [R]// 陶一桃，袁易明. 中国经济特区发展报告（2020）[M]. 北京：社会科学文献出版社.

藻类

蓝藻门
Cyanophyta

蓝藻纲 Cyanophyceae

色球藻目 Chroococcales

藻体多数为2个、4个、6个或更多一些细胞组成的群体，少数为单细胞。单细胞时细胞呈球形，群体中的细胞为半球形、近球形或椭圆形。群体为球状、平板状、立方体状、不定形团块状或假丝状；自由浮沉或附着于基质上。多数属种的细胞无顶部和基部的分化；群体中的细胞被包埋在公共的胶被中，由此组成一定形状或不定形群体。分裂面有1个、2个和3个的区别。

色球藻科 / Chroococcaceae

● **色球藻属 *Chroococcus***

细胞呈球形或近球形，刚分裂呈半球形；一般由2个、4个、8个、16个或更多的细胞组成的群体；每个细胞外都有均质的或有层理的胶鞘；群体外也有胶鞘，以细胞分裂进行繁殖。

1. 小色球藻 *Chroococcus minor*

形态特征：由单细胞或2~4个细胞组成的群体，圆球形或长圆形胶质体，胶被透明无色、不分层。群体中部缢缩。细胞呈球形或半球形，直径3~4μm，包括胶被7~12.5μm。

生境：生长在静止或流动的各种水体中，如池塘、湖泊、高山的寒泉、温泉（25.6~34.5℃）及盐泽地区。

分布：常见于海兰河、布尔哈通河、珲春河。

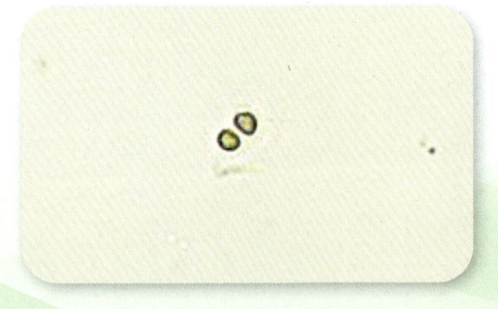

2. 微小色球藻 *Chroococcus minutus*

形态特征：由 2~4 个细胞组成的群体（少数由 8~16 个细胞组成）细胞直径 7~10μm，包括胶被 7~15μm，细胞在群体中多被挤压成半球形。

生境：生长在潮湿岩石、静止水体、溪流中，常混生在其他藻类中。

分布：常见于嘎呀河、图们江干流。

平裂藻科 / Merismopediaceae

● 平裂藻属 *Merismopedia*

平裂藻属又名裂面藻属。藻体为群体，微小；群体为片状，细胞 4 个一组整齐排列在一个平面的同质胶质中。自由漂浮，细胞呈球形、近球形或椭圆形。细胞的分裂面为 2 个，即两两作直角交叉的分裂。

点状平裂藻 *Merismopedia punctata*

形态特征：群体为长方形，细胞呈球形、近球形、椭圆形，有规则地排列，两对细胞组成一组，四组成一小群，细胞直径 2~3.5μm。

生境：生长于湖泊及各种静止水体中，为浮游藻类，数量少。在潮湿的和水流经过的岩石上也有生存。

分布：常见于布尔哈通河、珲春河。

颤藻目 Oscillatoriales

藻丝长，单生或群集，不分枝或具伪分枝；有的藻体具鞘，鞘内有 1 条至多条藻丝，鞘坚固或胶状，或分层或透明。细胞呈圆柱形、方形或鼓形，细胞横壁有时收缢，许多类群藻丝体能运动。

颤藻科 / Oscillatoriaceae

● 颤藻属 *Oscillatoria*

颤藻是多细胞蓝藻菌，颤藻和其他蓝藻一样是最原始的绿色植物之一。它的丝状藻体是由许多原核细胞组成的，藻丝外一般没有胶鞘。颤藻属的藻丝，藻丝体柔软。颤藻是集群生活。

1. 小颤藻 *Oscillatoria tenuis*

形态特征：藻丝胶质呈薄片状，藻体直，宽 4.0~11μm，末端弯曲但不渐尖细。细胞长 2.5~5.0μm，横壁两侧具多数颗粒，末端细胞呈半球形。

生境：喜生活在湖泊、水库等静水水体中。

分布：常见于布尔哈通河、海兰河、密江河、珲春河、嘎呀河、红旗河、图们江干流。

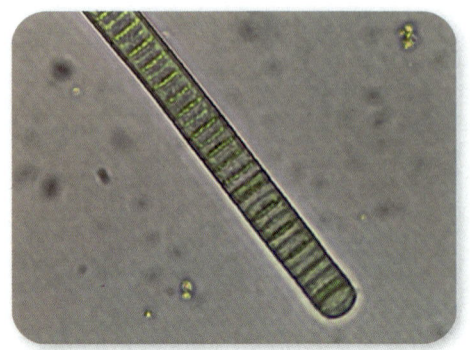

2. 巨颤藻 *Oscillatoria princeps*

形态特征：藻丝单条或多数，聚积成胶块，藻体直，细胞宽 16~60μm，长为宽的 0.09~0.25 倍，长 3.5~7.0μm，末端细胞呈扁圆形，略呈头状。

生境：喜生活在湖泊、水库等静水水体中。

分布：常见于布尔哈通河、图们江干流。

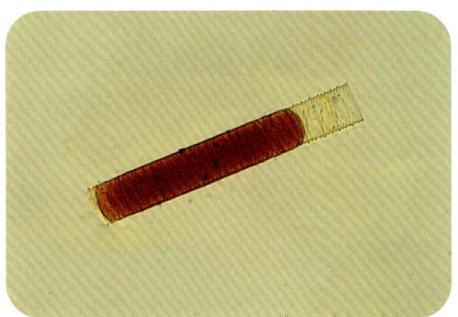

3. 泥泞颤藻 *Oscillatoria limosa*

形态特征：藻丝直，细胞长 2.5~5.0μm，宽 11~22μm。

生境：喜生活在湖泊、水库等静水水体中。

分布：常见于图们江干流。

4. 阿氏颤藻 *Oscillatoria agard*

形态特征：藻丝单生或多条丝体聚积呈束状或管状。细胞呈方形，宽 4.0~6.0μm，长 2.5~4.0μm。末端细胞有时为钝圆锥形。

生境：喜生活在湖泊、水库等静水水体中。

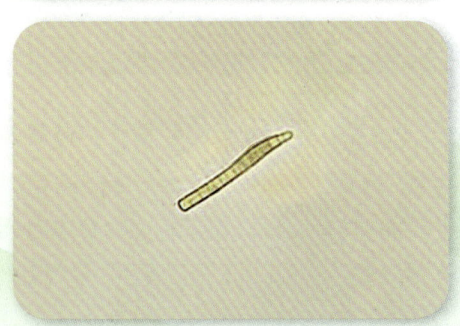

分布：常见于珲春河。

● 鞘丝藻属 *Lyngbya*

为单列细胞组成的不分枝单条丝状体，聚集成或厚或薄的藻块，藻丝具有鞘，坚固。

1. 湖泊鞘丝藻 *Lyngbya limnetica*

形态特征：现称湖泊浮鞘丝藻（*Planktolyngbya limnetica*）。藻丝直或呈略弯曲，或呈螺旋状，宽 1.0~2.0μm，长宽相等，或长为宽的 0.3 倍，末端细胞呈圆形，不尖细。

生境：常见于静水水体中。

分布：常见于珲春河、嘎呀河、图们江干流。

2. 马氏鞘丝藻 *Lyngbya martensiana*

形态特征：藻体丛生，丝体长，藻丝横壁不收缢，细胞宽 6.0~16μm，长 1.7~3.3μm，顶端细胞钝圆，无帽状体。

生境：常见于静水水体中。

分布：常见于珲春河。

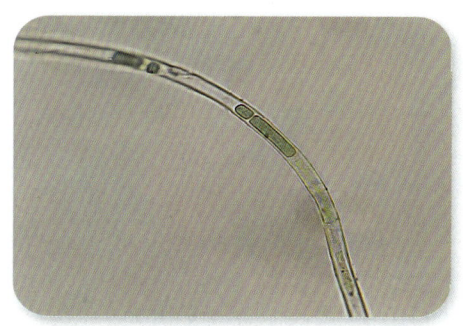

席藻科 / Phormidiaceae

● 席藻属 *Phormidium*

由单列细胞组成的不分枝的丝状体，常连成束状群体，也可形成单一丝状体；藻丝具有鞘，有时略硬，彼此粘连，有时部分融合，薄，无色。

小席藻 *Phormidium tenus*

形态特征：现称小细鞘丝藻（*Leptolyngbya tenuis*）。藻丝直或略弯曲，末端渐尖，宽 1.0~2.0μm。细胞长约为宽的 3 倍，长 2.5~5.0μm，顶端细胞呈长圆锥形或钝锥形，无帽状体。

生境：常见于淡水中。

分布：常见于海兰河、布尔哈通河、密江河、珲春河、嘎呀河、红旗河、图们江干流。

念珠藻目 Nostocales

丝状体由藻丝组成，藻丝有时异极，不分枝或具伪分枝，具异形胞和厚壁孢子，异形胞间生，细胞分裂面与藻丝纵轴垂直。

鱼腥藻亚科 / Anabaenoideae

● 束丝藻属 *Aphanizomenon*

由单列细胞组成的不分枝丝状体，无胶鞘，直或略弯曲；末端细胞延长呈无色细胞，常由多数丝状体集成盘状、纺锤状或束状群体；异形胞间生；厚壁孢子远离异形胞。

水华束丝藻 *Aphanizomenon flos-aquae*

形态特征：藻丝末端细胞延长呈无色细胞，并延藻丝集合成束，少数单生。细胞宽 5.0~6.0μm，长 5.0~15μm，圆柱形，具伪空泡。

生境：常见于淡水中。

分布：常见于珲春河、嘎呀河、图们江干流。

● 鱼腥藻属 *Anabaena*

藻体为单一丝状体或不定形胶质块，或呈柔软膜状。整条藻丝粗细一致，或在其两端稍变细；藻丝直或弯曲，有的藻丝外面有透明、无色的水样胶鞘。藻丝的细胞呈球形、近球形或腰鼓形，少数为圆柱形，偶见大型的异形细胞。异形细胞一般与营养细胞同形，但略大些，单个地间生，一条藻丝上往往有数个异形细胞。

1. 固氮鱼腥藻 *Anabaena azotica*

形态特征：植物体为单一丝状体或不定形胶块，或呈柔软膜状。藻丝大多等宽，丝体明显弯曲或螺旋状弯曲。孢子远离异形细胞。长 4.8~7.3μm，宽 4.8~7μm。

生境：常见于各种静水水体中。

分布：常见于珲春河。

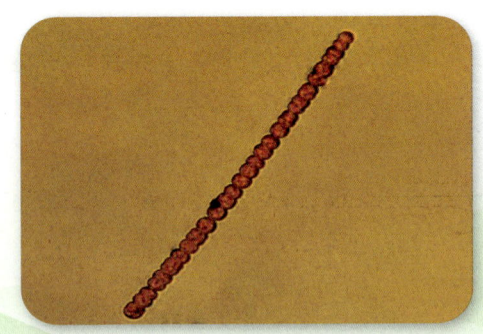

2. 卷曲鱼腥藻 *Anabaena circinalis*

形态特征：藻体片状，漂浮，藻丝螺旋盘绕，少数直，多数不具胶鞘，宽 8~14μm，细胞呈球形或扁球形，长略小于宽，具气囊；异形细胞近球形，直径 8~10μm。

生境：常见于各种静水水体中。

分布：常见于海兰河。

3. 类颤藻鱼腥藻 *Anabaena oscillarioides*

形态特征：藻丝宽 4.0~6.0μm，末端细胞呈圆形。细胞桶形，长宽相等，或长比宽略长或略短。外壁光滑，灰褐色。

生境：常见于各种静水水体中。

分布：常见于珲春河、图们江干流。

4. 多产鱼腥藻 *Anabaena fertilissima*

形态特征：藻丝单一，直或弯。末端细胞顶端圆形，末端宽 4μm。细胞念珠状，长 3~8μm，宽 5~6μm。

生境：常见于各种静水水体中。

分布：常见于嘎呀河。

隐藻门
Crptophyta

隐藻纲 Crptophyceae

隐鞭藻科 / Cryptomonadaceae

● **隐藻属** *Cryptomonas*

细胞呈椭圆形、豆形、卵形、圆锥形、S形等。背腹扁平，背侧明显隆起，腹侧平直或略凹入，前端钝圆或斜截，后端呈宽或狭的钝圆形。纵沟和口沟明显，鞭毛2条，略不等长，自口沟伸出，常小于细胞长度。色素体多为2个，有时1个，黄绿色或黄褐色。细胞核1个，位于细胞后端。

1. 卵形隐藻 *Cryptomons ovata*

形态特征：单细胞，具鞭毛，能运动。细胞有背腹之分，背部隆起，腹部平直或略凹。细胞后端呈宽圆形，纵沟明显。

生境：常见于池塘、湖泊、水库。

分布：常见于海兰河、布尔哈通河、珲春河、图们江干流。

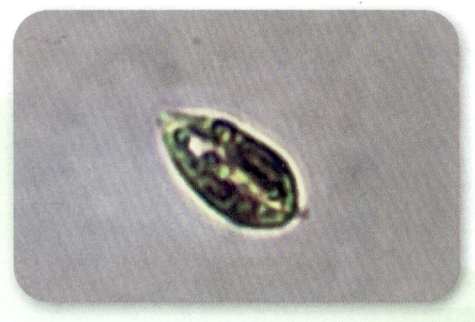

2. 啮蚀隐藻 *Cryptomons erosa*

形态特征：单细胞，具鞭毛，能运动。细胞有背腹之分，背部隆起，腹部平直或略凹。细胞后端大多渐狭，末端呈狭钝圆形；纵沟常不明显，口沟附件有刺丝胞。

生境：常见于池塘、湖泊、水库。

分布：分布极广，常见于布尔哈通河、密江河、珲春河、图们江干流。

黄 藻 门
Xanthophyta

黄丝藻目 Tribonemtales

植物体为分枝或不分枝的丝状群体。细胞呈圆柱形、腰鼓形或桶形，细胞壁由"H"形结片上下嵌合而成。具1个至多个周生、盘状、片状或带状色素体。

黄丝藻科 / Tribonemataceae

● **黄丝藻属** *Tribonema*

植物体为不分枝丝状体；细胞呈圆柱形或腰鼓形，长为宽的2~5倍；细胞壁由"H"形结片上下嵌合而成。具1个至多个周生、盘状、片状或带状色素体。

小型黄丝藻 *Tribonema minus*

形态特征：纤细丝状的植物体，常呈絮状漂浮水中。细胞呈圆柱形，中部常微膨大，长10~40μm，宽4.0~6.0μm，色素体2~4个，片状，周生，常两两成对排列。

生境：分布广，常见于含钙质水体中。

分布：常见于珲春河、图们江干流。

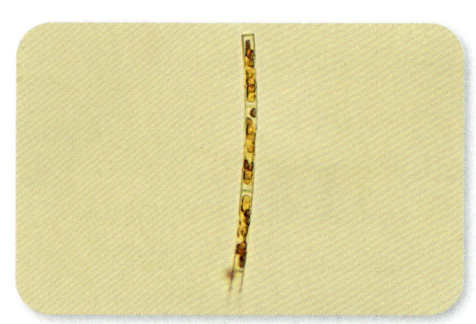

硅 藻 门
Bacillariophyta

中心藻纲 Centricae

圆筛藻目 Coscinodiscales

植物体为单细胞，有时连成链状群体，或共同嵌套在一胶质管中，多数浮游，少数附着。细胞呈圆盘形、鼓形、桶形；壳面呈圆形，平或凹入，壳面具有放射状排列的线纹或网纹，有的具边缘刺；带面呈长方形或椭圆形，壳套发达，多数有线纹或其他花纹，多个圆盘状色素体，少数片状。

圆筛藻科 / Coscinodiscaceae

● **直链藻属 *Melosira***

单细胞个体；细胞体呈圆柱形；多数为群体生活，由壳面相互连接形成链状群体；壳面为圆形；带面上有一线形的环状缢缩，称"环沟"，环沟间平滑，其余部分平滑或具纹饰，有两条环沟时，环沟中间部分成为"颈部"，细胞间有沟状的缢入部称为"假环沟"，壳面常有棘或刺。色素体小圆盘状，多个。

变异直链藻 *Melosira varians*

形态特征：壳体呈圆柱形，连成紧密的链状群体；直径 7~35μm，高 4.5~27μm。壳套面环状，壳壁略薄而均匀；假环沟窄；无环沟和颈部；内外壳套线平行。壳盘面平坦，盘缘向下弯曲，具极细的齿。

生境：生长在各种浅水水体中，常在夏天富营养湖泊中大量出现，喜微碱性或碱性水体，pH 值为 6.4~9，适宜 pH 值约为 8.5。

分布：常见于海兰河、布尔哈通河、密江河、珲春河、嘎呀河、红旗河、图们江干流。

● 沟链藻属 *Aulacoseira*

细胞体呈圆柱形，多数为群体生活，由壳面相连成链状群体；端细胞有端刺，壳环面具孔纹。

1. 颗粒沟链藻 *Aulacoseira granulata*

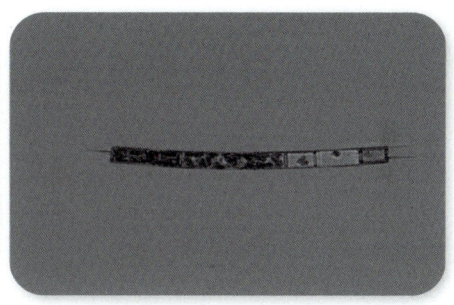

形态特征：壳体呈圆柱形，细胞以壳盘缘刺连成紧密的长链状群体。壳盘面平，具散生的圆点纹，壳盘缘除端细胞具不规则的长刺外，其他细胞均具小短刺。

生境：生长在江河、湖泊、水库、池塘、沼泽等各种水体中，尤其在富营养湖泊或池塘中大量出现，浮游生活，pH 值为 6.3~9.0，适宜的 pH 值为 7.9~8.2。

分布：常见于海兰河、布尔哈通河、密江河、红旗河、嘎呀河、珲春河、图们江干流。

2. 颗粒沟链藻极狭变种 *Aulacoseira granulata* var. *angustissima*

形态特征：该变种与原变种的区别为该变种链状群体细而长，壳体高度大于直径的几倍到 10 倍。细胞直径 3~4.5μm，高 11.5~17μm。

生境：生长在江河、湖泊、水库、池塘中，在富营养湖泊或池塘中大量出现，浮游生活，pH 值为 6.2~9，喜碱性水体。

分布：常见于海兰河、布尔哈通河、红旗河、图们江干流。

● 小环藻属 *Cyclotella*

小环藻多为单细胞生活，很少形成短链（如 2~3 个细胞），细胞体呈短圆柱状、圆盘状，带面呈方形或矩形，常具同心圆的或与切线平行的波状皱褶，边缘带有放射状排列的孔纹或线纹，中央部分平滑或具放射状排列的孔纹。带面平滑，没有间生带。色素体小盘状，多数。

1. 梅尼小环藻 *Cyclotella meneghiniana*

形态特征：细胞单生，壳体鼓形。壳面圆形，具辐射状、粗而平滑的楔形肋纹，中央区平滑或具细小的辐射状点线纹，极少具 1~2 个粗点。细胞直径 7~30μm。

生境：生长在湖泊、池塘、水库、河流中，在沿岸带的水草丛中附生、偶然性浮游或真性浮游。

分布：常见于海兰河、布尔哈通河、红旗河、珲春河、图们江干流。

2. 具星小环藻 *Cyclotella stelligera*

形态特征：单细胞，壳体圆盘状；壳面圆形，呈同心波曲；边缘区较狭，具辐射状排列的粗线纹；中央区具星状排列的短线纹。细胞直径 5.5~24.5μm。

生境：喜碱、广盐，丛生或偶然性浮游，最适 pH 值为 7.5~8.0，秋季在富营养水体中能大量生长。

分布：常见于嘎呀河、珲春河、图们江干流。

羽纹藻纲 Pennatae

无壳缝目 Araphidiales

植物体由细胞连成带状、"Z"形或星状群体，浮游或着生；壳体呈椭圆形、菱形、披针形或圆柱形，壳面呈线形至线形–披针形、椭圆形、菱形等，具假壳缝，假壳缝两侧具由点纹连成的横线纹或横肋纹；带面多数呈长方形，多数两侧对称，少数不对称，1~2个片状色素体，或多数小颗粒状、盘状色素体。

脆杆藻科 / Fragilariaceae

● **平板藻属** *Tebellaria*

植物体由细胞连成带状或"Z"形群体，壳面中部和两端膨大，上下具假壳缝。点条纹横列，无肋纹。左右对称，无壳缝。带面呈长方形，细胞内有与壳面平行的纵隔片，但没有贯彻到整个细胞，所以称假隔片。色素体小盘状，多数。

1. **窗格平板藻** *Tebellaria fenestrata*

形态特征：细胞常连成直的丝状但不是"Z"形群体；壳面呈长线形，中部及两端显著膨大。横线纹细，平行，带面两端各具两个纵向的长形隔膜，隔膜达细胞中部。细胞长 30~140μm，宽 3.0~9.0μm。

生境：生长在池塘、湖泊、水库、溪流、河流中，多为富营养的水体。

分布：常见于密江河。

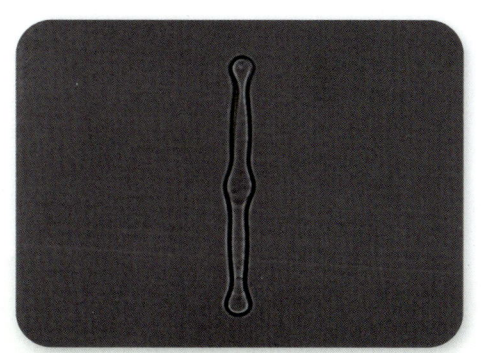

2. **绒毛平板藻** *Tebellaria flocculosa*

形态特征：细胞常连成"Z"形群体，壳面中央及两端膨大，带面两端各具多个纵向的长形隔膜，隔膜达细胞中部。细胞长 12~80μm，宽 5.0~16μm，横线纹细，在壳面中部略呈放射状。

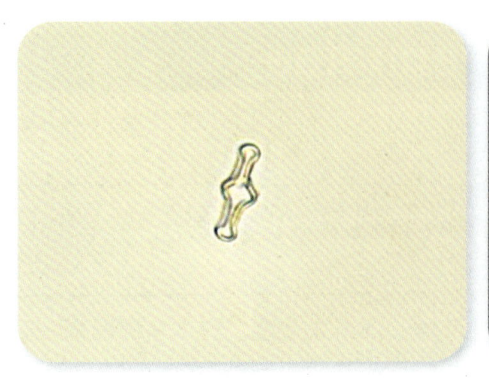
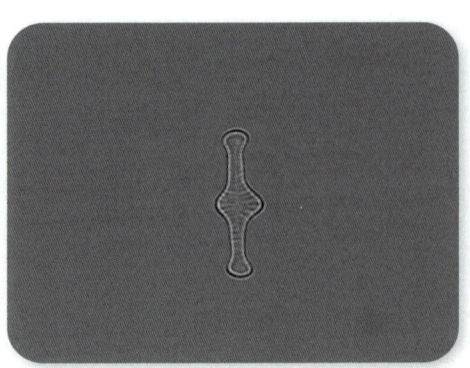

生境：生长在水坑、池塘、湖泊、水库、山溪、泉水以及河流基质上或潮湿土表中。
分布：常见于图们江干流。

● 等片藻属 *Diatoma*

单细胞个体；壳面呈舟形，带面呈方形或矩形。拟壳缝不明显；无壳缝。细胞体有横纹，横纹与细胞的横轴平行且有向内伸展的横隔片，壳的纵横两轴都对称。细胞常由壳面相互连接形成群体。

1. 普通等片藻 *Diatoma vulgare*

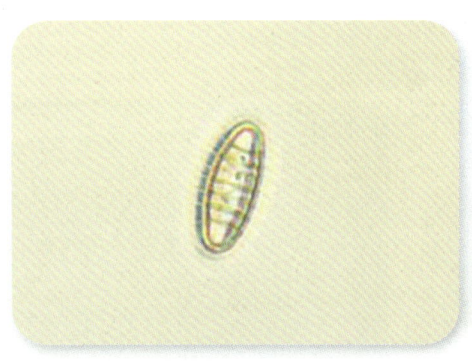

形态特征："Z"形群体。带面呈长方形，间生带数目少。壳面呈线状披针形，中部微凸，末端宽喙状。壳面长 40~60μm，宽 12~15.4μm。肋纹间有横线纹。壳面末端有一唇形突。

生境：生长在池塘、湖泊、河流中。
分布：常见于海兰河、布尔哈通河、密江河、红旗河、珲春河、图们江干流。

2. 冬生等片藻 *Diatoma hiemale*

 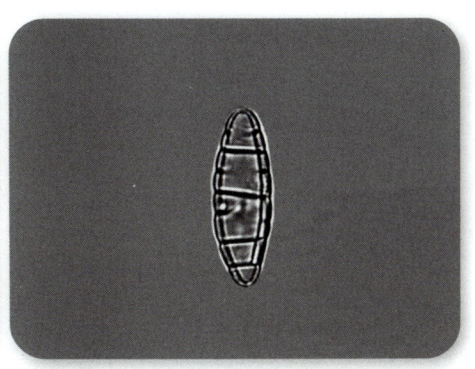

形态特征：带状群体，带面呈长方形，角偶圆，边缘肋纹间具有线纹，间生带较多。壳面呈线状披针形到线形，两端尖或喙状，壳面一段具一唇形突；假壳缝在中部较宽，向两端渐狭，其两侧具有横线纹和横肋纹，肋纹粗。细胞长 25.8~50μm，宽 8~11.3μm。

生境：生长在池塘、湖泊、河流中。

分布：常见于密江河、红旗河、嘎呀河、珲春河、图们江干流。

3. 双头等片藻 *Diatoma anceps*

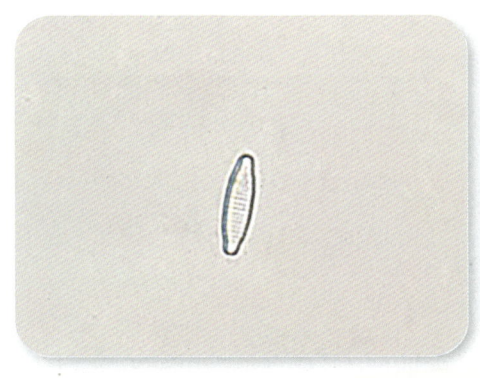 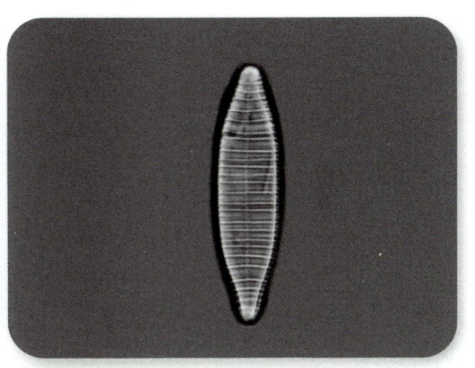

形态特征：带状群体，细胞长 17~23μm，宽 3.5~6.5μm。

生境：生长在池塘、湖泊、河流中。

分布：常见于密江河、图们江干流。

● **扇形藻属 *Meridium***

单细胞个体，通常壳体相互连接形成扇状群体；壳面呈异极棒状，上端呈宽圆形，下端呈窄圆形；带面呈楔形。壳面横肋凸出而粗壮，横向延伸至壳面。有环带和隔片。常见于水不深的淡水或微咸水环境，如山溪、山泉、沼泽、水池、水沟、小湖等。

1. 环状扇形藻 *Meridium circulare*

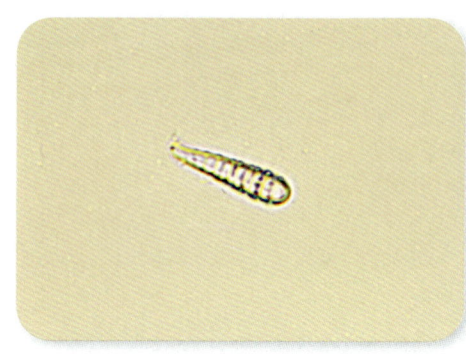
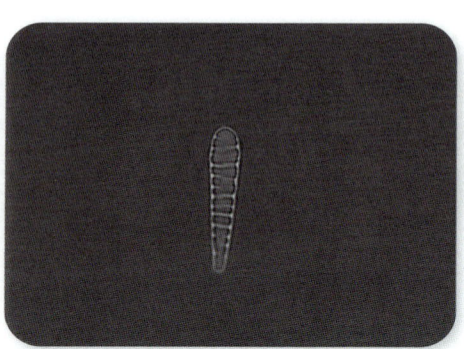

形态特征：壳体常连成扇状群体，带面呈楔形。壳面异极呈棒状，上端呈宽圆形，下端呈窄圆形近头状。最短的壳面几乎可以呈圆形或环状。有1个唇形突，位于壳面上端靠近壳缘。具1~2个间生带，壳内具许多发育不全的横膈膜。细胞长7~80μm，最宽处4~8μm。

生境：生长在淡水小水体中，特别是流水水体，有的也在微咸水中。

分布：常见于海兰河、布尔哈通河、密江河、红旗河、嘎呀河、珲春河、图们江干流。

2. 环状扇形藻缢缩变种 *Meridium circulare* var. *constricta*

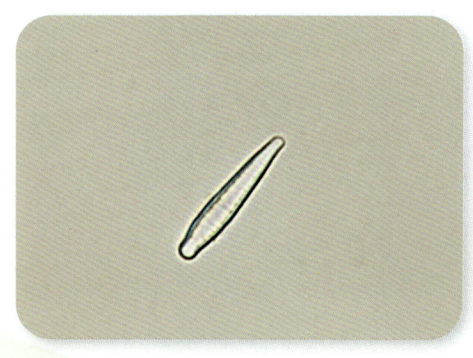
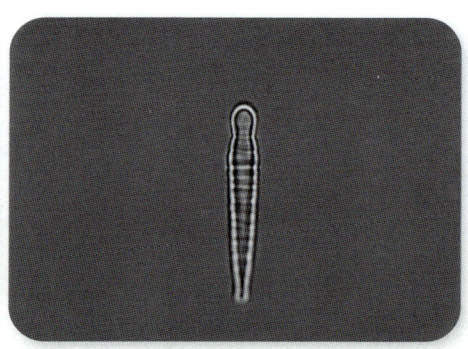

形态特征：壳面异极，上部接近末端明显缢缩，末端头状；下部渐变，末端近头状。具1~2个间生带，壳内具许多发育不全的横膈膜。细胞长16~51μm，最宽处4.5~10μm。横肋纹主要是次生肋纹。

生境：生长在淡水小水体中，特别是流水水体，有的也在微咸水中。

分布：常见密江河、红旗河、图们江干流。

藻类　硅藻门 Bacillariophyta

● 脆杆藻属 *Fragilaria*

植物体由细胞互相连成带状，或以每个细胞的一端相连成"Z"形群体，少数为星状；壳面呈细长线形、长披针形、披针形到椭圆形，两侧对称，中部边缘处略膨大或缢缩，两侧逐渐狭窄，末端钝圆、小头状、喙状；上下壳的假壳缝呈狭线形或宽披针形，其两侧具横点状线纹。纵轴上拟壳缝不明显，无壳缝。带面呈长方形，无间生带和隔膜；具1~4个小盘状或片状色素体，多数，具1个蛋白核。

1. 弧形脆杆藻 *Fragilaria arcus*

形态特征：壳体带面观是弯形的，形成短带状。壳面呈弓形，有凸出的背缘，腹缘除中央区外是凹入的，末端呈喙状至头状。壳面长15~95μm，宽4~10μm。假壳缝明显窄，中心区仅在腹缘一侧形成膨大的假节，假节内无线纹或偶见浅线纹。横线纹平行排列逐向末端微辐射状。

生境：常生长在山区的流水中，附着于基质上。

分布：常见于密江河、嘎呀河、珲春河、图们江干流。

2. 弧形脆杆藻线形变种 *Fragilaria arcus* var. *linearis*

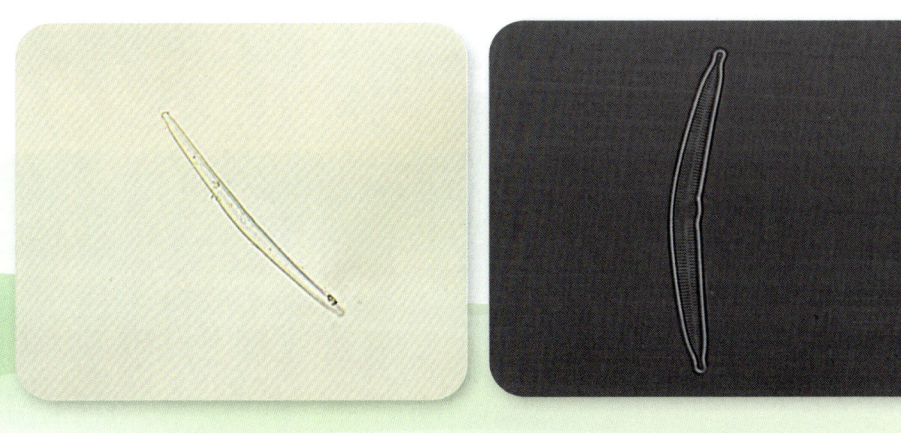

形态特征： 该变种与原变种的主要区别为：该变种的壳面几乎呈线形，背缘微微凸出，腹缘除中央凸出外略微凹入，末端圆头状。壳面长 55~92μm，宽 4.5~7μm。

生境： 常生长在山区的流水中，附着于基质上。

分布： 常见于密江河、珲春河。

3. 弧形脆杆藻线形变种直变型 *Fragilaria arcus* var. *linearis* f. *recta*

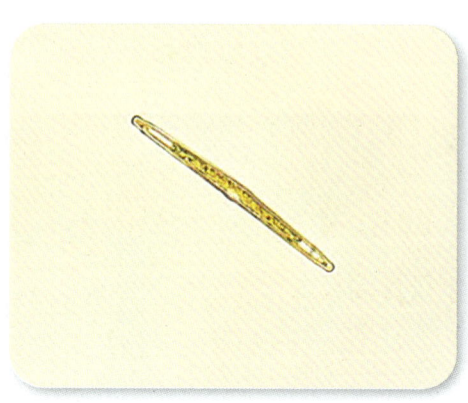 

形态特征： 该变型与线形变种的主要区别是：该变型壳体较短，呈直线形，腹缘几乎没有凹入和凸出之分；壳长 27~77μm，壳面宽 3~8μm。横线纹平行排列。

生境： 常生长在山区的流水中，附着于基质上。

分布： 常见于密江河。

4. 弧形脆杆藻两尖变种 *Fragilaria arcus* var. *amphioxys*

形态特征： 该变种与原变种之间的区别为：细胞较宽、较短，两端呈喙头状，壳面背缘明显凸出，腹缘在膨大的中心区的两侧膨大，腹侧中部假节狭窄，较突出，呈现 3 个波形。细胞长 22~45μm，宽 4~7μm。

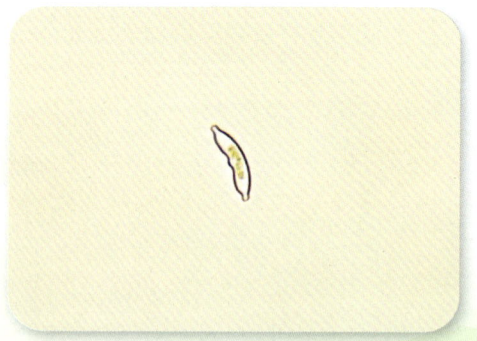

生境： 常生长在山区的流水中，附着于基质上。

分布： 常见于密江河。

5. 钝脆杆藻 *Fragilaria capucina*

形态特征： 壳体带面观线状长方形，以壳面连为紧密的带状群体。壳面呈长线形，向两端渐狭，末端略膨大、钝圆。壳面长 25~134μm，宽 2~7μm。壳面中部线纹缺或模糊而形

 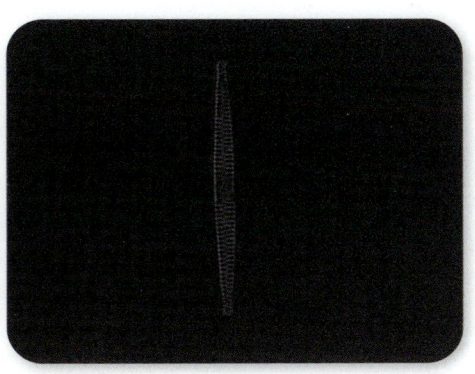

成一个长方形中央区。假壳缝呈窄线形。

生境：生长在池塘、沟渠、湖泊、水库及缓流的河流中。

分布：常见于海兰河、布尔哈通河、红旗河、嘎呀河、珲春河、图们江干流。

6. 钝脆杆藻中狭变种 *Fragilaria capucina* var. *mesolepta*

形态特征：该变种与原变种之间的区别为：该变种细胞中部狭窄，从近中部向两端逐渐狭窄，末端狭且为喙状。细胞长 27~90um，宽 2.5~9μm。

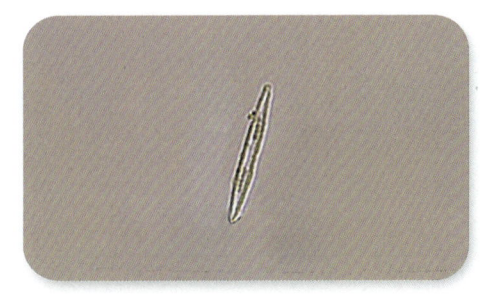

生境：生长在水坑、池塘、湖泊、水库、溪流中。

分布：常见于布尔哈通河、图们江干流。

7. 沃切里脆杆藻 *Fragilaria vaucheriae*

形态特征：壳体连为短链状群体，偶单生。壳面呈线状披针形至宽披针形，向两端变窄，末端喙状变圆或头状。假壳缝呈窄线形。中央区仅一侧具有，且此侧常膨肿。壳面长 12~73μm，宽 2~9μm。

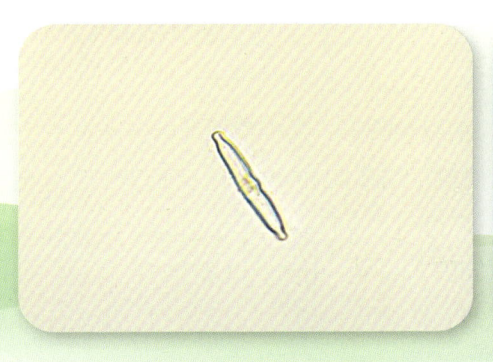 

生境：生长在小溪、水沟、湖泊及水库中。

分布：常见于密江河、红旗河、图们江干流。

8. 沃切里脆杆藻小头端变种 *Fragilaria vaucheriae* var. *capitellata*

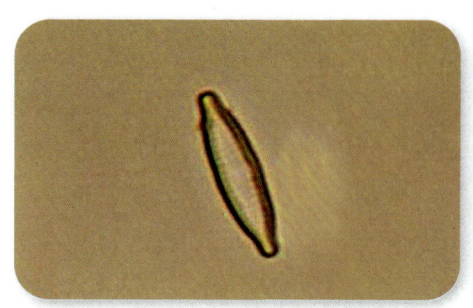
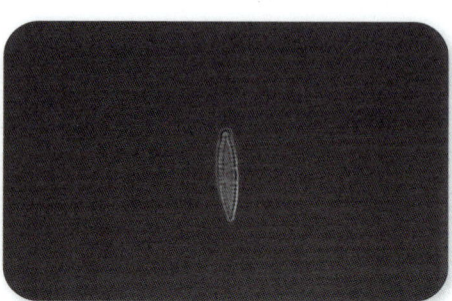

形态特征：该变种与原变种的区别为：该变种壳面两侧呈弧形，末端呈小头状。线纹细。细胞长 16~33μm，壳面宽 3~5.5μm。

生境：生长在小溪、水沟、湖泊及水库中。

分布：常见于红旗河、图们江干流。

9. 中型脆杆藻 *Fragilaria intermedia*

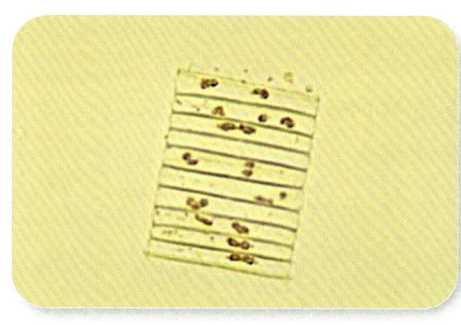
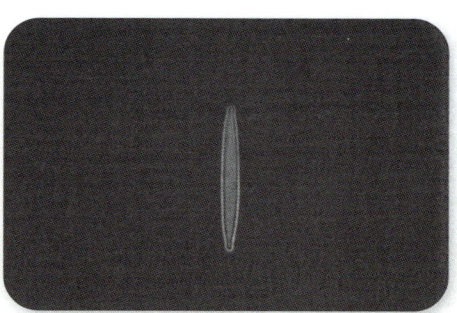

形态特征：细胞常相互连成带状群体；壳面狭披针形，从中部向两端逐渐狭窄，末端略膨大呈头状；假壳缝呈窄线形，中部一侧无线纹。细胞长 15~60μm，壳面宽 2.5~5μm。横线纹平行排列。

生境：生长在稻田、水坑、池塘、沟渠、湖泊、水库、山溪、山泉中。

分布：常见于海兰河、布尔哈通河、密江河、红旗河、嘎呀河、珲春河、图们江干流。

藻类 硅藻门 Bacillariophyta

10. 变绿脆杆藻 *Fragilaria virescens*

形态特征：细胞常相互连成带状群体；壳面呈线形，两侧平直或略凸出，两端突然变狭延长，末端钝圆、喙状；假壳缝呈狭线形，无中央区，横线纹很细，带面长方形。细胞长 8~32μm，宽 3.5~10μm。

生境：生长在池塘、湖泊、山溪、泉水中。

分布：常见于密江河、红旗河。

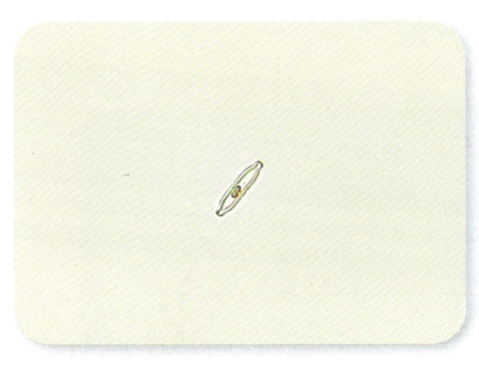

11. 短线脆杆藻 *Fragilaria brevistriata*

形态特征：细胞常相互连成带状群体；壳面呈线形、披针形，末端钝圆；假壳缝呈宽披针形，其两侧具有细的很短的横线纹。细胞长 12~41μm，宽 2.5~6.5μm。

生境：生长在池塘、沟渠、湖泊、缓流的河流中。

分布：常见于红旗河、图们江干流。

12. 尖脆杆藻 *Fragilaria acus*

形态特征：壳面呈披针形，中部宽，从中部向两端逐渐狭窄，末端呈圆形或近头状；假壳缝呈窄线形，中心区扩大直达壳缘，横线纹细且平行排列；带面呈细线形。细胞长 62~300μm，中部宽 2.5~6μm。该种以其壳面和末端的形态特征与其他种相区别。

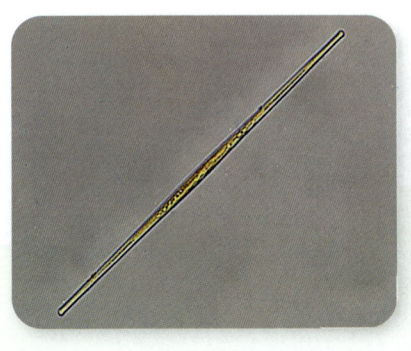 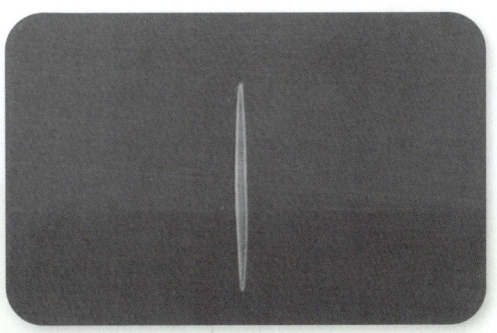

生境：生长在池塘、湖泊等各种淡水中。

分布：常见于海兰河、布尔哈通河、密江河、红旗河、嘎呀河、珲春河、图们江干流。

13. 尖脆杆藻极狭变种 *Fragilaria acus* var. *angustissima*

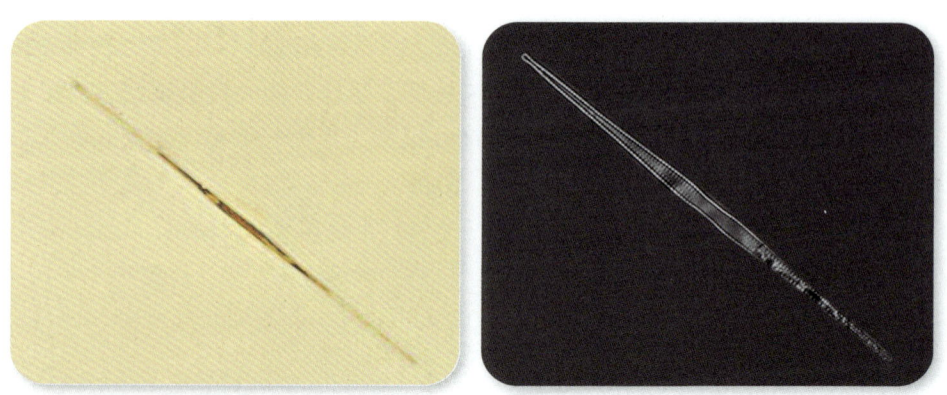

形态特征：该变种与原变种的主要区别为：该变种壳体极细长，中部几乎不扩大。细胞长 109~225μm，壳面宽 1~3μm。

生境：生长在池塘、湖泊等各种淡水中。

分布：常见于海兰河、布尔哈通河、图们江干流。

14. 尖脆杆藻放射变种 *Fragilaria acus* var. *radians*

形态特征：该变种与原变种的主要区别为：该变种壳体极细长，中部扩大。细胞长 123~132μm，宽 3μm。

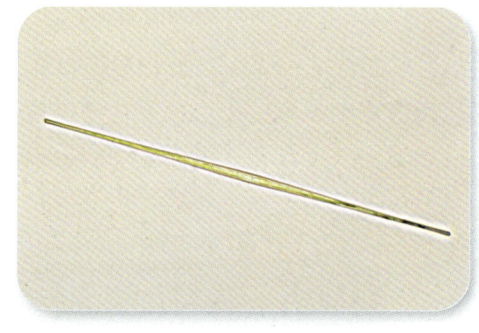

生境：生长在池塘、湖泊等各种淡水中。

分布：常见于海兰河、布尔哈通河、密江河、图们江干流。

15. 肘状脆杆藻 *Fragilaria ulna*

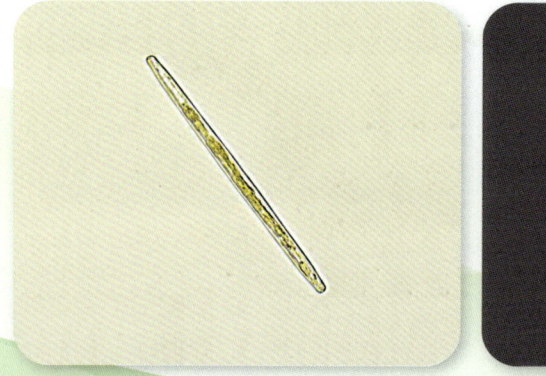
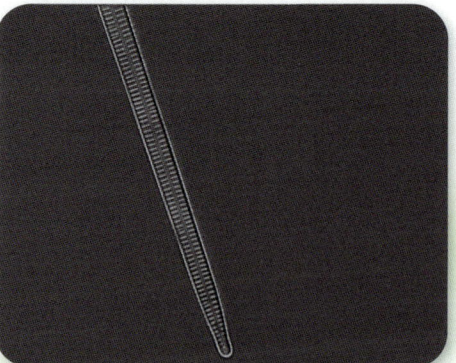

形态特征：壳面呈线形至线披针形，末端呈宽钝圆形，有时呈喙状宽形末端。假壳缝窄，中央区呈横矩形，或未出现中央区，有时在中央区边缘出现很短的线纹。壳面长 63~289μm，宽 3~9μm。

生境：生长在水坑、池塘、湖泊、河流、沼泽中。

分布：常见于海兰河、布尔哈通河、密江河、红旗河、嘎呀河、珲春河、图们江干流。

16. 肘状脆杆藻丹麦变种 *Fragilaria ulna* var. *danica*

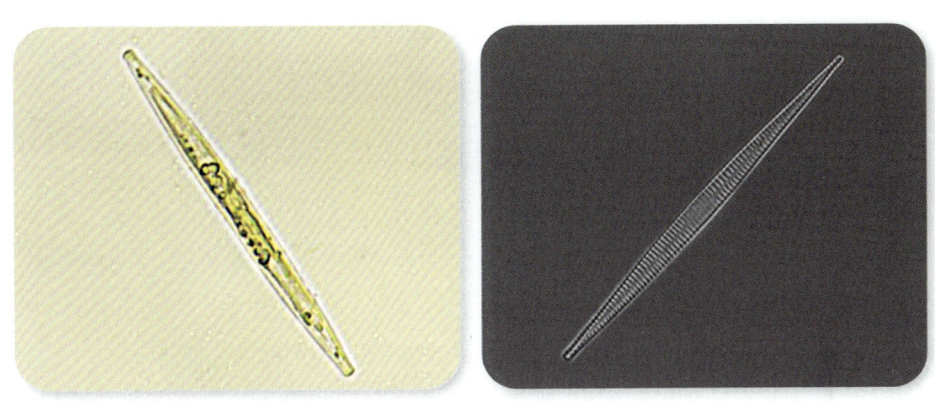

形态特征：壳面呈线形至线披针形，末端呈窄钝圆形，逐渐向两端变细，有时呈喙状。假壳缝窄，中央区呈横矩形，或未出现中央区，有时在中央区边缘出现很短的线纹。壳面宽 3~5μm，长 75~198μm。

生境：生长在水坑、池塘、湖泊、河流、沼泽中。

分布：常见于布尔哈通河、密江河、红旗河、图们江干流。

17. 肘状脆杆藻凹入变种 *Fragilaria ulna* var. *cavus*

形态特征：该变种与原变种的主要区别为：壳面呈线形，中部凹入，末端明显呈喙状。假壳缝窄且明显，在中央区加宽，中央区长大于宽。壳面长 42~78μm，宽 7~8μm。

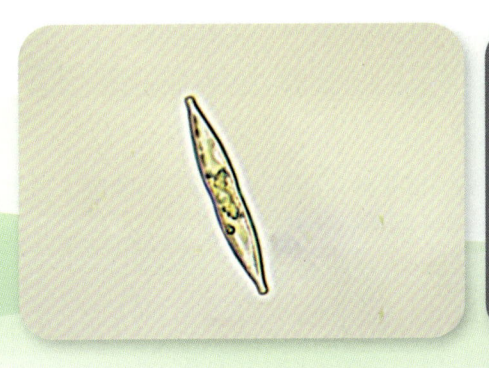
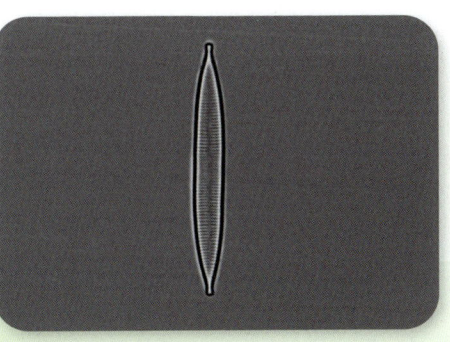

生境：生长在水坑、池塘、湖泊、河流、沼泽中。

分布：常见于海兰河、布尔哈通河、密江河、红旗河、嘎呀河、珲春河、图们江干流。

18. 肘状脆杆藻尖喙变种 *Fragilaria ulna* var. *oxyrhynchus*

形态特征：尖喙变种的细胞末端较尖锐，有时呈现出较明显的尖喙形状。

生境：生长在水坑、池塘、湖泊、河流、沼泽中。

分布：常见于海兰河、布尔哈通河、密江河、珲春河、图们江干流。

19. 肘状脆杆藻缢缩变种 *Fragilaria ulna* var. *constracta*

形态特征：该变种与原变种的主要区别为：该变种壳面呈宽线形，中部缢入中央区较大。细胞长 37~73μm，宽 6~9μm。

生境：生长在水坑、池塘、湖泊、河流、沼泽中。

分布：常见于布尔哈通河、密江河、红旗河、嘎呀河、珲春河、图们江干流。

20. 肘状脆杆藻二头变种 *Fragilaria ulna* var. *biceps*

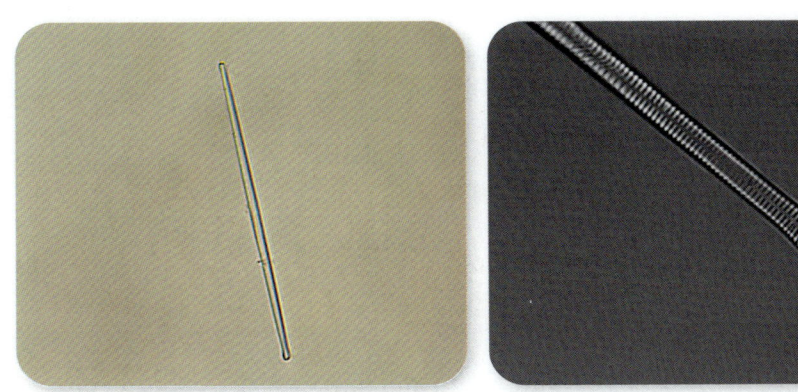

形态特征：该变种与原变种的主要区别为：该变种壳面呈宽长线形，末端圆头状，无中央区；靠近末端中部具1个明显的黏液孔，横线纹明显，平行排列。细胞长127~242μm，宽4~7μm。

生境：生长在水坑、池塘、湖泊、河流、沼泽中。

分布：常见于海兰河。

21. 爆裂脆杆藻 *Fragilaria rumpens*

形态特征：壳体壳环面呈线形，逐向末端较窄；有时2个或3个壳体形成短链。壳面呈线形，向末端变细，末端膨大，呈小头状。壳面长26~75μm，壳宽2~3μm。假壳缝窄线形，中央区非常明显的长大于宽，呈无纹的带状；边缘不明显（微微）膨大，常常中央区显得较厚。横线纹平行排列，具不明显的点纹。

生境：生长在淡水湖泊、水库、池塘或缓流的山溪石头上。

分布：常见于红旗河、图们江干流。

22. 美小脆杆藻 *Fragilaria pulchella*

形态特征：壳面呈线形-披针形，末端钝圆或略呈小头状，具窄线形假壳缝，中央区横矩形，无纹。细胞长 60~194μm，宽 4~7μm。

生境：生长在水坑、池塘、湖泊、水库、溪流、沼泽中。

分布：常见于珲春河、图们江干流。

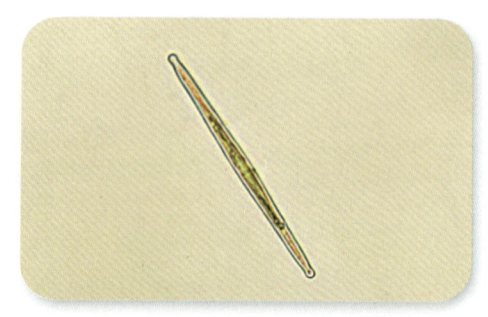

23. 平片脆杆藻 *Fragilaria tabulate*

形态特征：壳面呈狭披针形，从中部向两端逐渐尖细，末端钝圆，明显头状；假壳缝宽，呈披针形，无中央区，横线纹短，在中部不间断；带面呈线形长方形。细胞长 60~150μm，宽 2~5μm。

生境：生长在稻田、水坑、池塘、湖泊、溪流、河流、沼泽中，喜电导率高的清洁水体，存在于淡水和半咸水水体中。

分布：常见于密江河、图们江干流。

拟壳缝目 Raphidionales

植物体为单细胞或细胞相互连成带状群体，细胞呈月形、弓形，背缘凸出，上下壳面的两端的腹缘均具短的壳缝，壳缝由腹侧向末端延伸，经过壳缘而弯入壳面；具极节，无中央节，2 个大形、片状色素体。

短缝藻科 / Eunotiaceae

● **短缝藻属 *Eunotia***

植物体为单细胞，或由壳面互相连接成带状群体；壳面呈弓形，背缘突出，腹缘平直或凹入；两端大小相同，各有 1 个明显的极节；带面呈长方形，常具间生带。

藻类　硅藻门 Bacillariophyta

1. 篦形短缝藻 *Eunotia pectinalis*

 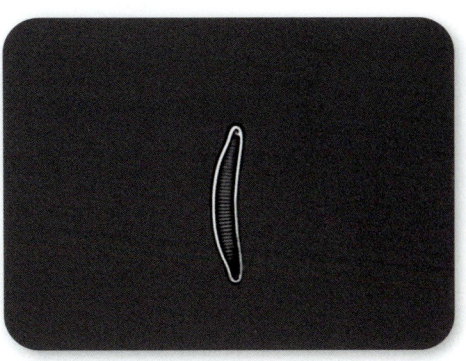

形态特征：壳体的环带面呈长方形，壳面呈长弓形或弯带状。背缘微凸或略直，腹缘平直或略凹。背缘与腹缘通常呈平行排列。背缘向着末端略微倾斜地延伸，末端圆形，末端的宽度约为壳面主要部分宽度的 1/2 或略大于 1/2。端节明显，位于近末端的腹缘上。壳面上的线纹呈平行排列，近末端的线纹略呈放射状排列。壳面长 26~70μm，宽 5~7μm。

生境：生长在池塘、湖泊、水库、溪流、泉水、河流、沼泽中，在贫营养型的、低盐度的水体中更为多见，浮游或附着在基质上。

分布：常见于密江河。

2. 岩壁短缝藻 *Eunotia praerupta*

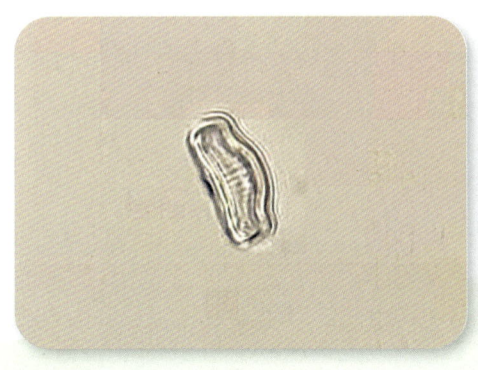 

形态特征：壳体的环带面呈长方形，壳面呈长弓形或弯带状。背缘微凸出，腹缘略凹。背缘向着末端略微倾斜地延伸，末端圆形。端节明显，位于近末端的腹缘上。壳面上的线纹呈平行排列，近末端的线纹略呈放射状排列。细胞长 12~70μm，宽 3~10μm。

生境：生长在池塘、湖泊、水库、溪流、泉水、河流、沼泽中。

分布：常见于图们江干流。

3. 纳格短缝藻 *Eunotia valida*

形态特征：壳面呈弯线形。背缘凸出略呈弧形，腹缘微凹入。壳面长 54~97μm，宽 2.5~3μm。

生境：生长在池塘、湖泊、水库、溪流、泉水、河流、沼泽中。

分布：常见于图们江干流。

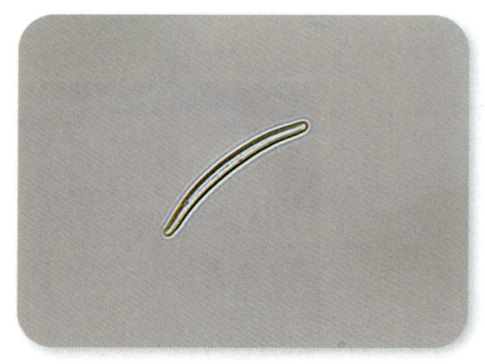

双壳缝目 Biraphidinales

植物体为单细胞，少数由胶质连接成群体；壳面两端及两侧对称，或两侧或两端不对称，上下壳面均具壳缝，具极节和中央节；上下壳面花纹相同；1~2 个大形、片状色素体。

舟形藻科 / Naviculaceae

● 布纹藻属 *Gyrosigma*

细胞狭而扁；壳面"S"形，从中部向两端逐渐变尖细，末端尖或钝圆；中轴区狭，"S"形，中央节处略膨大；带面披针形。

1. 库津布纹藻 *Gyrosigma kuetzingii*

 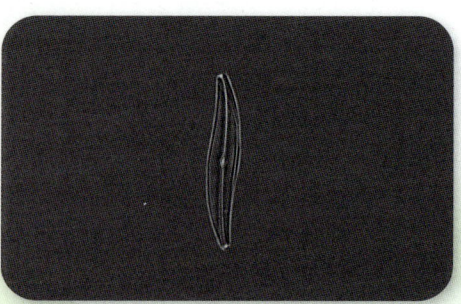

形态特征：壳面呈微微弯曲的"S"形，披针形，末端近乎半尖圆形。壳缝在中线上，呈微弱"S"形。横线纹在壳面中部辐射状排列，其他部分线纹与中线垂直。壳面长 67~118μm，宽 9~18μm。

生境：生长在小溪、江河、湖泊及水库中，喜碱、微盐类水体。

分布：常见于海兰河、布尔哈通河。

2. 锉刀状布纹藻 *Gyrosigma acuminatum*

形态特征：壳面呈披针形、线形至舟形，从中部向两端渐狭微微弯曲略呈"S"形，末端尖钝圆，中央节小，呈椭圆形。壳面长 53~97μm，宽 9~16μm。

生境：生长在江河、湖泊、溪流、水库、水塘、稻田、水井、海泥，以及潮湿土表等流水和静水环境中，在微咸水环境中也常见。

分布：常见于海兰河、图们江干流。

3. 尖布纹藻 *Gyrosigma acuminatum*

形态特征：壳面呈狭"S"形，从中部向两端逐渐变狭，末端钝圆。壳缝在中线上，中央节呈椭圆形。壳面长 82~190μm，宽 11~20μm。

生境：生长在湖泊、池塘、泉水、河流中。

分布：常见于布尔哈通河、图们江干流。

4. 渐狭布纹藻 *Gyrosigma attenuatum*

形态特征：壳面呈狭"S"形，从中部向两端逐渐变狭，末端钝圆。细胞长 129~235μm，宽 15~17μm。

生境：生长在湖泊、池塘、泉水、河流中。

分布：常见于图们江干流。

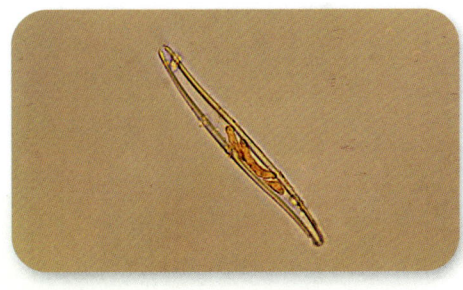

● **双壁藻属** *Diploneis*

植物体为单细胞；壳面呈椭圆形、线形至椭圆形、线形、卵圆形，末端钝圆；壳缝直，壳缝两侧具中央节侧缘延长形成的角状凸起，外侧具宽或窄的线形、披针形的纵沟，纵沟外侧具横肋纹或由点纹连成的横线纹；带面呈长方形，无间生带和隔片；2个片状色素体，每个色素体具1个蛋白核。

椭圆双壁藻 Diploneis elliptica

形态特征：壳面呈宽椭圆形至线形 – 椭圆形，末端钝圆；中央节略大，呈方圆形，角状凸起明显，两侧纵沟狭窄，在中央区较宽；横肋纹粗，略呈放射状排列。细胞长 18~130μm，宽 10~60μm。

生境：生长在水坑、池塘、湖泊、河流、泉水、沼泽中，淡水和半咸水水体中。

分布：常见于布尔哈通河、珲春河。

● 辐节藻属 Stauroneis

植物体单细胞，少数连成带状群体；壳面呈长椭圆形、狭披针形或舟形，末端头状、钝圆形或喙状；中央区狭，壳缝直，极节细，中央区增厚并扩展到壳面两侧，增厚的中央区无花纹，称辐节。壳缝两侧横线纹或短纹，呈放射状平行排列，辐节和中轴区将壳面花纹分为4个部分；具间生带，无隔片，具或不具假隔片；2个片状色素体，每个色素体具2~4个蛋白核。

双头辐节藻 Stauroneis anceps

形态特征：壳面呈椭圆形、披针形至线形 – 披针形，两端喙状延长，末端呈头状；壳缝直且狭窄，中轴区狭，中央区横带状，点纹组成的横线纹呈放射状排列。细胞长 21~96μm，宽 5~24μm。

生境：生长在水坑、池塘、湖泊、河流、泉水、沼泽中。

分布：常见于珲春河、图们江干流。

● 舟形藻属 Navicula

植物体为单细胞，细胞三轴皆对称，单独生活，也有以胶质营、胶质块形成群体的。浮游，壳面多为舟形，也有线形、披针形、菱形、椭圆形。两侧对称，末端钝圆、近头状或喙状；中轴区狭窄，呈线形或披针形；壳缝呈线形，具中央节和极节，中央节呈圆形或椭圆形，壳缝两侧具点纹组成的横线纹，或布纹、肋纹。带面呈长方形；色素体片状或带状，多为2个。

1. 短小舟形藻 *Navicula exigua*

形态特征：壳面呈椭圆形，两端略伸长呈头状，末端圆；中轴区狭，中央区横向放宽，壳缝两侧的横线纹略呈放射状斜向中央区。细胞长16~35μm，宽7.0~15μm。

生境：生长在水坑、池塘、湖泊、水库、河流、溪流、沼泽中。

分布：常见于海兰河、布尔哈通河、红旗河、嘎呀河、珲春河、图们江干流。

2. 显喙舟形藻 *Navicula perrostrata*

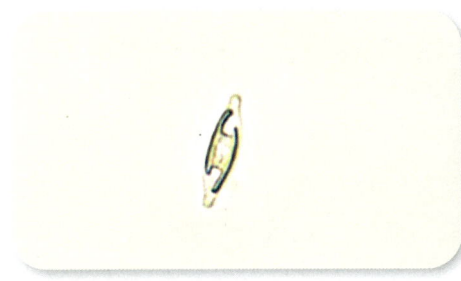
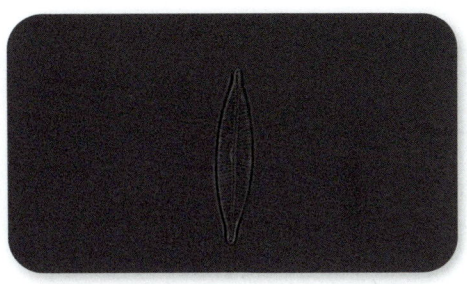

形态特征：壳面呈线披针形，两侧边缘平行，近末端明显收缩，末端延长呈明显的喙状。轴区很窄，呈线形，中心区微扩大形成小的近方形。壳缝呈直线形，端缝无偏斜。壳面横线纹在中部微辐射，向末端较强烈辐射。细胞长23~25μm，壳面宽5.0μm。

生境：生长在稻田、水坑、池塘、湖泊、水库、河流、溪流、沼泽中。

分布：常见于海兰河、布尔哈通河、红旗河、嘎呀河、珲春河、图们江干流。

3. 燕麦舟形藻 *Navicula avenacea*

形态特征：壳面呈披针形或窄披针形，壳面宽5~10μm，长26~54μm。壳面横线纹在中部微辐射，向末端较强烈辐射。

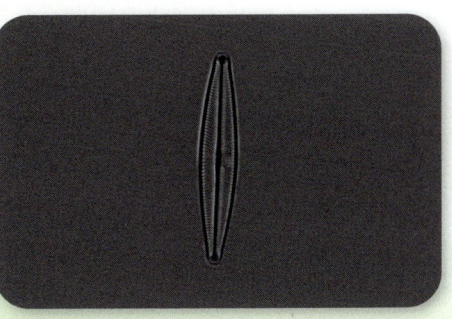

生境：生长在稻田、水坑、池塘、湖泊、水库、河流、溪流、沼泽中及潮湿岩壁上。

分布：常见于海兰河、布尔哈通河、红旗河、嘎呀河、珲春河、图们江干流。

4. 隐头舟形藻 Navicula cryptocephala

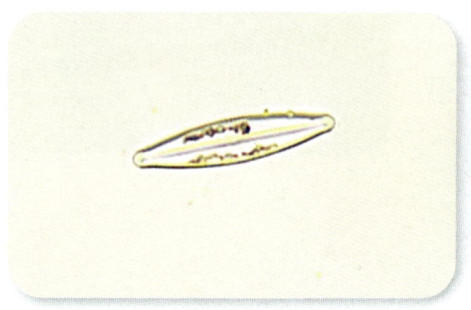 

形态特征：壳面呈披针形或窄披针形，末端渐窄或微喙状，近头状或钝圆形。轴区窄至很狭窄，中心区小至中等大，呈圆形至横向椭圆形，略不对称。壳缝丝状，近缝端略偏斜。壳面横线纹辐射状排列，向末端微聚集排列。壳面长 13~45μm，壳面宽 4~9μm。

生境：生长在稻田、水坑、池塘、湖泊、水库、河流、溪流、沼泽中及潮湿岩壁上。

分布：常见于海兰河、布尔哈通河、密江河、红旗河、嘎呀河、图们江干流。

5. 隐头舟形藻中型变种 Navicula cryptocephala var. intermedia

形态特征：壳面呈披针形或宽披针形，末端渐窄，近头状或钝圆形。细胞长 18~37μm，宽 4~8μm。

生境：生长在稻田、水坑、池塘、湖泊、水库、河流、溪流、沼泽中及潮湿岩壁上。

分布：常见于红旗河、嘎呀河、图们江干流。

6. 半裸舟形藻 Navicula seminulum

形态特征：壳面多为线椭圆形，少为近乎椭圆形或近截圆形，两端延长，末端宽圆形。轴区线形，中心区扩大形成横矩形，几乎直达壳边缘。壳缝直，呈线形，近缝端略微膨大，中央孔明显，远缝端不偏斜。壳面横线纹多为辐射状排列，偶见末端出现平行排列。细胞长 8~17μm，壳面宽 3~5μm。

生境：生长在水坑、池塘、湖泊、河流、溪流、沼泽中。

分布：常见于图们江干流。

7. 放射舟形藻 *Navicula radiosa*

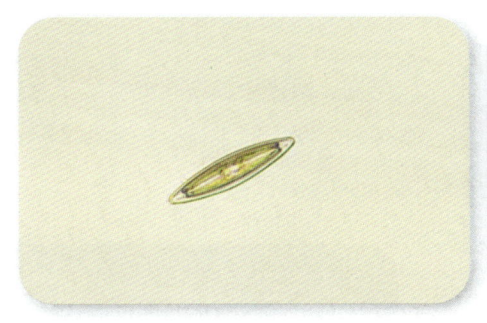 

形态特征：壳面呈线披针形或狭长披针形，末端尖圆形。轴区狭窄，明显，轴区和中节常常呈现出比壳面较厚重的硅质化，中心区大小可变，横向扩大不达壳面边缘。壳缝呈直线形，近缝端偏斜，中央孔略明显膨大。壳面横线纹均为辐射状排列，在中部线纹较短，线纹向末端呈聚集状排列。壳面长 28~107μm，宽 5~12μm。

生境：生长在稻田、水坑、池塘、湖泊、水库、河流、溪流、沼泽中及潮湿岩壁上。

分布：常见于海兰河、布尔哈通河、密江河、红旗河、嘎呀河、珲春河、图们江干流。

8. 近半裸舟形藻 *Navicula subseminulum*

形态特征：壳面呈线披针形，两侧略外凸，末端钝圆形。轴区窄线形，中心区扩大形成大圆形。壳缝呈直线形，近、远缝端不偏斜。壳面横线纹均为辐射排列。壳面长 13~15μm，宽 4~6μm。

生境：生长在稻田、水坑、池塘、湖泊、水库、河流、溪流、沼泽中及潮湿岩壁上。

分布：常见于红旗河、嘎呀河、珲春河、图们江干流。

9. 披针形舟形藻 *Navicula lanceolata*

 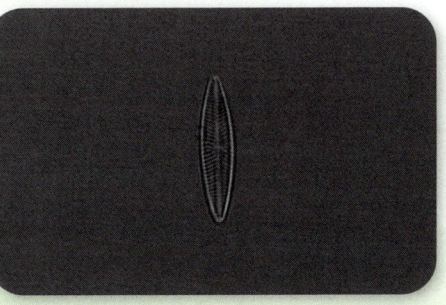

形态特征：壳面呈披针形，末端不尖的圆形，少有延长的末端。轴区窄线形，中心区相对大，呈略不规则的圆形。壳缝呈枝形丝状，近缝端中央孔偏斜略微至中央区。壳面横线纹中部辐射状排列，向两端聚集状排列。

生境：生长在稻田、水坑、池塘、湖泊、水库、河流、沼泽中，淡水或微咸水水体中。

分布：常见于布尔哈通河、密江河、红旗河、嘎呀河、图们江干流。

10. 急尖舟形藻赫里保变种 Navicula cuspidate var. heribaudii

形态特征：壳缝直，丝状。壳面横线纹密，中部长短相间，辐射排列，两端聚集状排列。壳面宽 11~20μm，长 39~138μm。

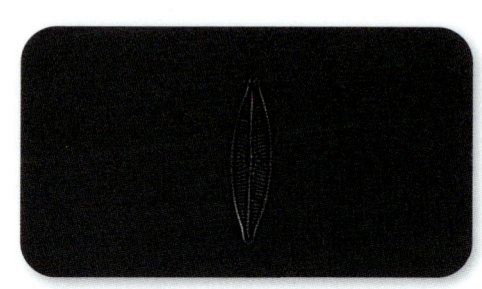

生境：多生长在池塘、湖泊、水库中。

分布：常见于海兰河、布尔哈通河、珲春河、图们江干流。

11. 瞳孔舟形藻 Navicula pupula

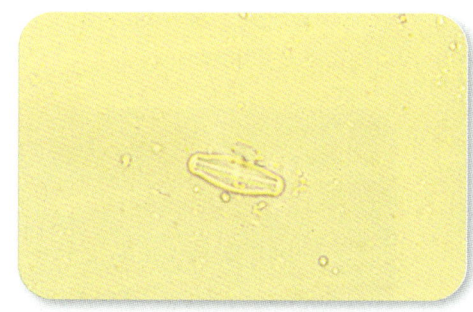 

形态特征：壳面呈披针形，中部膨大，中心区呈横矩形，中部两侧线纹很短，壳面宽 6~9μm，长 17.6~45μm。

生境：生长在稻田、水坑、池塘、湖泊、水库、河流、沼泽中。

分布：常见于海兰河、布尔哈通河、红旗河、珲春河。

12. 沙德舟形藻 Navicula schadei

形态特征：壳面呈椭圆形至线椭圆形，两侧明显外凸，两端延长，末端呈钝圆形或平截近头状。轴区窄线形，中心区扩大形成近圆形或不规则不达壳缘。壳缝呈直线形，近缝端略膨大。中央孔较明显，远缝端可能较直。壳面横线纹几乎均为辐射状排列，或近两端略微平行极端微聚集

状排列，中节两侧长短相间排列。壳面长 11~13μm，宽 4~6μm。

生境：生长在稻田、水坑、池塘、湖泊、水库、河流、沼泽中。

分布：常见于图们江干流。

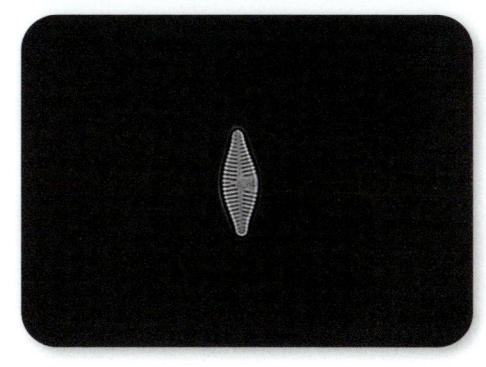

13. 群生舟形藻 Navicula gregaria

形态特征：壳面呈椭圆形，两侧明显膨大，两端延长成头状，末端钝圆。壳面横线纹几乎为辐射状排列，或近两端略微平行极端微聚集状排列，中节两侧长短相间排列。细胞宽 3.5~6.5μm，长 13~25.6μm。

生境：生长在稻田、水坑、池塘、湖泊、水库、河流、沼泽中。

分布：常见于图们江干流。

14. 喙头舟形藻 Navicula rhynchocephala

形态特征：壳面呈披针形，两端凸出呈喙状到头状；中轴区狭窄，中央区大、圆形，中轴区和中央节硅质的厚度比壳面其他区域厚，壳缝两侧的横线纹呈放射状排列。细胞长 24~60μm，宽 5~13μm。

生境：生长在稻田、水坑、池塘、湖泊、水库、河流、溪流、沼泽中，淡水或微咸水，高矿物质含量的水体中。

分布：常见于海兰河、布尔哈通河、红旗河、珲春河、图们江干流。

15. 淡绿舟形藻 Navicula viridula

形态特征：壳面呈披针形、线形－披针形，壳面横线纹均为辐射状排列，在中部线纹较短，线纹向末端呈聚集状排列。细胞长 23~70μm，宽 5~10μm。

生境：生长在稻田、水坑、池塘、湖泊、水库、河流、溪流、沼泽等生境中，贫营养、喜中性及略偏碱性的水体中。

分布：常见于红旗河、珲春河、图们江干流。

16. 淡绿舟形藻头端变型 *Navicula viridula* f.*capitata*

形态特征：壳面呈披针形、线形－披针形，两端凸出呈喙状至头状；壳缝两侧的横线纹呈放射状排列。细胞长 17~45μm，宽 3~10μm。

生境：生长在稻田、水坑、池塘、湖泊、水库、河流、溪流、沼泽等生境中，贫营养、喜中性及略偏碱性的水体中。

分布：常见于图们江干流。

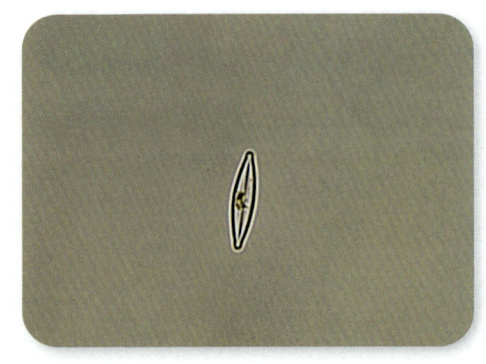

17. 系带舟形藻 *Navicula cincta*

形态特征：壳面呈线形－披针形，末端呈广圆形；中轴区狭，中央区小，略横向放宽，其两侧横线纹长短不一排列，横线纹呈放射状斜向中央区，两端斜向极节。细胞长 16~42μm，宽 3.5~8μm。

生境：生长在稻田、水坑、池塘、湖泊、水库、河流、溪流、泉水、沼泽中及潮湿岩壁上，淡水或微咸水水体中。

分布：常见于海兰河、布尔哈通河、红旗河、图们江干流。

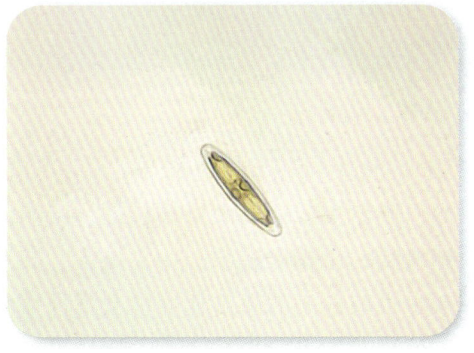

18. 卡里舟形藻 *Navicula cari*

形态特征：壳面呈披针形，两端逐渐狭窄，末端钝圆；中轴区狭，中央区横矩形，壳缝两侧横线纹在中部呈放射状斜向中央区，两端斜向极节。细胞长 19~54μm，宽 5~10μm。

生境：生长在水坑、池塘、湖泊、水库、河流中。

分布：常见于布尔哈通河、图们江干流。

19. 卡里舟形藻窄变种 *Navicula cari* var. *angusta*

形态特征：该变种与原变种的区别是该变种壳面狭，两端逐渐狭窄，末端渐尖圆；中轴区狭，中央区横矩形，壳缝两侧横线纹在中部呈放射状斜向中央区，两端斜向极节。细胞长 33~63μm，宽 6~8μm。

生境：生长在水坑、池塘、湖泊、水库、河流、溪流、泉水、沼泽中及潮湿岩壁上。

分布：常见于海兰河、布尔哈通河。

20. 简单舟形藻 *Navicula simples*

形态特征：壳面呈披针形，末端喙状；中轴区狭，中央区小，圆形；壳缝两侧横线纹在中部呈放射状斜向中央区，两端斜向极节。细胞长 15~45μm，宽 4~10μm。

生境：生长在水坑、池塘、湖泊、河流、溪流、沼泽中。

分布：常见于海兰河、布尔哈通河、密江河、红旗河、嘎呀河、珲春河、图们江干流。

● 羽纹藻属 *Pinnularia*

植物体为单细胞或连成带状群体，上下左右均对称；壳面呈线形、椭圆形或披针形、线形-披针形、椭圆披针形，两侧平行，少数两侧中部膨大或呈对称的波形，两端头状、喙状，末端钝圆；中轴区呈狭线形、宽线形或宽披针形，中央区呈圆形、椭圆形、菱形或横矩形等，具中央节和极节；壳缝发达，直或弯曲，具横肋纹，每条肋纹是 1 条管沟；带面呈长方形，无间生带和隔片；2 个片状且大的色素体，各具 1 个蛋白核。

1. 中狭羽纹藻 *Pinnularia mesolepta*

形态特征：壳面呈线形，两侧缘各具 3 个波纹，中间的 1 个波纹比两边的略小，近两端明显收缩，末端呈喙状到头状；中轴区宽度小于壳面宽度的 1/4，中央区大，菱形或宽带状；壳缝呈线形，两侧的横肋纹在中部明显呈放射状斜向中央区，两端斜向极节。细胞长 30~65μm，宽 6~12μm。

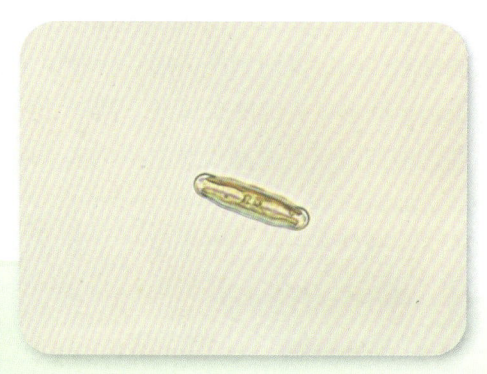

生境：喜低矿物含量、弱酸性到中性的水体，生长在稻田、水坑、池塘、湖泊、水库、河流、溪流、沼泽中。

分布：常见于布尔哈通河、红旗河。

2. 近太阳羽纹藻 *Pinnularia subsolaris*

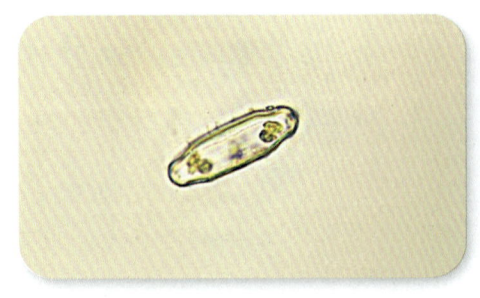 

形态特征：壳面呈宽椭圆形，近两端明显收缩，末端呈喙状到头状；中央区大，菱形或宽带状；壳缝呈线形，两侧的横肋纹在中部明显呈放射状斜向中央区，两端斜向极节。细胞长 58~67μm，宽 14~16μm。

生境：生长在稻田、水坑、池塘、湖泊、水库、河流、溪流、沼泽中。

分布：常见于图们江干流。

3. 仰光羽纹藻 *Pinnularia rangoonensis*

形态特征：壳面呈线形，末端呈圆形，中部两侧平行或有时凸出，壳缝呈线形，顶壳缝呈半圆形，中轴区宽，中心区呈圆形或椭圆形，横肋纹细，两侧的横肋纹在中部明显呈放射状斜向中央区，两端斜向极节。细胞长 43~82μm，宽 11~16μm。

生境：生长在水坑、池塘、湖泊、水库、河流中。

分布：常见于密江河、红旗河、珲春河、图们江干流。

4. 微绿羽纹藻 *Pinnularia virdis*

形态特征：壳面呈线形到线形-椭圆形，两侧缘略凸出，末端呈广圆形；中轴区狭，中央区小、近圆形；壳缝略呈波状，两侧的肋纹平行排列，中部明显呈放射状斜向中央区，两端斜向极节。细胞长 48~179μm，宽 10~30μm。

生境：冷水性种类，生长在稻田、水坑、池塘、湖泊、河流、溪流、沼泽中。

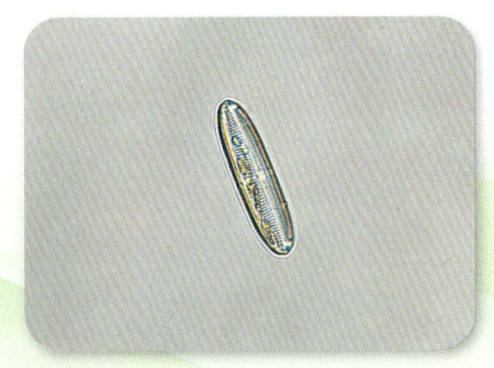

分布：常见于图们江干流。

5. 布列毕松羽纹藻 *Pinnularia brebissonii*

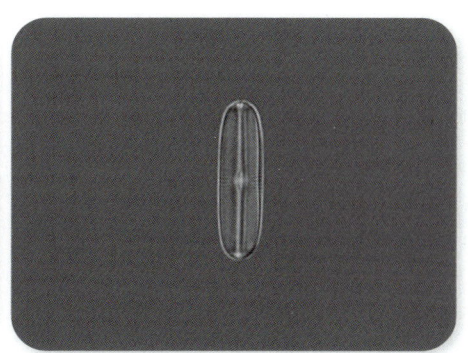

形态特征：壳面呈线形到椭圆形，向两端渐狭，末端圆；中轴区狭，向中央区逐渐加宽，中央区呈横矩形达壳缘；壳缝呈线形，壳缝两侧的横肋纹呈放射状斜向中央区，两端斜向极节。细胞长 28~105μm，宽 7~12μm。

生境：生长在稻田、水坑、池塘、湖泊、河流、溪流、沼泽中。

分布：常见于海兰河、图们江干流。

6. 波缘羽纹藻 *Pinnularia undulata*

形态特征：壳面呈线形，两侧各具 3 个明显的波形，末端宽头状；中轴区狭，中央区呈圆形或宽横带状；壳缝呈线形，其两侧的横肋纹细且平行排列，两端略斜向极节。细胞长 25~66μm，宽 4~9μm。

生境：生长在池塘、湖泊、河流、溪流、沼泽中。

分布：常见于红旗河。

桥弯藻科 / Cymbellaceae

● 桥弯藻属 *Cymbella*

植物体为单细胞，或为分枝、不分枝的群体，浮游或着生，着生种类位于短胶质柄的顶端或在分枝、不分枝的胶质管中。壳面纵轴弯转，呈半月形、新月形、半椭圆形、半披针形、舟形、菱形披针形等，纵轴左右不对称，有中央节和极节，末端钝圆或尖，花纹在纵轴两侧，左右相似；壳缝也在弯转的中线上。横轴和壳环轴的两侧完全对称，壳面的孔纹为点条纹；带面呈方形，两侧平行，无间生带和隔膜；1个侧生片状色素体。

1. 胡斯特桥弯藻 *Cymbella hustedtii*

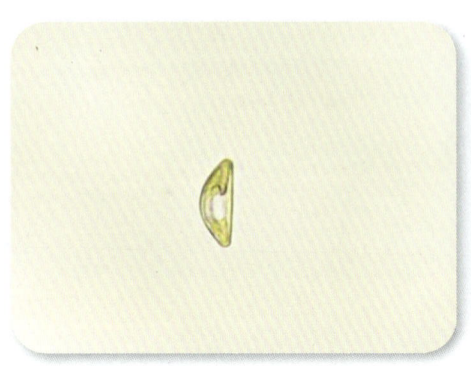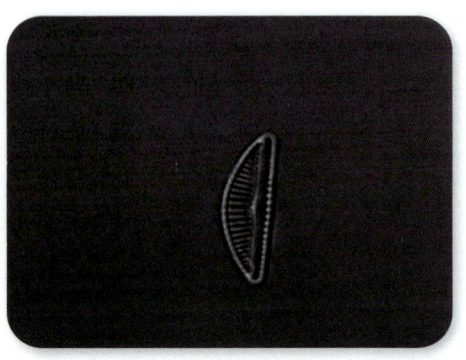

形态特征：壳面适度地具背腹之分，呈椭圆状披针形；两侧缘边均适度地呈弓形弯曲，但背侧的弯曲度大于腹缘，两端呈狭圆形或尖圆形。壳缝略偏位于腹侧，弯曲状；近缝端呈线形，且明显地折向腹侧，端部不呈珠孔状；远缝端弯向背侧。轴区窄，呈线状披针形。中央区不明显。线纹在中部略呈放射状排列，向两端明显地呈放射状排列。壳面长12~35μm，宽6~9μm。

生境：生长在稻田、水坑、池塘、湖泊、水库、河流、溪流、泉水、沼泽中及潮湿岩壁上。

分布：常见于密江河、红旗河、嘎呀河、珲春河、图们江干流。

2. 膨大桥弯藻 *Cymbella turgida*

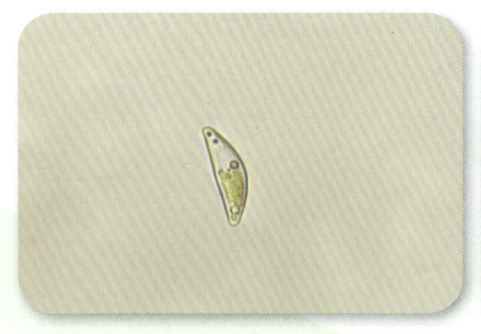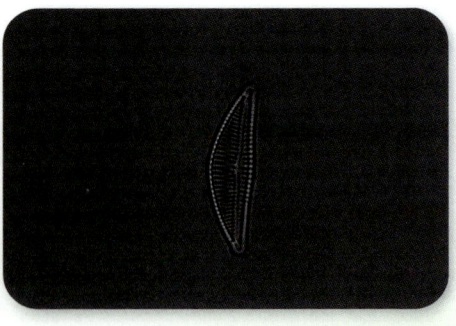

形态特征：壳面呈新月形，背缘明显凸出，逐渐向两端辐合，背缘除中部略凸出外近直，末端略尖或近圆锥形；中轴区狭，中央区略扩大；壳缝明显偏于腹侧，极节略偏于背侧，横线纹粗。壳面宽6~13μm，长15~66μm。

生境：生长在稻田、水坑、池塘、湖泊、水库、河流、溪流、泉水、沼泽中及潮湿岩壁上。

分布：常见于海兰河、布尔哈通河、密江河、红旗河、嘎呀河、珲春河、图们江干流。

3. 膨胀桥弯藻 Cymbella tumida

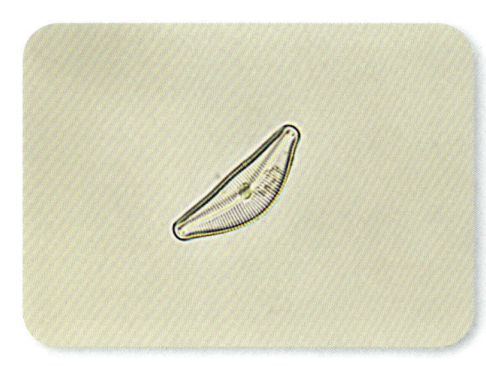
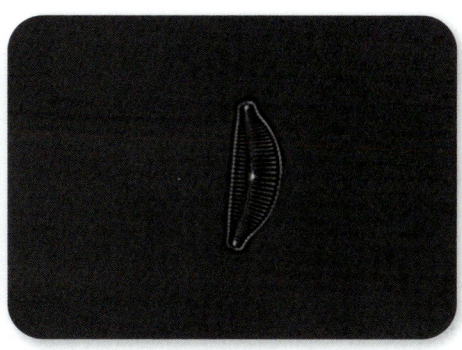

形态特征：壳面明显有背腹之分；背缘明显呈弓形弯曲，常呈轻微的波状（有时呈平滑状）；腹缘略呈弓形弯曲或近于平直，甚至略凹入，但中部总是略膨大凸出；两端明显地收缢且凸出呈头状。壳缝近于中位或略偏腹侧；近缝端呈线形，端部具明显的中央珠孔且弯向腹侧；远缝端也呈线形，端缝呈"镰形"弯向背侧。轴区窄，呈弓形弯折状。中央区明显，呈菱形或菱形状圆形。壳面长 37~75μm，宽 14~20μm，长与宽之比为 2.4~3.8。

生境：生长在稻田、水坑、池塘、湖泊、水库、河流、溪流、泉水、沼泽中及潮湿岩壁上。

分布：常见于布尔哈通河、红旗河、嘎呀河、珲春河、图们江干流。

4. 弧形桥弯藻 Cymbella arcus

形态特征：壳面窄披针形，呈镰刀状弯曲，两端弯向背侧，钝圆，腹侧中部略外凸，壳缝靠近壳面中部，轴区窄，中心区不扩大；壳面宽 8μm，长 26μm，横线纹粗。

生境：生长在稻田、水坑、池塘、湖泊、水库、河流、溪流、泉水、沼泽中及潮湿岩壁上。

分布：常见于海兰河、布尔哈通河、密江河、图们江干流。

5. 近缘桥弯藻 Cymbella affinis

 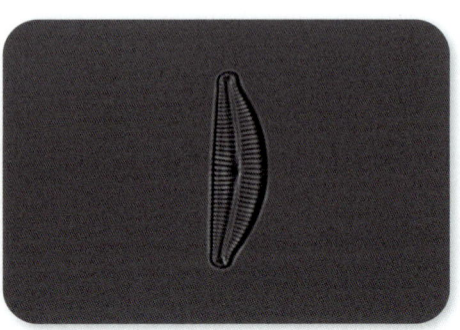

形态特征：壳面明显的具背腹之分，呈披针形；背缘明显的呈弓形弯曲；腹缘适度地呈弓形弯曲，少数近于平直或波状；两端呈喙状或近头状凸出，端部呈狭圆形或圆形。壳缝略偏于腹侧（有时近于中位），近缝端略呈侧翻状，端部略膨大；远缝端弯向背侧。轴区窄，呈线状披针形。中央区明显，呈椭圆形或圆形，常明显地向背侧扩展。壳面长 20.5~42μm，宽 6~10μm，长与宽之比为 3.0~4.7。

生境：生长在稻田、水坑、池塘、湖泊、水库、河流、溪流、泉水、沼泽中及潮湿岩壁上。

分布：常见于海兰河、布尔哈通河、密江河、嘎呀河、珲春河、图们江干流。

6. 拉普兰桥弯藻 Cymbella lapponica

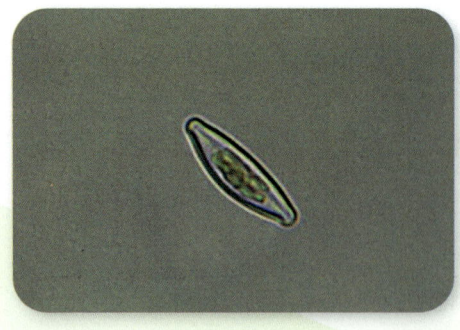 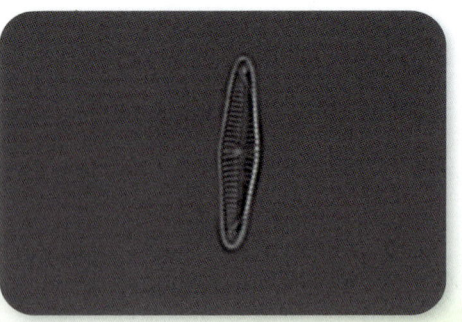

形态特征：壳面呈近披针形，背、腹两侧近于对称，边缘均呈弧形外凸，从壳面中部向两端逐渐狭窄，壳缝窄，靠近壳面中部，略偏于腹侧，轴区窄，中心区圆形放宽。壳面宽 6.5~11μm，长 33.6~53μm。

生境：生长在稻田、水坑、池塘、湖泊、水库、河流、溪流、泉水中。

分布：常见于密江河。

7. 北方桥弯藻 *Cymbella borealis*

 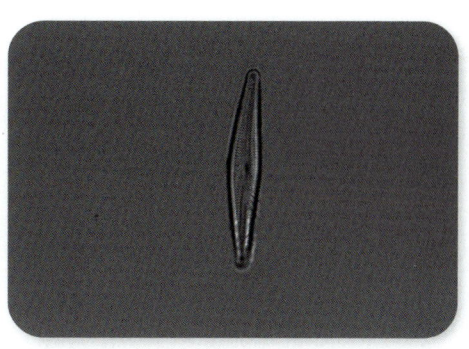

形态特征：壳面呈狭长披针形，从中部向两端逐渐狭窄，末端略呈小头状，钝圆，背侧略弯，腹侧中部外凸，壳缝直，靠近壳面中部，轴区窄线形，中心区略扩大；壳面宽 5~6.6μm，长 36.5~41μm，横线纹在壳面中部呈放射状排列，两端近平行排列。

生境：生长在稻田、水坑、池塘、湖泊、水库、河流、溪流、泉水中。

分布：常见于图们江干流。

8. 偏肿桥弯藻 *Cymbella ventricosa*

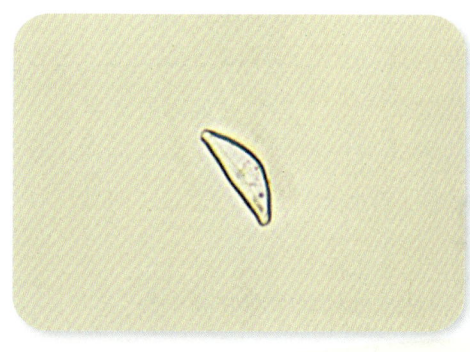 

形态特征：壳面呈月形、新月形到半椭圆形，具有明显背腹之分，背侧边缘凸出，腹侧边缘略凸，两端略延长，末端略尖或近钝圆形；中轴区狭，中央区不扩大或略扩大；壳缝偏于腹侧，直，横线纹呈放射状斜向中央区。细胞长 10~40μm，宽 3.0~12μm。

生境：生长在稻田、水坑、池塘、湖泊、水库、河流、溪流、泉水、沼泽中及潮湿岩壁上。

分布：常见于海兰河、密江河、红旗河、嘎呀河、珲春河、图们江干流。

9. 偏肿桥弯藻半环变种 Cymbella ventricosa var. simicircularis

形态特征：壳面呈半椭圆形，具明显背腹之分，壳缝偏于腹侧，直，横线纹呈放射状斜向中央区。壳面长 17~22μm，宽 6~7μm。

生境：生长在稻田、水坑、池塘、湖泊、水库、河流、溪流、泉水、沼泽中及潮湿岩壁上。

分布：常见于密江河、红旗河、图们江干流。

10. 切断桥弯藻 Cymbella excisa

形态特征：壳面明显地具背腹之分，呈椭圆状披针形或半椭圆形；背缘明显地呈弓形弯曲；腹缘略呈弓形弯曲，有时几乎平直或在近端部略凹入呈缺刻状；两端凸出呈亚头状，端部呈圆形或狭圆形。壳缝偏位于或略偏位于腹侧；近缝端略呈侧翻状，端部的中央珠孔略呈圆形；远缝端呈线形，端缝弯向背侧。壳面长 21~46μm，宽 6~13μm。

生境：淡水普生性种类，广泛生长在河流、湖泊、水库的沿岸带。

分布：常见于布尔哈通河、密江河、图们江干流。

11. 弯曲桥弯藻 Cymbella sinuata

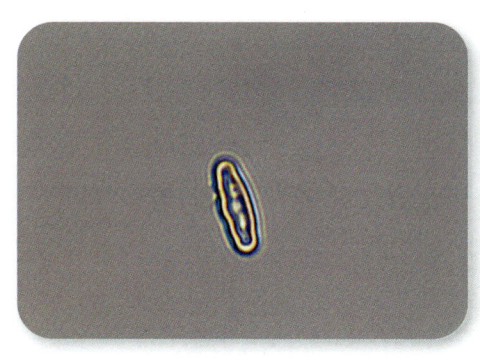

形态特征：壳面呈线形，略有背腹之分，壳面略明显不对称，腹侧边缘呈波状，背侧边缘略凸，两端较宽，末端呈广圆形到截形；中轴区狭窄，中央区呈横矩形，单侧扩大到腹缘；壳缝呈线形，略偏于腹侧，直或略弯曲，横线纹由点纹组成，呈放射状斜向中央区。细胞长 15~40μm，宽 4.0~9.0μm。

生境：生长在稻田、水坑、池塘、湖泊、水库、河流、溪流、沼泽中，一般为贫营养水体。

分布：常见于密江河、红旗河、嘎呀河、珲春河、图们江干流。

12. 微细桥弯藻 Cymbella parva

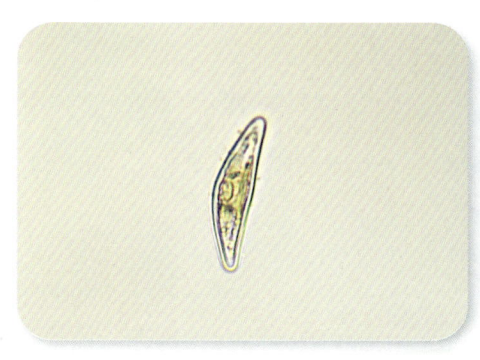
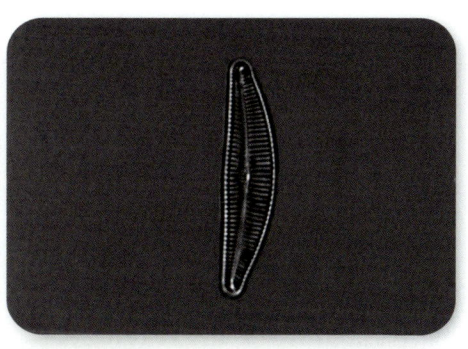

形态特征：壳面具背腹之分，常为披针形；背缘明显地呈弓形弯曲；腹缘略呈弓形弯曲或平直；两端狭圆形；在生活史的初始细胞时期呈香肠形，腹缘中部略膨大凸出状，两端略宽呈圆形。壳缝略偏腹侧位；近缝端略呈侧翻状；远缝端呈线形，端缝弯向背侧。壳面长 24~45μm，宽 8~15μm。

生境：生长在稻田、水坑、池塘、湖泊、水库、河流、溪流、沼泽中及潮湿岩壁上。

分布：常见于红旗河。

13. 箱型桥弯藻 Cymbella cistula

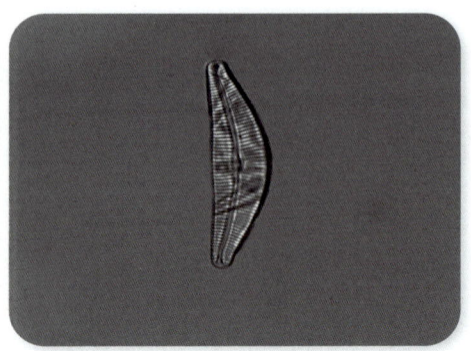

形态特征：壳面呈新月形，背侧边缘凸出，腹侧边缘近于凹入，末端呈钝圆形或截形。细胞长 35~180μm，宽 11~36μm。

生境：生长在稻田、水坑、池塘、湖泊、水库、河流、溪流、泉水、沼泽中及潮湿岩壁上。

分布：常见于海兰河、布尔哈通河、嘎呀河、图们江干流。

14. 小桥弯藻 Cymbella pusilla

形态特征：壳面呈披针形，两侧明显不对称，中央区不明显。线纹在中部略呈放射状排列，向两端明显地呈放射状排列。细胞长 20~35μm，宽 6.0~10μm。

生境：生长在稻田、水坑、池塘、湖泊、水库、河流、溪流、泉水、沼泽中。

分布：常见于海兰河、布尔哈通河、密江河、红旗河、图们江干流。

15. 新月形桥弯藻 Cymbella parua

形态特征：壳面明显地具背腹之分，呈弯月状披针形；背缘明显地呈弓形弯曲；腹缘多数略呈凹入形，少数近于平直，但腹侧中部均略呈凸出膨大形；向两端渐窄，端部呈圆形或狭圆形。壳缝近于中位或偏腹侧位；近缝端明显地呈侧翻状，端部的中央珠孔呈鳞茎状膨大；远缝端呈线形，端缝弯向背侧。壳面长 38~105μm，宽 12~20μm。

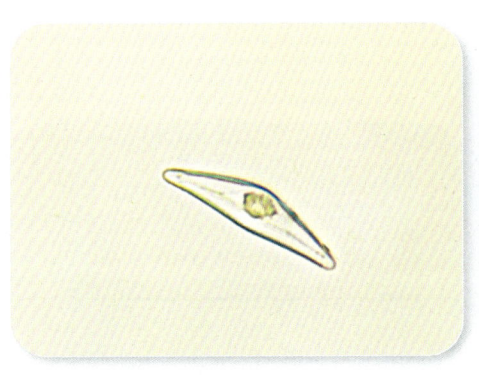
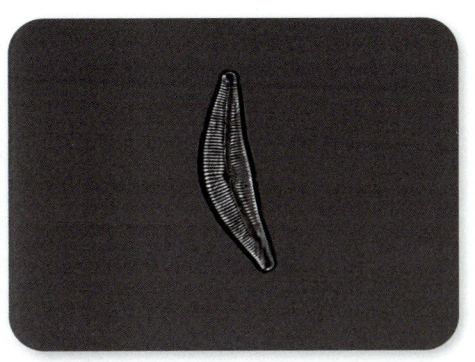

生境：生长在稻田、水坑、池塘、湖泊、水库、河流、溪流、泉水、沼泽中及潮湿岩壁上。

分布：常见于海兰河、密江河、嘎呀河、珲春河、图们江干流。

16. 胀大桥弯藻 *Cymbella turgidula*

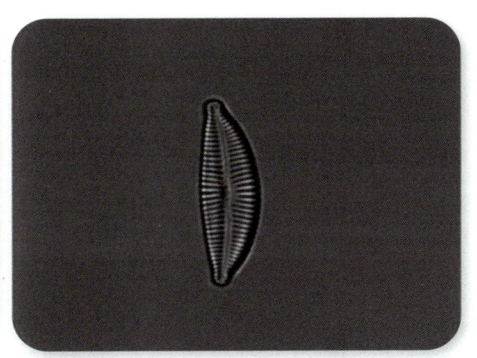

形态特征：壳面略具背腹之分，呈椭圆状披针形或狭椭圆形；背缘明显地呈弓形弯曲，腹缘适度地呈弓形弯曲；两端呈亚头状或亚喙状，端部呈钝圆截形或圆形。壳缝略偏位于腹侧，近缝端呈侧翻状，端部中央珠孔略呈圆形；远缝端呈线形且端缝弯向背侧。轴区窄，线形。中央区较小，略呈圆形或椭圆形。线纹放射状排列。壳面长 26~55μm，宽 8~16μm。

生境：生长在稻田、水坑、池塘、湖泊、水库、河流、溪流、沼泽中及潮湿岩壁上。

分布：常见于嘎呀河、珲春河、图们江干流。

17. 肿大桥弯藻 *Cymbella tumidula*

形态特征： 壳面略具背腹之分，呈椭圆状披针形或狭椭圆形；背缘明显地呈弓形弯曲，腹缘凸出；端部呈钝圆截形或圆形。轴区窄，线形。中央区较小，略呈圆形或椭圆形。线纹放射状排列斜向中央区。壳缝略偏位于腹侧，壳面宽 5.5~11μm，长 20~46μm。

生境： 生长在稻田、水坑、池塘、湖泊、水库、河流、溪流、沼泽中。

分布： 常见于密江河、红旗河、嘎呀河、珲春河、图们江干流。

18. 舟形桥弯藻 *Cymbella naviculiformis*

形态特征： 壳面呈舟形或椭圆形，具背腹之分，两侧不对称，背缘凸出，腹缘中部近直，两端狭窄并延长呈喙状至头状；中轴区狭，中央区呈圆形或近圆形；壳缝略偏位于腹侧，横线纹略呈放射状排列斜向中央区。壳面长 24~48μm，宽 6.5~13μm。

生境： 生长在稻田、水坑、池塘、湖泊、水库、河流、溪流、沼泽中。

分布： 常见于图们江干流。

19. 小头桥弯藻 Cymbella microcephala

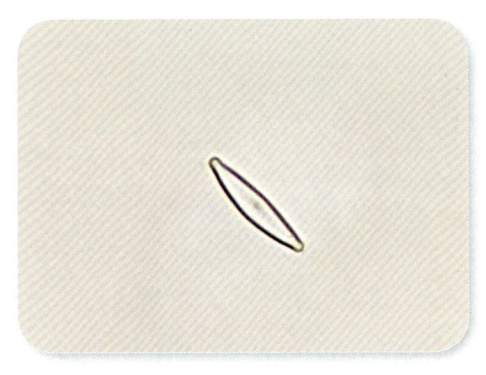

形态特征：壳面呈线形，略不对称，背缘凸出，腹缘直或略凸出，从中部向两端渐尖细，两端狭窄，末端呈喙状到头状；中轴区狭，中央区不明显，壳缝略偏位于腹侧，线纹放射状排列斜向中央区。细胞长 13~25μm，宽 3~5μm。

生境：生长在稻田、水坑、池塘、湖泊、水库、河流、溪流、沼泽中。

分布：常见于红旗河。

20. 急尖桥弯藻 Cymbella cuspidate

形态特征：壳面宽线形–披针形至近椭圆形，具背腹之分，背缘凸出，腹缘中部直，两端略伸长呈圆锥形到头状；中轴区狭，中央区扩大呈圆形；壳缝直，略偏于腹缘，横线纹由点纹组成，呈放射状斜向中央区。细胞长 22~100μm，宽 10~28μm。

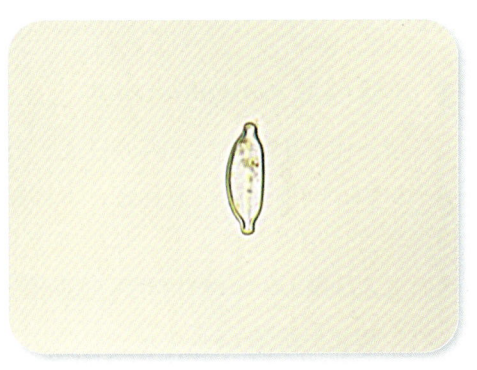

生境：生长在稻田、水坑、池塘、湖泊、水库、河流、溪流、沼泽中。

分布：常见于密江河。

21. 高山桥弯藻 Cymbella alpina

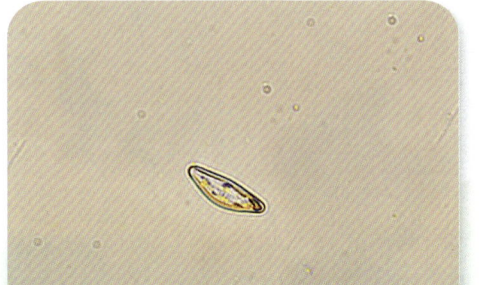

形态特征：壳面呈线形–椭圆形，具背腹之分，背缘凸出，腹缘略凸出，两端短喙状，末端呈钝圆至截形；中轴区狭，中央区扩大；壳缝直，略偏于腹缘，横线纹粗，呈放射状斜向中央区或在中部近平行。细胞长 24~58μm，宽 7~11μm。

生境：生长在稻田、水坑、池塘、水库、湖泊、河流、溪流、沼泽中及潮湿岩壁上。

分布：常见于密江河、图们江干流。

22. 珠峰桥弯藻 *Cymbella jolmolungnensis*

形态特征：壳面呈新月形，背侧强烈弧状弯曲，中部更为隆起，腹侧中部明显凸出、膨大，两端渐尖，顶端钝圆，壳缝直，与壳面顶端距离大，中轴区窄，极节极显著，中央区不扩大，背侧中部有1个孤立的点纹，横线纹呈放射状斜向中央区。细胞长33~38μm，宽10~15μm。

生境：生长在稻田、水坑、池塘、水库、湖泊、河流、溪流、沼泽中及潮湿岩壁上。

分布：常见于密江河、红旗河、图们江干流。

异极藻科 / Gomphonema

● 异极藻属 *Gomphonema*

植物体为单细胞，或为分枝或不分枝的树状群体，以胶柄着生于基质上；壳面上下两端不对称，上部相对较短且宽，下部相对较长且狭，两侧对称呈棒形、披针形、楔形；中轴区狭直，中央区略扩大，具中央节和极节；壳缝两侧由点纹组成的线纹呈放射状排列；带面观多呈楔形，末端呈截形，无间生带；1个片状、侧生色素体。

1. 扁鼻异极藻 *Gomphonema simus*

形态特征：壳面呈卵状棒形，上端呈宽圆形，有时略凸起呈亚喙状；向下端渐狭，基部明显地比上端部窄，呈狭圆形或尖圆形。中轴区窄，线形。中央区向两侧扩大，呈横矩形，两侧各具一短线纹，无孤点。线纹放射状排列。壳面长约16μm，宽约5.5μm。

生境：生长在稻田、水坑、池塘、湖泊、水库、河流、溪流、泉水、沼泽中，喜弱碱性水体，附着在潮湿的岩壁上。

分布：常见于密江河、红旗河、珲春河、图们江干流。

2. 缠结异极藻 *Gomphonema intricatum* var. *dichotomifromis*

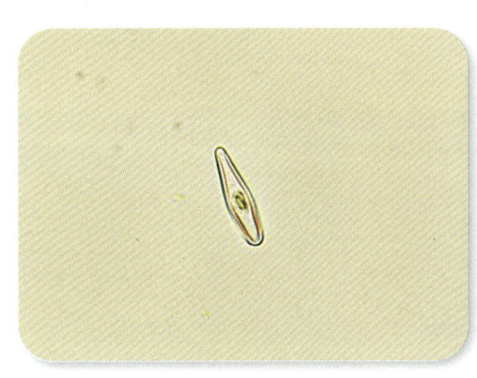
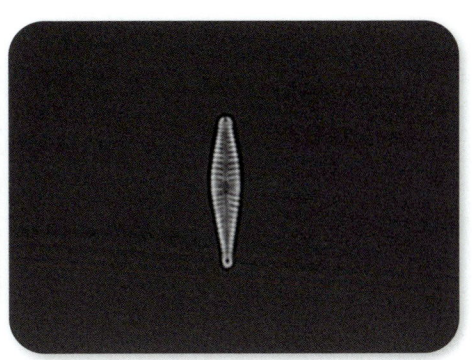

形态特征：壳面呈线状棒形，中部最宽略膨大，上部两侧近于平行或略凹入，端部呈宽圆形，下部渐狭且明显比上部窄，两侧或多或少地呈凹入形，基部呈狭圆形或尖圆形。中轴区略宽，约占壳面宽度的20%，线形，但有时向中央区略变宽。中央区较宽，呈横矩形。线纹放射状排列。壳面长 25~64μm，宽 4~10μm。

生境：生长在稻田、水坑、池塘、湖泊、水库、河流、溪流、泉水、沼泽中，喜弱碱性水体，附着在潮湿的岩壁上。

分布：常见于布尔哈通河、密江河、红旗河、图们江干流。

3. 缠结异极藻矮小变种 *Gomphonema intricatum* var. *pumila*

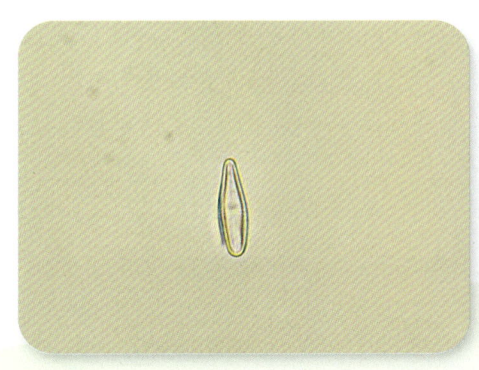

形态特征：该变种与原变种的主要区别为壳体较小，壳面中部膨大不明显，上部两侧几乎成直线且向上端略狭（不平行也不凹入），两端壳面长 19~32μm，宽 4~7μm。

生境：生长在稻田、水坑、池塘、湖泊、水库、河流、溪流、泉水、沼泽中。

分布：常见于珲春河。

4. 缠结异极藻二叉变种 *Gomphonema intricatum* var. *dichotoma*

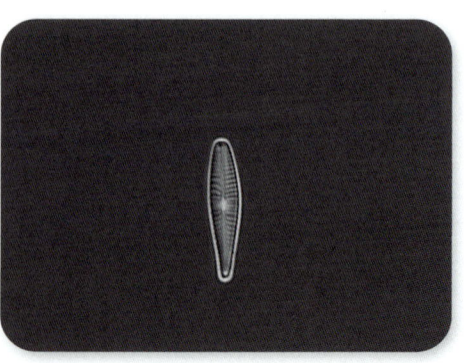

形态特征：该变种与原变种的主要区别为：该变种壳面呈披针形、棒形或近线形，有时中部略膨大，上部的缘边几乎成直线且渐狭，不平行也不凹入；中轴区较宽。细胞长 23~57μm，宽 4.5~10μm。

生境：生长在稻田、水坑、池塘、湖泊、水库、河流、溪流、泉水、沼泽中。

分布：常见于海兰河、密江河、红旗河、图们江干流。

5. 缠结异极藻二叉形变种 *Gomphonema intricatum* var. *dichotomiformis*

形态特征：该变种与原变种的主要区别为：壳面呈披针状棒形，中部略膨大，上部的两侧缘边几乎成直线，不平行也不凹入；中轴区较宽。细胞长 21~44μm，宽 4~10μm。

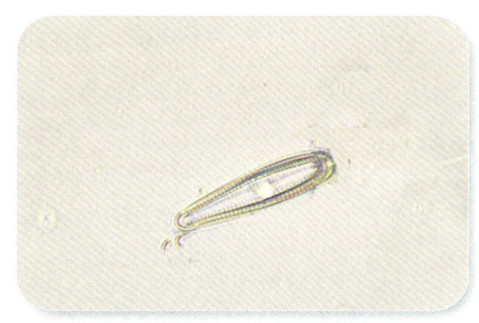

生境：生长在稻田、水坑、池塘、湖泊、水库、河流、溪流、泉水、沼泽中。

分布：常见于密江河。

6. 橄榄绿异极藻 *Gomphonema olivaceum*

形态特征：壳面呈纺锤状棒形、宽披针状棒形或卵状棒形，中部最宽，向上端略狭，端部呈宽圆形；向下端渐狭，有时下部的两侧略凹入，基端部呈狭圆形。中轴区窄，线形。中央区略宽，横矩形。壳面长 18~37μm，宽 7~9μm。

生境：生长在稻田、水坑、池塘、湖泊、水库、河流、溪流、泉水、沼泽中。

分布：常见于密江河、红旗河、嘎呀河、珲春河、图们江干流。

7. 赫迪异极藻 *Gomphonema hedinii*

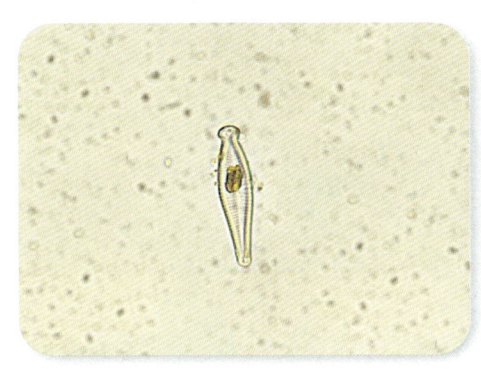 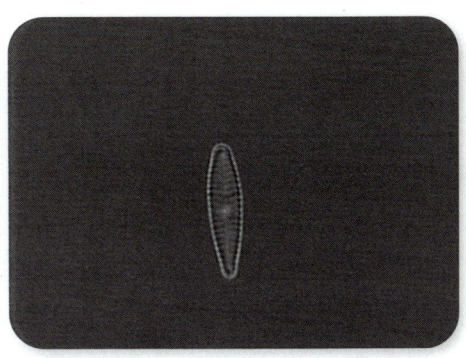

形态特征：壳面呈椭圆状披针形或披针状棒形，中部最宽，两端明显地收缢呈头状或头喙状（有时不明显），常上端宽于下端。中轴区窄，线形。中央区呈横矩形、圆形或不规则形，两侧各具数条长度不等的短线纹。线纹放射状排列。壳面长 21~35μm，宽 5.5~8μm。

生境：生长在稻田、水坑、池塘、湖泊、水库、河流、溪流、泉水、沼泽中。

分布：常见于密江河、珲春河、图们江干流。

8. 近棒形异极藻 *Gomphonema subclavatum*

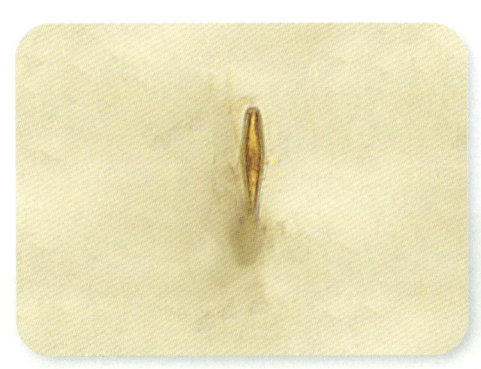 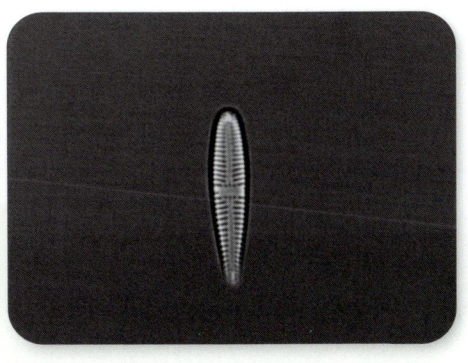

形态特征：壳面呈棒状线形或披针状棒形，中部最宽，向顶端逐渐变狭，向基部也逐渐变狭或变细，下部的两侧或多或少地呈弧形凹入；顶端部呈圆形或宽圆形，基部呈狭圆形或尖圆形或宽圆形。中轴区明显，线形（有时略宽可占壳面的 1/4 左右）。中央区多数向一侧扩大呈横矩形（有时呈圆形）。线纹放射状排列。壳面长 20~65μm，宽 4.5~10μm。

生境：生长在稻田、水坑、池塘、湖泊、水库、河流、溪流、泉水、沼泽中。

分布：常见于海兰河、布尔哈通河、密江河、红旗河、嘎呀河、珲春河、图们江干流。

9. 具球异极藻 *Gomphonema sphaerorum*

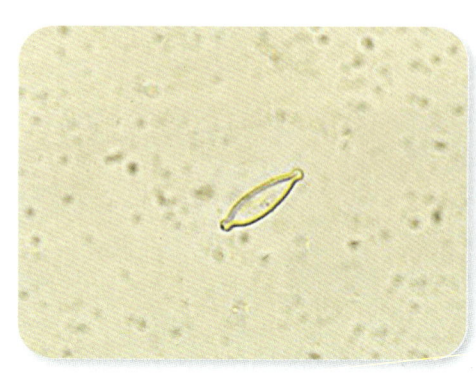
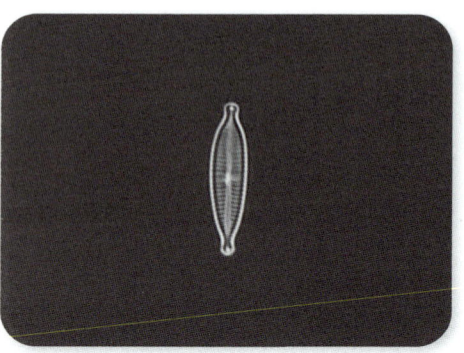

形态特征：壳面较狭，呈梭状棒形或披针状棒形，两侧呈弧形，中部最宽，向两端渐狭；上端急剧收缢成头状；下端呈狭圆形或明显地（或略）收缢成头状。中轴区窄，线形。中央区呈横矩形，有时略呈圆形。线纹放射状排列。壳面长 20~43μm，宽 5~8μm。

生境：该种为稀有的淡水种。

分布：常见于密江河、红旗河。

10. 小型异极藻 *Gomphonema parvulum*

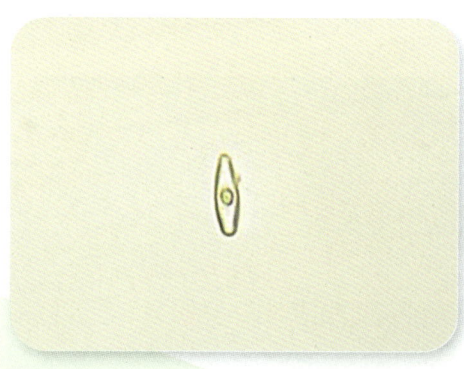

形态特征：壳面多呈棒状披针形，向上端略变狭，端部具略呈喙状或头状的短凸起，向下端逐渐狭窄，基端呈狭圆形或尖圆形。中轴区窄，线形。中央区小，横矩形（有时不明显）。线纹在中部呈现平行排列，几乎与壳缝垂直（有时略呈放射状排列），在顶端和基部略呈放射状排列。壳面长 14~26μm，宽 4.5~8μm。

生境：生长在稻田、水坑、池塘、湖泊、水库、河流、溪流、泉水、沼泽中。

分布：常见于海兰河、布尔哈通河、密江河、红旗河、嘎呀河、珲春河、图们江干流。

11. 小型异极藻近椭圆变种 *Gomphonema parvulum* var. *subellipticum*

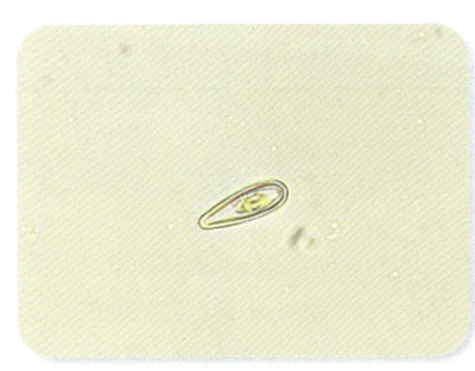 

形态特征：该变种与原变种的主要区别为：壳面呈近椭圆形，或椭圆状棒形，上端凸起不明显或无，而呈圆形或宽圆形。壳面长13~29μm，宽4~8μm。

生境：生长在稻田、水坑、池塘、湖泊、水库、河流、溪流、泉水、沼泽中。

分布：常见于海兰河、布尔哈通河、密江河、红旗河、嘎呀河、珲春河、图们江干流。

12. 小型异极藻具颈变种 *Gomphonema parvulum* var. *lagenula*

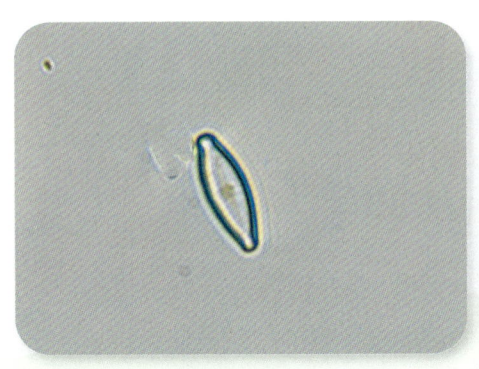 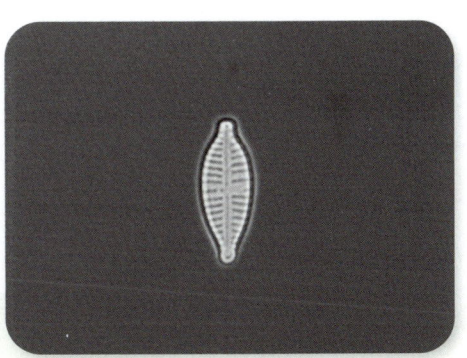

形态特征：该变种与原变种的主要区别为：壳面近椭圆形，上端的喙状或头状凸起特别明显，下端也或多或少地呈喙状或头状凸起。壳面长17~18μm，宽6~7μm。

生境：生长在稻田、水坑、池塘、湖泊、水库、河流、溪流、泉水、沼泽中。

分布：常见于海兰河、布尔哈通河、密江河、红旗河、嘎呀河、珲春河、图们江干流。

13. 窄异极藻 *Gomphonema angustatum*

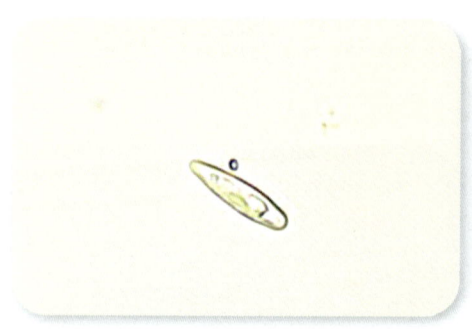 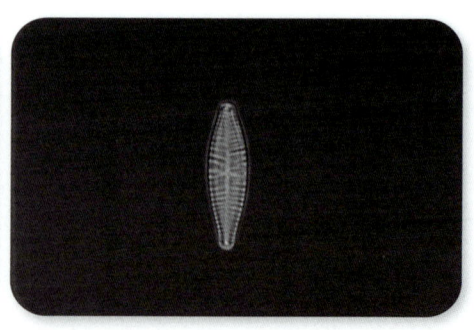

形态特征：壳面呈狭披针状棒形或线状棒形，自中部向两侧略或渐变狭窄，上端具明显的头状或喙状突起，基端呈狭圆形或尖圆形。中轴区窄，线形。中央区向一侧扩大，呈横矩形，两侧各具一短线纹。线纹放射状排列，有时在两端几乎成平行排列。壳面长 17~40μm，宽 3.5~8μm。

生境：生长在稻田、水坑、池塘、湖泊、水库、河流、溪流、泉水、沼泽中。

分布：常见于海兰河、布尔哈通河、密江河、红旗河、嘎呀河、珲春河、图们江干流。

14. 短纹异极藻 *Gomphonema abbreviatum*

形态特征：壳面呈线形棒状，前端钝圆，下部明显逐渐狭长；中轴区和中央区连成宽披针形，中央区无单独点纹，壳缝直，两侧横线纹短，略呈放射状排列。细胞长 30~37μm，宽 5~7μm。

生境：淡水普生性种。在微咸水体、河流、湖泊及水库中均有采集地。

分布：常见于密江河、红旗河、嘎呀河、图们江干流。

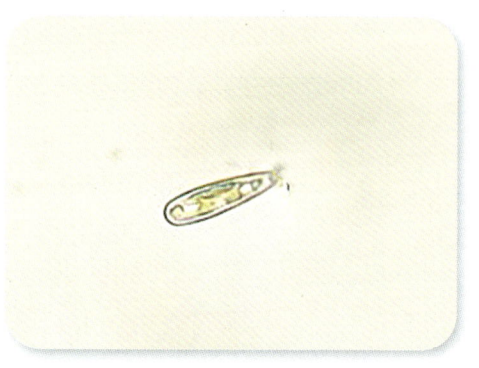

15. 塔形异极藻 *Gomphonema turris*

形态特征：壳面呈线形棒状，上端的喙状或头状凸起特别明显，下端逐渐尖细，呈狭圆形或尖圆形。中轴区窄，线形。线纹放射状排列。

生境：生长在稻田、水坑、池塘、湖泊、水库、河流、溪流、泉水、沼泽中。

分布：常见于珲春河、图们江干流。

藻类　硅藻门 Bacillariophyta

16. 缢缩异极藻粗壮变种 *Gomphonema constrictum* var. *robusta*

形态特征：壳面棒状，上部宽，前端平广圆形，上部和中部之间凹入，从中部到下端逐渐狭窄；中轴区狭，中央区横向放宽，其两侧横线纹长短交替排列，壳缝两侧的横线纹呈放射状排列。细胞长 36~37μm，宽 11~13μm。

生境：广泛生长在各种淡水水体中。

分布：常见于布尔哈通河、密江河、图们江干流。

17. 缢缩异极藻膨大变种 *Gomphonema constrictum* var. *turgidum*

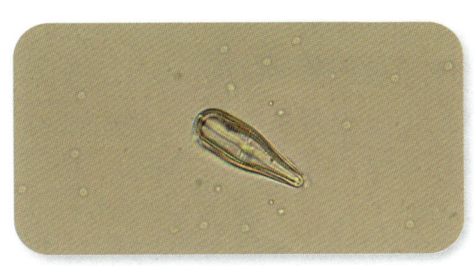

形态特征：壳面棒状，上部宽，前端平广圆形，上部和中部之间略凹入，从中部到下端逐渐狭窄；中轴区狭，中央区横向放宽，其两侧横线纹长短交替排列，壳缝两侧的横线纹呈放射状排列。细胞长 23~29μm，宽 8~15μm。

生境：广泛生长在各种淡水水体中。

分布：常见于布尔哈通河、红旗河、嘎呀河、珲春河、图们江干流。

18. 尖细异极藻 *Gomphonema acuminatum*

形态特征：壳面楔形棒状，上端宽头状，中部凸出，上部和中部之间凹入，下部明显逐渐狭窄；中轴区狭，中央区中等大小，中央区一侧具 1 个单独的点纹，壳缝两侧横线纹呈放射状排列。细胞长 20~70μm，宽 5~11μm。

生境：生长在稻田、水坑、池塘、湖泊、水库、河流、溪流、泉水、沼泽中。

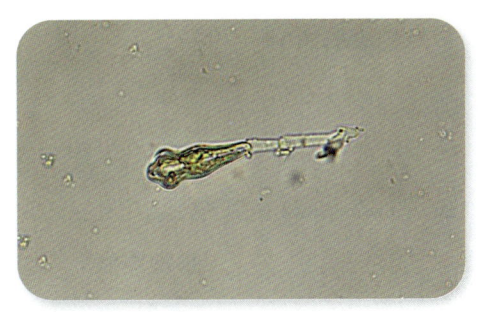

分布：常见于密江河、珲春河、图们江干流。

19. 山地异极藻近棒状变种 *Gomphonema montanum* var. *subclavatum*

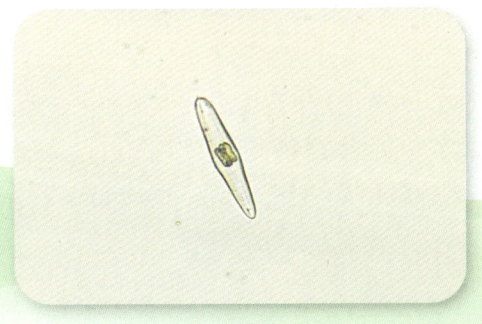

形态特征：壳面棒状，上端宽头状，中部凸出，从中部向两端逐渐狭窄，下端窄头状，壳缝两侧横线纹呈放射状排列。细胞长 20~40μm，宽 4~9μm。

生境：生长在稻田、水坑、池塘、湖泊、水库、河流、溪流、泉水、沼泽中。

分布：常见于密江河。

20. 纤细异极藻 *Gomphonema gracile*

形态特征：壳面呈披针形，前端呈尖圆形，从中部向两端逐渐狭窄；中轴区呈窄线形，中央区小，圆形并略横向放宽，在其一侧具1个单独的点纹，壳缝两侧的横线纹呈放射状排列。细胞长25~70μm，宽4~11μm。

生境：生长在稻田、水坑、池塘、湖泊、水库、河流、溪流、泉水、沼泽中，喜贫营养水环境，适应较宽的pH值及电导率，附着在潮湿的岩壁上。

分布：常见于密江河、图们江干流。

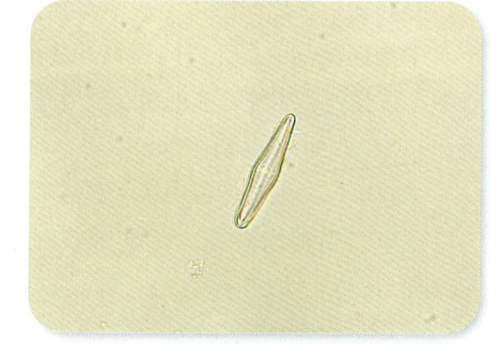

● 双楔藻属 *Didymosphenia*

植物体为单细胞，或为分枝或不分枝的树状群体，以胶柄着生于基质上；壳面上下两端及左右均不对称，前端宽于末端，呈棒形或楔形；中轴区两侧对称，具中央节和极节；壳缝两侧由点纹组成的线纹呈放射状排列；带面观多呈楔形，末端截形，无间生带；1个片状、侧生色素体。

双生双楔藻 *Didymosphenia geminata*

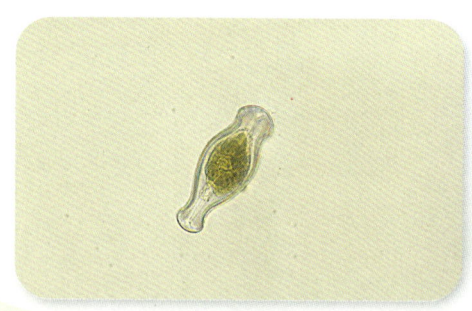
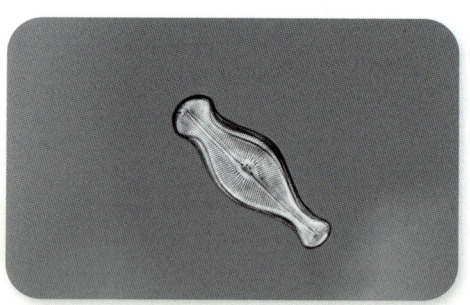

形态特征：壳面两端明显不对称，两侧略不对称，棒状，上下均缢缩，中部膨大，两端均呈头状，上端宽于下端，末端广圆形；中轴区狭，中央区略扩大，壳缝两侧由点纹组成的线纹呈放射状排列；带面观多呈楔形，末端截形。细胞长60~135μm，宽25~43μm。

生境：生长在稻田、水坑、池塘、湖泊、水库、河流、溪流、泉水、沼泽中。

分布：常见于密江河、嘎呀河、珲春河。

藻类 硅藻门 Bacillariophyta

单壳缝目 Monoraphidales

植物体为单细胞或连成带状、树状的群体，单细胞的个体多以具壳缝的--面附着在基质上，群体以胶质柄附着在基质上；具1个真壳缝，1个由横线纹构成的假壳缝。

曲壳藻科 / Achnanthaceae

● 弯楔藻属 *Rhoicosphenia*

细胞在壳环面观为弯曲的楔形，两端有隔片。壳面观呈棒状，或略呈棍形。壳面具点条纹。两壳面构造不同，上壳面（凸起的一面，也称无壳缝面）在纵轴上有一线状的拟壳缝，无中节；下壳面（凹入的一面，也称具壳缝面），具壳缝和中节，端节很小，不明显。色素体单个，位于环面。

弯形弯楔藻 *Rhoicosphenia curvat*

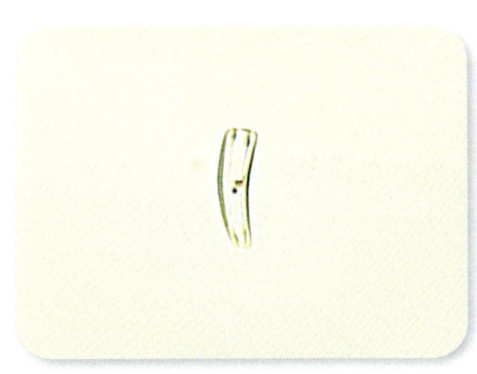

形态特征：壳面棒状，带面呈弯楔形，上端壳缝很短，下端壳缝约为壳面长度的1/5，无中央节和极节。壳面宽4~8μm，长12~75μm。

生境：生长在稻田、水坑、池塘、湖泊、水库、河流、溪流、泉水、沼泽中，常以胶质柄或垫状物着生在丝状藻类、沉水生高等植物及其他基质上。

分布：常见于红旗河、图们江干流。

● 卵形藻属 *Cocconeis*

壳面呈椭圆形或近圆形。壳面花纹左右对称。在花纹的粗细与排列方式上，上壳常与下壳略有不同或相似，上壳中线上只有拟壳缝，下壳却有壳缝、中节和端节。壳的横轴略有弯曲，所以宽壳环面呈长方形，而狭壳环面呈弧形或呈屈膝形。色素体只有一个。

1. 扁圆卵形藻 Cocconeis placentula

形态特征：壳面呈椭圆形，假壳缝一面横线纹由相同大小的孔纹组成，有壳缝面，各线纹均于近壳之边缘中断，在近壳缘四周形成一环状平滑区。细胞长 11~70μm，宽 7~40μm。

生境：生长在稻田、水坑、池塘、湖泊、水库、河流、溪流、泉水、沼泽中，多在中性到碱性水体中，常着生在沉水生植物及其他基质上。

分布：常见于海兰河、布尔哈通河、密江河、红旗河、珲春河、图们江干流。

2. 扁圆卵形藻线形变种 Corroneis placentula var. lineate

形态特征：该变种与原变种的显著差异在于该变种的壳面几乎呈线形，具假壳缝的一面横线纹粗、间断。细胞长 9~60μm，宽 6~30μm。带面横向弯曲，具有不完全的横膈膜。

生境：生长在稻田、水坑、池塘、湖泊、水库、河流、溪流、泉水、沼泽中，多在中性到碱性水体中，常着生在沉水生植物及其他基质上。

分布：常见于海兰河、密江河、红旗河、珲春河、图们江干流。

曲壳藻属 *Achnanthes*

植物体以单细胞或以壳面互相连接形成带状或树枝群体,以胶柄着生于基质上;壳面呈线形－披针形、线形－椭圆形、椭圆形、菱形－披针形,上壳面凸出或略凸出,具假壳缝,下壳面凹入或略凹入,具典型的壳缝,中央节明显,极节不明显,壳缝和假壳缝两侧的横线纹或点纹相似,或一壳面横线纹平行,另一壳面呈放射状;带面纵长弯曲,呈膝曲状或弧形;色素体片状,1~2个,或小盘状,多数。

1. 披针形曲壳藻 *Achnanthes lanceolata*

形态特征：细胞常连成带状群体；壳面呈长椭圆形至披针形,末端钝圆、宽；具假壳缝的壳面,假壳缝呈线形至线形－披针形,在中部的一侧具有1个马蹄形的无纹区,横线纹略呈放射状斜向中央区。壳缝呈线形,中央区横向放宽呈矩形。细胞长8~40μm,宽3~10μm。

生境：对水环境适宜性很广的种,生长在稻田、水坑、池塘、湖泊、水库、河流、溪流、沼泽中,多着生在沉水生植物、丝状藻类及其他基质上。

分布：常见于海兰河、布尔哈通河、密江河、红旗河、嘎呀河、珲春河、图们江干流。

2. 披针形曲壳藻偏肿变型 *Achnanthes lanceolata f. ventricosa*

形态特征：细胞呈椭圆形,横线纹细,略呈放射状斜向中央区。细胞长19~24μm,宽6~6.6μm。

生境：生长在稻田、水坑、池塘、湖泊、水库、河流、溪流、泉水、沼泽中。

分布：常见于密江河。

3. 披针形曲壳藻头端变型 Achnanthes lanceolata f. capitata

形态特征：细胞呈椭圆形至线形–披针形，横线纹细，略呈放射状斜向中央区。细胞长 12~25μm，宽 4~7μm。

生境：生长在稻田、水坑、池塘、湖泊、水库、河流、溪流、泉水、沼泽中。

分布：常见于图们江干流。

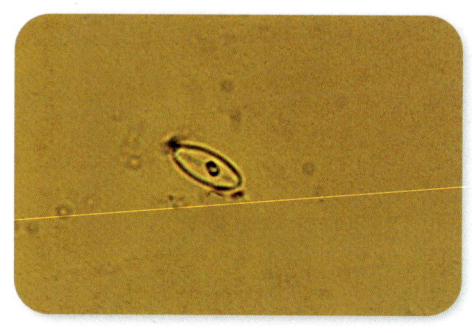

4. 短小曲壳藻 Achnanthes exigua

形态特征：壳面呈宽线形至线形–椭圆形，中部呈椭圆形至近长方形，两端延长呈喙状，末端钝圆；具假壳缝的壳面，假壳缝呈线形或线形–披针形，无中央区，横线纹粗，略呈放射状斜向中央区，末端呈放射状或平行，具壳缝的面中轴区狭窄，中央区呈横矩形，壳缝呈线形，横线纹略呈放射状斜向中央区，末端略呈放射状或平行。细胞长 7~10μm，宽 4~6μm。

生境：生长在稻田、水坑、池塘、湖泊、水库、河流、溪流、泉水、沼泽中，多着生在沉水生植物、丝状藻类及其他基质上。

分布：常见于布尔哈通河、密江河、红旗河、嘎呀河、珲春河、图们江干流。

5. 短小曲壳藻异壳变种 Achnanthes exigua var. heterocalcata

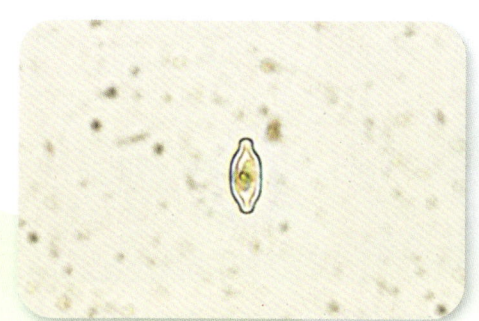

形态特征：该变种与原变种的不同为细胞中部无缢缩。细胞长 14~26μm，宽 6~8μm。

生境：生长在稻田、水坑、池塘、湖泊、水库、河流、溪流、泉水、沼泽中。

分布：常见于密江河。

6. 瘦曲壳藻 Achnanthes exilis

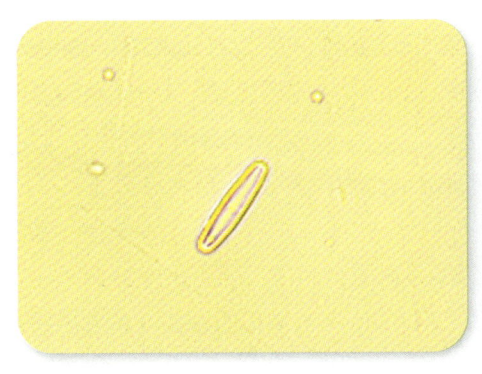

形态特征：细胞呈线形至线形－披针形，末端钝圆；横线纹粗、略呈放射状斜向中央区，末端呈放射状或平行。细胞长 20~32.5μm，宽 3.6~5.5μm。

生境：生长在稻田、水坑、池塘、湖泊、水库、河流、溪流、泉水、沼泽中。

分布：常见于红旗河。

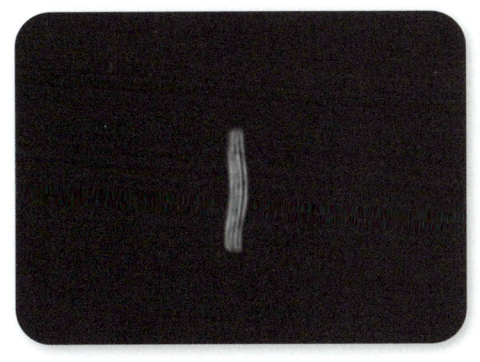

7. 线形曲壳藻 Achnanthes linearis

形态特征：壳面呈线形－椭圆形，末端钝圆，具假壳缝的壳面，假壳缝呈线形，中心区不明显，近于平行；具壳缝的壳面，壳面呈线形，中心区呈横矩形。细胞长 6~20μm，宽 3~5μm。

生境：生长在稻田、水坑、池塘、湖泊、水库、河流、溪流、泉水、沼泽中及潮湿岩壁上。

分布：常见于密江河、红旗河、图们江干流。

8. 近缘曲壳藻 Achnanthes affinis

形态特征：壳面呈线形至线形－椭圆形，末端缢缩呈头状或喙状；具假壳缝的壳面，假壳缝呈线形或线形－披针形，无中央区；横线纹粗，略呈放射状斜向中央区，末端呈放射状或平行；具壳缝的壳面，壳面呈线形，中心区呈横矩形。细胞长 15μm，宽 2.5μm。

生境：生长在稻田、水坑、池塘、湖泊、水库、河流、溪流、泉水、沼泽中。

分布：常见于海兰河、布尔哈通河、红旗河、图们江干流。

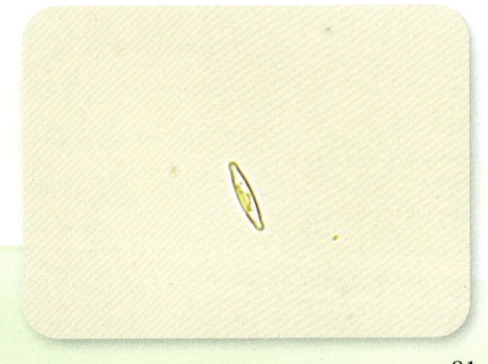

9. 格里门曲壳藻 Achnanthes grimei

形态特征：壳面呈线形至椭圆披针形，从中部向两端逐渐狭窄，末端钝圆；上壳面假壳缝呈披针形，中央区一侧无线纹，横线纹略呈放射状排列，下壳面壳缝呈直线形，中轴区呈窄披针形，中央区横向放宽，横线纹略呈放射状排列。细胞长 16~24μm，宽 3.5~6μm。

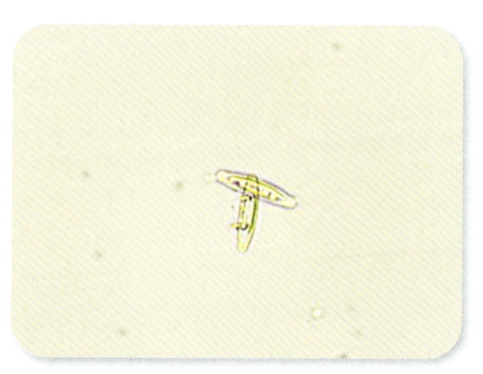

生境：生长在稻田、水坑、池塘、湖泊、水库、河流、溪流、泉水、沼泽中。

分布：常见于密江河、图们江干流。

管壳缝目 Aulonoraphidinales

植物体为单细胞或由壳面互相连成短带状群体；细胞上下壳面都具管壳缝。

菱形藻科 / Nitzschiaceae

● **菱形藻属** *Nitzschia*

常为单细胞，或形成带状、星状群体，个别种类的细胞位于单一的或分枝的胶质管中；细胞纵长，呈菱形、"S"形、披针形、线形等，两侧边缘有时缢缩，两端渐尖、近喙状、近头状或尖圆形。壳面的一侧边缘具龙骨突，龙骨突上具管壳缝，管壳缝内壁具许多通入细胞内的小孔，称"龙骨点"。龙骨点明显，上下壳的龙骨突彼此交叉相对，具小的中央节和极节，壳面具横线纹；细胞壳面和带面不成直角，因此横断面呈菱形。色素体多数种类是 2 块，带状，位于带面的一侧，少数种类是 4~6 块。

1. 小片菱形藻 Nitzschia frustulum

形态特征：壳体较小，壳面呈披针形至线形 – 披针形，两端呈较长或较短楔形，逐渐狭窄，末端呈尖圆形。细胞长 12~70μm，宽 2~4μm。中央两个相距较宽，可见中央节。

生境：生长在稻田、水坑、池塘、湖泊、水库、河流、溪流、泉水、沼泽中。

分布：常见于海兰河、布尔哈通河、密江河、红旗河、图们江干流。

 藻类 硅藻门 Bacillariophyta

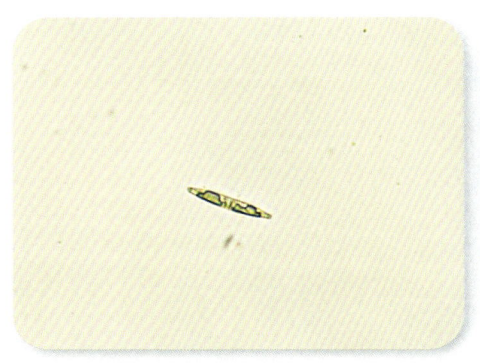

2. 小片菱形藻细变种 *Nitzschia frustulum* var. *gracialis*

形态特征：该变种与原变种的主要区别在于该变种壳面末端呈小头状，宽 3μm，长 26μm。

生境：生长在稻田、水坑、池塘、湖泊、水库、河流、溪流、泉水、沼泽中。

分布：常见于红旗河、图们江干流。

3. 尖端菱形藻 *Nitzschia acula*

形态特征：壳面呈线形，末端呈楔形，细胞长 65~155μm，宽 3~5μm。龙骨点小略圆。

生境：生长在稻田、水坑、池塘、湖泊、水库、河流、溪流、泉水、沼泽中。

分布：常见于密江河、红旗河、嘎呀河、图们江干流。

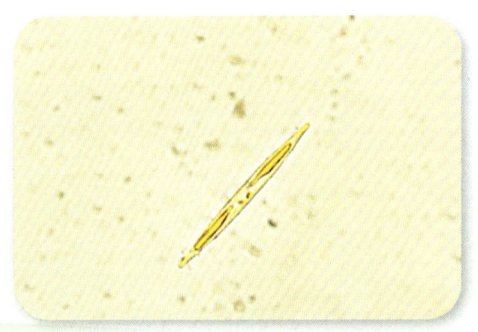

4. 钝端菱形藻解剖刀形变种 Nitzschia obtuse var. scalpelliformis

形态特征： 带面呈线形，末端稍呈"S"形弯曲；壳面观呈线形，末端呈不同程度的"S"形弯曲，末端钝圆。壳缝龙骨在极节处离心程度大，中央节处离心程度小。细胞长 58μm，宽 5μm。

生境： 生长在稻田、水坑、池塘、湖泊、水库、河流、溪流、泉水、沼泽中。

分布： 常见于图们江干流。

5. 谷皮菱形藻 Nitzschia palea

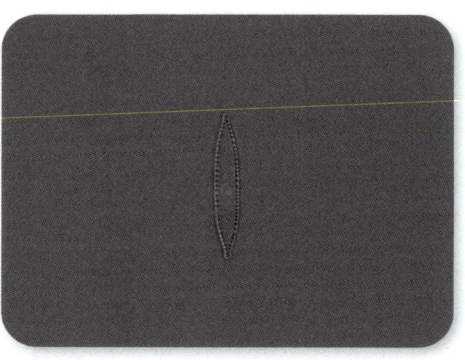

形态特征： 壳面呈线形至披针形，朝两端楔形减小，末端尖或圆头；龙骨突清晰，横线纹紧密，光镜下不容易看清。细胞长 20~78μm，宽 2~5μm。

生境： 生长在稻田、水坑、池塘、湖泊、水库、河流、溪流、泉水、沼泽中。

分布： 常见于海兰河、布尔哈通河、密江河、红旗河、嘎呀河、珲春河、图们江干流。

6. 线形菱形藻 Nitzschia linearis

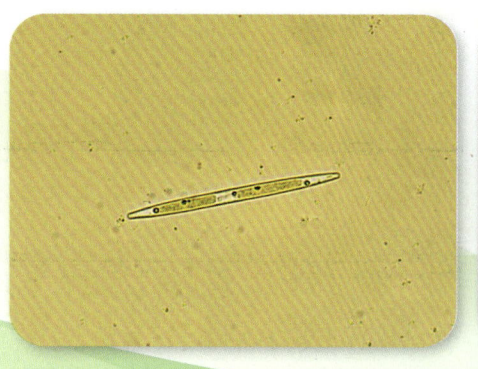

形态特征：带面呈线形，边缘中部稍凹入；壳面呈线形、线形-披针形至窄披针形，末端凸出呈头状，圆头，一侧稍凹入，另一侧弧形凸出。壳缝龙骨强烈离心，龙骨突窄肋状，稍延伸，中间两个距离明显增宽；横线纹密集，在光镜下看不清楚。细胞长46~180μm，宽4~6μm。

生境：生长在稻田、水坑、池塘、湖泊、水库、河流、溪流、泉水、沼泽中。

分布：常见于海兰河、布尔哈通河、密江河、红旗河、珲春河。

7. 小头端菱形藻 *Nitzschia capitellata*

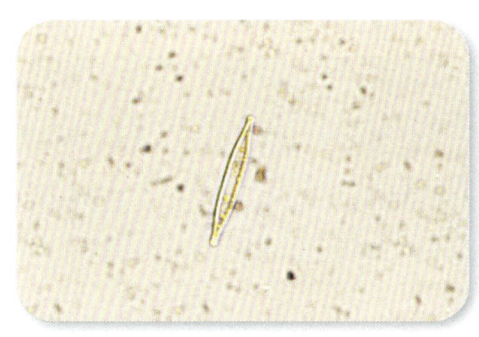

形态特征：壳面呈线形至线形-披针形，两侧中部膨大，具明显头端或喙状末端，线纹非常密集，光镜下不容易看清。细胞长25~52μm，宽3~8μm。

生境：生长在稻田、水坑、池塘、湖泊、水库、河流、溪流、泉水、沼泽中。

分布：常见于海兰河、布尔哈通河、密江河、图们江干流。

8. 缢缩菱形藻 *Nitzschia constricta*

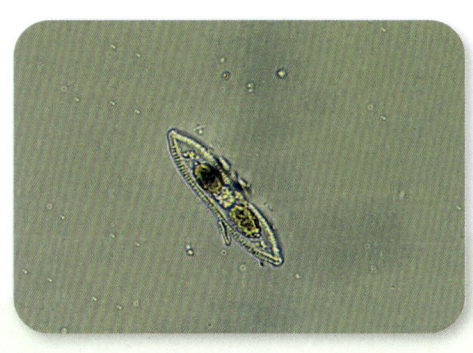
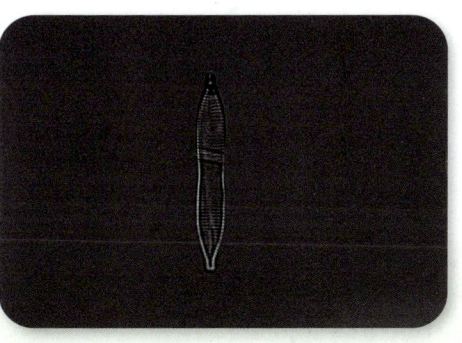

形态特征：壳面呈披针形，中部明显缢缩，末端呈小头状或短喙状。壳面宽4~7μm，长19~50μm。

生境：生长在稻田、水坑、池塘、湖泊、水库、河流、溪流、泉水、沼泽中。

分布：常见于海兰河、红旗河、珲春河、图们江干流。

● 菱板藻属 *Hantzschia*

　　植物体为单细胞；细胞纵长，腹面缢缩，直或"S"形，壳面呈弓形、线形或椭圆形，一侧或两侧边缘缢缩或不缢缩，两端呈尖形、渐尖或近喙状；壳面的一侧边缘具龙骨突起，龙骨突上具管壳缝，管壳缝内壁具许多通入细胞内的小孔，称"龙骨点"，龙骨点明显，上下两壳的龙骨突彼此平行相对，具中央节和极节，壳面具横线纹或点纹组成的横线纹；带面呈矩形，两端呈截形；2个带状色素体。

1. 两尖菱板藻 *Hantzschia amphioxys*

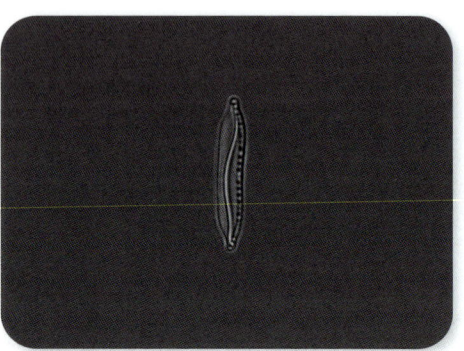

形态特征：壳面呈弓形，背侧略凸出，腹侧凹入，两端显著逐渐狭窄，末端钝尖，呈喙状至头状；龙骨点在腹侧。细胞长24~105μm，宽5~10μm。

生境：生长在稻田、水坑、池塘、湖泊、水库、河流、溪流、泉水、沼泽中。

分布：常见于布尔哈通河、密江河、红旗河、嘎呀河、珲春河、图们江干流。

2. 两尖菱板藻较大变种 *Hantzschia amphioxys* var. *major*

形态特征：该变种与原变种的区别为：该变种壳体较大，壳面呈弓形，背侧凸出，腹侧中部凹入，两端逐渐狭窄，末端呈喙状到小头状；龙骨点在腹侧。细胞长59~148μm，宽6~15μm。

生境：生长在稻田、水坑、池塘、湖泊、水库、河流、溪流、泉水、沼泽中。

分布：常见于红旗河。

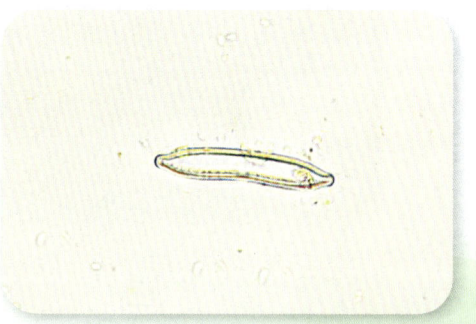

3. 两尖菱板藻相等变型 *Hantzschia amphioxys* var. *aequalis*

形态特征：该变种与原变种的主要区别为：该变种壳体较小，壳面直，两侧对称，末端两侧缢缩。细胞长 20~48μm，宽 3~8μm。

生境：生长在稻田、水坑、池塘、湖泊、水库、河流、溪流、泉水、沼泽中。

分布：常见于密江河、图们江干流。

● 拟菱形藻属 *Pseudo-nitzschia*

常为单细胞生活，或互相重叠形成链状群体，可运动。细胞纵长，呈菱形、披针形等，末端尖锐或呈头状。具管壳缝，管壳缝内壁没有孔，有中央节和中央间隙；壳面具条纹及肋突，每个条纹上有一排至多排小孔；细胞壳面呈菱形、"S"形等，壳面不对称。色素体多数种类是 2 块，带状，位于细胞两端。

拟菱形藻 *Pseudo-nitzschia*

形态特征：单细胞或链状群体，细胞菱形、披针形，末端尖锐或呈头状；2 个带状色素体。细胞长 38~57μm，宽 1.7~4.0μm。

生境：生长在海洋、湖泊中。

分布：常见于海兰河、图们江干流。

双菱藻科 / Surirellaceae

● 双菱藻属 *Surirella*

常为单细胞，浮游。壳面呈线形、楔形、卵形、椭圆形或披针形，一般扁平，也有扭转的，中部缢缩或不缢缩。中线上有无纹区，也称拟壳缝。花纹为横肋纹，肋纹间还有横线纹，左右对称。细胞上下壳的龙骨突互相平行，壳环面一般扁平，可见管壳缝在翼状船骨突上。每细胞只有 1 个色素体。

1. 软双菱藻 *Surirella tenera*

形态特征：细胞体积大，壳面呈椭圆形、披针形至线形–披针形，异极，一端钝圆，另一端尖圆；壳面长 86~156μm，宽 23~45μm；壳面具波纹，形成波纹的肋纹一般从壳缘延伸至壳面中部的线形–披针形透明区域，透明区域中部具清晰的纵向肋纹，肋纹上不具刺；翼状管清晰；带面呈广楔形。

生境：生长在稻田、水坑、池塘、湖泊、水库、河流、溪流、泉水、沼泽中。

分布：常见于红旗河、珲春河、图们江干流。

2. 二列双菱藻 *Surirella biseriata*

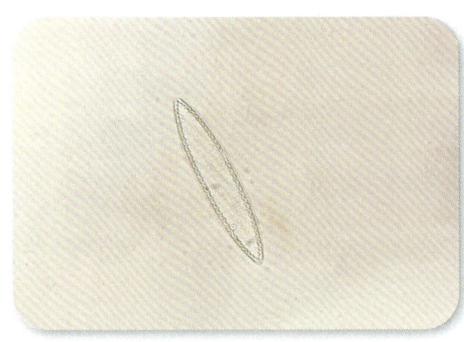
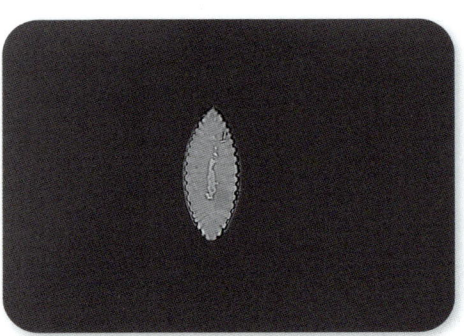

形态特征：壳面呈披针形至线形－披针形，等极或异极；长 124~200μm，宽 32~43μm；壳面具横向的波纹，在中间区域可见，中部具一条清晰的纵向肋纹；壳面不具明显的刺，而在波纹靠近壳缘的一端常具多而精细的刺；靠近两端的肋纹偏斜角度大。

生境：生长在稻田、水坑、池塘、湖泊、水库、河流、溪流、泉水、沼泽中。

分布：常见于珲春河、图们江干流。

3. 窄双菱藻 *Surirella angusta*

形态特征：壳体等极或稍异极，带面呈线形－矩形；壳面呈线形，等极，末端呈楔形；长 16~50μm，宽 6~10μm；没有翼状结构；壳缘具假漏斗结构，其上有细密的线纹，光镜下看不清。

生境：生长在稻田、水坑、池塘、湖泊、水库、河流、溪流、泉水、沼泽中。

分布：常见于红旗河、图们江干流。

4. 粗壮双菱藻 *Surirella robusta*

形态特征：细胞两端异形；壳面呈卵形到椭圆形，上端的末端钝圆，下端的末端尖圆；龙骨发达，翼状突起清楚，翼发达，横线纹呈放射状斜向中部；带面呈楔形。细胞长 150~400μm，宽 50~150μm。

生境：生长在稻田、水坑、池塘、湖泊、水库、河流、溪流、泉水、沼泽中。

分布：常见于布尔哈通河、珲春河。

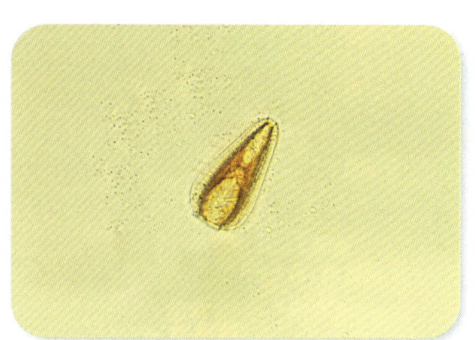

5. 近盐生双菱藻 *Surirella subsalsa*

形态特征：壳体很小，两端异形，壳面呈宽倒卵形，假壳缝很窄，翼状管粗壮。细胞长 20~20.5μm，宽 6~8μm。

生境：生长在稻田、水坑、池塘、湖泊、水库、河流、溪流、泉水、沼泽中。

分布：常见于红旗河。

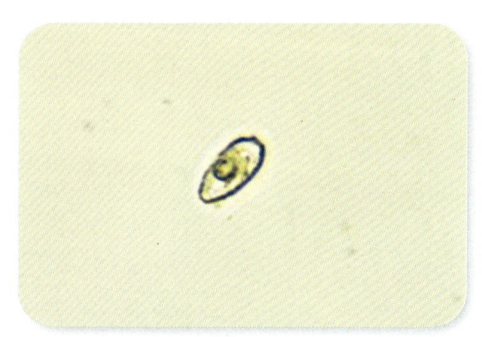

● 波缘藻属 *Cymatopleura*

植物体为单细胞，浮游；壳面呈椭圆形、纺锤形、披针形或线形，呈横向上下波状起伏，上下两个壳面的整个壳缘由龙骨及翼状构造围绕，龙骨突上具管壳缝，管壳缝通过翼沟与壳体内部相联系，翼沟间以膜相联系，构成中间间隙，壳面具粗的横线纹，有时肋纹很短，使壳缘呈串珠状，肋纹间具横贯壳面细的横线纹，横线纹明显或不明显；壳体无间生带，无隔膜，带面呈矩形、楔形，两侧具明显的波状皱褶；1个片状色素体。

草鞋形波缘藻 *Cymatopleura solea*

形态特征：壳面呈椭圆形、纺锤形、披针形或线形，呈横向上下波状起伏，上下两个壳面的整个壳缘由龙骨及翼状构造围绕，壳面具粗的横线纹，使壳缘呈串珠状，肋纹间具横贯壳面细的横线纹；壳体无间生带，无隔膜；带面呈矩形、楔形，两侧具明显的波状皱褶；1个片状色素体。细胞长 30~300μm，宽 10~40μm。

生境：生长在稻田、水坑、池塘、湖泊、水库、河流、溪流、泉水、沼泽中。

分布：常见于红旗河、珲春河、图们江干流。

裸藻门
Euglenophyta

裸藻纲 Euglenophyceae

裸藻目 Euglenales

大多数为单细胞，少数由多个细胞构成不定群体。无细胞壁，具表质，表质由平而紧密的线纹组成。大多数具鞭毛，1~2条，营附着生活，具杆状器或不具，1个或多个盘状、片状、杆状色素体。

裸藻科 / Euglenaceae

● **裸藻属** *Eyglena*

细胞形状多变，多为纺锤形或圆柱形，后端有时延伸成尾状或具有尾刺；表质柔软或半硬化，能变形、蠕动，具有螺旋形旋转排列的线纹；细胞核较大，位于细胞中后部，单鞭毛，眼点明显。1个或多个星状、盘状色素体。

1. 绿色裸藻 *Eyglena viridis*

形态特征：细胞易变形，前端呈圆形或斜截形，后端呈尖尾状，表质有自左向右的螺旋形线纹，色素体呈星状，蛋白核具有副淀粉鞘，鞭毛为体长的1~4倍，细胞长30~90μm，宽11~12μm。

生境：多生长在各种有机质丰富的小型静止水体中，大量繁殖时形成膜状水华。

分布：常见于海兰河、布尔哈通河。

2. 喜滨裸藻 *Euglena thinophila*

形态特征：细胞易变形，常呈长纺锤形，前端呈斜截形，后端渐尖呈尾状。表质具自左向右的螺旋线纹。色素体呈圆盘形，7~8个，边缘呈不规则波形瓣裂，各具1个带副淀粉鞘的蛋白核。副淀粉粒多为椭圆形小颗粒。核中位。鞭毛约等于体长。细胞长 51~58μm，宽 14~16μm。

生境：生长在水坑、池塘、湖泊、水库、河流、溪流等各种静水水体中。

分布：常见于图们江干流。

● 囊裸藻属 *Trachelomonas*

细胞外具有囊壳，囊壳呈球形、卵形、椭圆形或纺锤形等；囊壳的表面光滑或具有点纹、孔纹、颗粒、棘刺等；囊壳无色，由于铁质沉积而呈黄色、橙色或褐色，透明或不透明；囊壳的前端具有一圆形的鞭毛孔，有领或无领，有或无环状加厚圈；囊壳内的原生质体裸露无壁。

1. 扁圆囊裸藻 *Trachelomonas curta*

形态特征：囊壳呈扁球形，正面观呈横椭圆形，顶面观呈正圆形，鞭毛孔有明显的环形加厚圈。囊壳直径 16~31μm，高 12~29μm。

生境：生长在水坑、池塘、湖泊、水库、河流、溪流、沼泽中。

分布：常见于布尔哈通河。

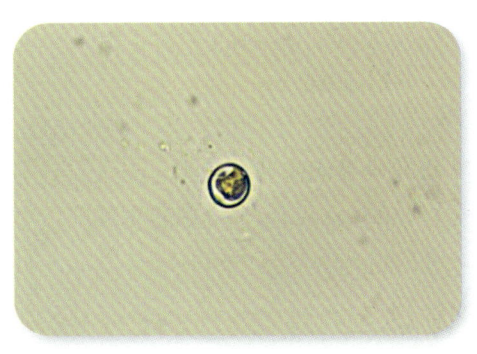

2. 矩圆囊裸藻 *Trachelomonas oblonga*

形态特征：壳面呈椭圆形，表面光滑。鞭毛孔有或无环状加厚圈，少数具领状突起；黄色、黄褐色或红褐色，囊壳长 12~20μm，宽 10~15μm。

生境：生长在水坑、池塘、湖泊、水库、河流、溪流、沼泽中。

分布：常见于嘎呀河。

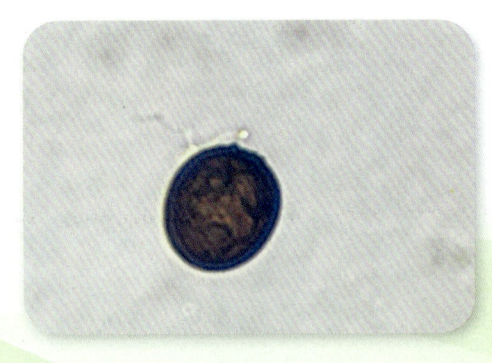

藻类　裸藻门 Euglenophyta

● 扁裸藻属 *Phacus*

细胞表质硬，形状固定，扁平，正面观一般呈圆形、卵形或椭圆形，有的呈螺旋形扭状，顶端具纵沟，后端多数呈尾状；表质具纵向或螺旋形排列的线纹、点纹或颗粒。大多数种类的色素体呈圆盘形，副淀粉较大，有环形、圆盘形、球形、线轴形等各种形状，常为1个至数个。单鞭毛，具眼点。

1. 梨形扁裸藻 *Phacus pyrym*

形态特征：细胞呈梨形，前端宽圆，顶端的中央微凹，后端渐细，呈一尖尾刺，直向或略弯曲，顶面观呈圆形；表质具7~9条肋纹，自左向右呈螺旋形排列。副淀粉2个，呈中间隆起的圆盘形，位于两侧，紧靠表质。鞭毛为体长的1/2~1/3。细胞长30~55μm，宽13~21μm；尾刺长12~14μm。

生境：生长在池塘、湖泊、水库、河流、溪流中。

分布：常见于红旗河。

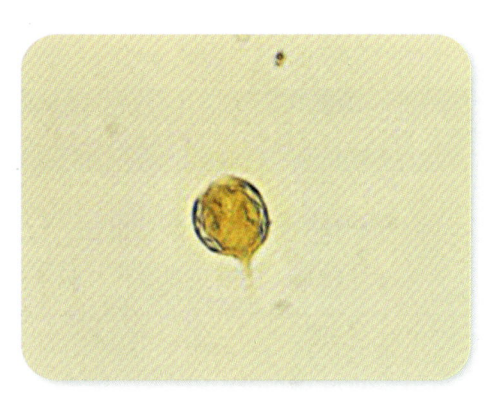

2. 三棱扁裸藻 *Phacus triqueter*

形态特征：细胞呈长卵形，两端宽圆，前端略窄，后端具尖尾刺，向一侧弯曲，具有龙骨状的背脊突起，高而尖，伸至后部，顶面观呈三棱形，腹面呈弧形或金鱼平直；表质具纵线纹。副淀粉1~2个，较大，环形或圆盘形。鞭毛约等于体长。细胞长37~68μm，宽30~45μm；尾刺长11~14μm。

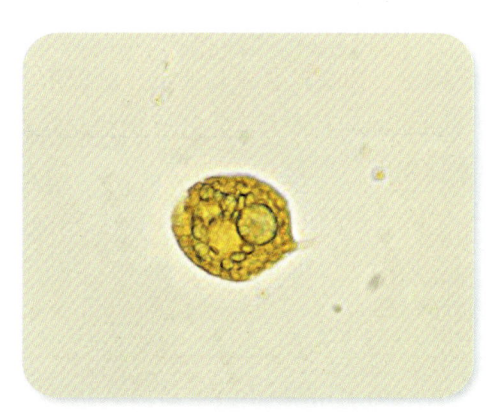

生境：生长在水坑、池塘、湖泊、水库中。

分布：常见于珲春河。

金藻门
Chrysophyta

金藻纲 Chrysophyceae

色金藻目 Chromulinales

植物体为单细胞或树状群体，浮游或着生，细胞裸露可变形或原生质外具囊壳或具许多硅质鳞片，光滑或具花纹，具1~2条不等长的鞭毛，1~2个周生、片状色素体。

锥囊藻科 / Dinobryonaceae

● **锥囊藻属** *Dinobryon*

树状或丛状群体，浮游或着生；细胞呈卵形、纺锤形、圆柱形等，其外被有倒锥形、钟形或圆柱形的硅质囊壳，具有两条不等长的鞭毛；囊壳前端喇叭状开口，或直桶状开口；后端呈锥形，透明或黄褐色，表面平滑或具波纹。色素体周生，片状，1~2个。

1. 分歧锥囊藻 *Dinobryon divergens*

形态特征：群体细胞密集排列，呈分枝较多的树状；囊壳为长柱状圆锥形，前端开口处略扩大，中部近平行呈圆柱形，中部的侧壁略凹入，呈不规则的波状，后半部呈锥形，后端向一侧弯曲，末端渐尖呈锥状刺。囊壳长28~65μm，宽8~11μm。

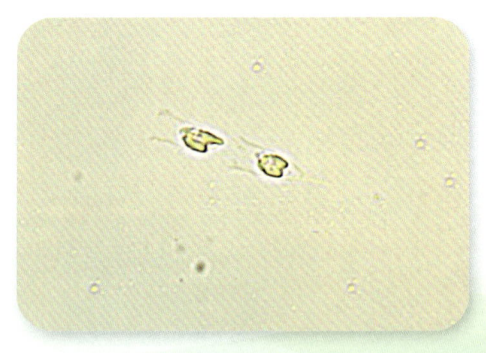

生境：生长在池塘、湖泊、水库中。
分布：常见于珲春河。

2. 长锥形锥囊藻 *Dinobryon bavaricum*

形态特征：群体由少数细胞近平行排列，呈狭长的、自下而上略扩大的丛状；囊壳为长柱状圆锥形，前端开口处略扩大，中部近平行呈圆柱形，其侧缘呈波状或无，后端细长，突尖或渐呈长锥状，略向一侧弯曲。囊壳长 50~120μm，宽 6~10μm。

生境：生长在水坑、池塘、湖泊、水库中。

分布：常见于红旗河。

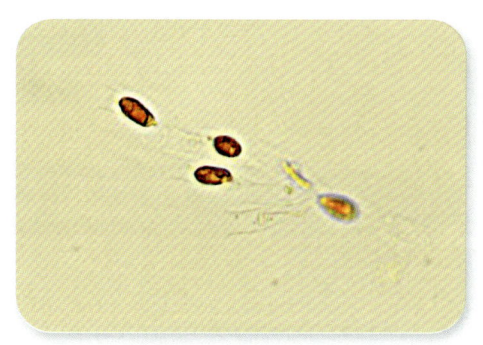

绿藻门
Chlorophyta

绿藻纲 Chlorophyceae

团藻目 Volvocales

藻体为单细胞或定形群体，具1条至多条等长的鞭毛，少数具2条不等长的鞭毛。多数细胞无细胞壁，仅具一层表质，具细胞壁的种类与原生质体分离形成囊壳，有的囊壳胶化形成各种形态的胶被。大多数种类具色素体，形态呈杯状、片状、"H"形、星状等。

衣藻科 / Chlamydomonadaceae

● **衣藻属 Chlamydomonas**

单细胞，自由游动，呈球形、卵形、椭圆形、长纺锤形等；细胞壁光滑或具波形、圆柱形、角锥形的突起，纵扁或不纵扁，少数具胶被；有2条或4条等长的鞭毛；有1个红色的眼点，少数具有数个或无；有1个大的杯状色素体，少数为片状、盘状等。

1. 德巴衣藻 Chlamydomonas debaryana

形态特征：细胞呈椭圆形或卵圆形，细胞壁明显且坚固。前端有一半球形乳突，有2条等长的鞭毛，几乎与体长相等。细胞长12~20μm，宽7.5~10μm。

生境：生长在池塘、湖泊、水库、河流中。

分布：常见于嘎呀河、珲春河。

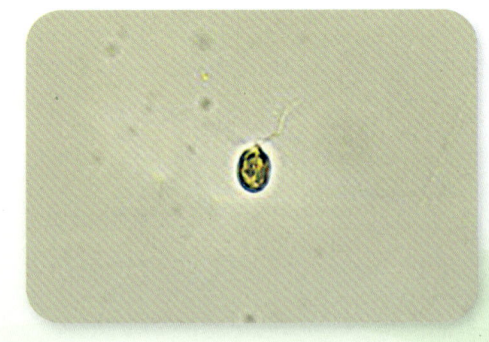

2. 球衣藻 *Chlamydomonas globosa*

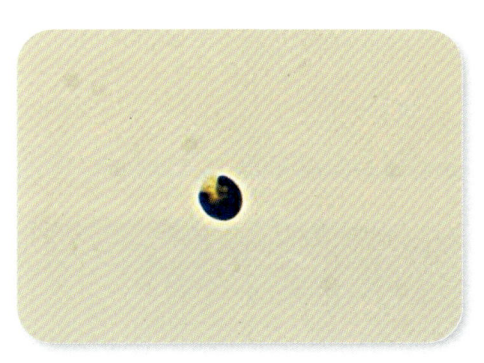

形态特征：细胞小，多数近球形，少数椭圆形，常具无色透明的胶被。细胞前端中央不具乳突，具2条等长的、稍长于体长的鞭毛；色素体呈杯状；眼点位于细胞前端近1/3处，不明显。细胞直径5~10μm。

生境：生长在池塘、湖泊中。

分布：常见于图们江干流。

团藻科 / Volvocaceae

● **实球藻属 *Pandorina***

定形群体具胶被，呈球形、短椭圆形，由8个、16个、32个、64个细胞组成，罕见4个细胞组成的群体，常为16个。群体细胞彼此紧贴，位于群体中心，细胞间常无空隙，或仅在群体的中心有小的空间。细胞呈球形、倒卵形、楔形，前端中央具2条等长的鞭毛；色素体多数杯状，少数块状、长线状，具1个或数个蛋白核和1个眼点。

实球藻 *Pandorina morum*

形态特征：群体呈球形或椭圆形，由4个、8个、16个、32个、64个细胞组成。群体胶被边缘狭；群体细胞相互紧贴在群体中心，常无空隙，或仅在群体的中心有小的空间。细胞呈卵形或倒楔形，前端钝圆，向群体外侧，后端渐狭。前端中央具2条等长的、约等于体长的鞭毛；色素体杯状；眼点位于细胞的近前端。群体直径20~60μm，细胞直径7~17μm。

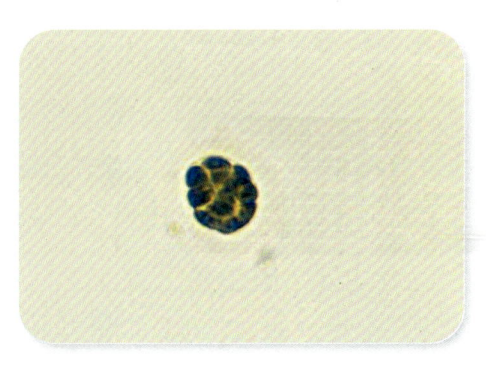

生境：广泛生长在各种小水体中。

分布：常见于嘎呀河、珲春河。

● **空球藻属 *Eudorina***

定形群体呈椭圆形，少数呈球形，由16个、32个、64个细胞组成，常为32个。群体细胞彼此分离，排列在群体胶被的周边，群体胶被表面平滑或具胶质小刺，个体胶被彼此融合。细胞呈球形，细胞壁薄，前端向群体外侧，中央具2条等长的鞭毛；色素体杯状，具1

个或数个蛋白核，眼点位于细胞前端。

空球藻 *Eudorina elegans*

形态特征：群体具胶被，呈椭圆形或球形，由 16 个、32 个、64 个细胞组成。群体细胞彼此分离，排列在群体胶被的周边，群体胶被表面平滑。细胞呈球形，细胞壁薄，前端向群体外侧，中央具 2 条等长的鞭毛；色素体大，杯状，充满整个细胞，具数个蛋白核。眼点位于细胞前端。群体直径 50~200μm，细胞直径 1~24μm。

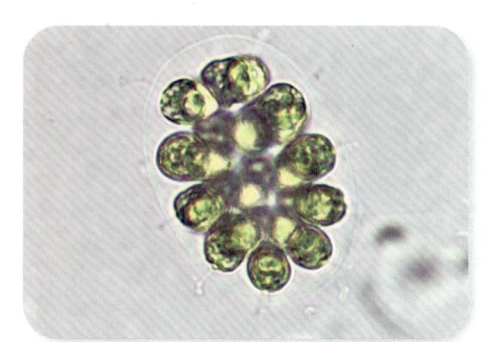

生境：广泛生长在各种水体中。

分布：常见于海兰河、布尔哈通河、密江河、珲春河。

绿球藻目 Chlorococcales

植物体为单细胞，或不定形群体、原始定形群体、真性定形群体、树状聚合群体。细胞呈球形、卵形、椭圆形、纺锤形、三角形、多角形等，1 个至多个轴生或周生色素体，轴生的色素体为星状，周生为杯状、片状或网状、盘状等。

非集结体亚目 Acoenobianae

绿球藻科 / Chlorococcaceae

● **绿球藻属** *Chlorococcum*

植物体为单细胞，或聚集成膜状团块或包被在胶质中；细胞呈球形、近球形或椭圆形，大小很不一致，幼时细胞壁薄，但老细胞常不规则地增厚，并明显分层；色素体 1 个，在幼细胞时为周生、杯状。

水溪绿球藻 *Chlorococcum infusionum*

形态特征：单细胞，有时聚集成薄膜状，细胞大小变化很大；细胞呈球形，极少数呈卵形、长圆形，幼时细胞壁薄，充分成长的细胞壁厚、分层，色素体1个，周生、杯状；具1个较大的球形至宽卵圆形的蛋白核，细胞核1个。细胞直径 13~50μm。

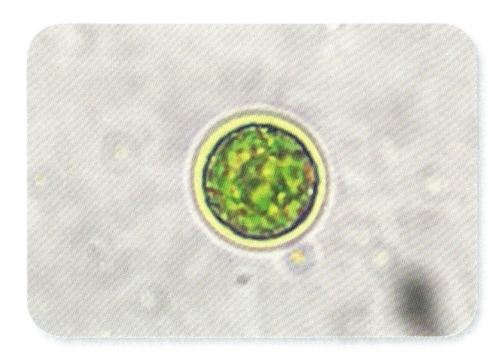

生境：多生长在有机质较丰富的静止水体中，飘浮或附生在水生植物上，有时也能在潮湿土壤上生长。

分布：常见于海兰河、布尔哈通河、密江河、嘎呀河、珲春河、图们江干流。

小桩藻科 / Characaceae

● 弓形藻属 *Schroederia*

植物体单细胞，浮游；细胞呈针形、长纺锤形、新月形、弧曲形或螺旋状，直或弯曲，细胞两端的细胞壁延长成长刺，刺直或略弯曲，其末端均为尖形；色素体1个，片状，周生，几乎充满整个细胞；常具1个蛋白核，少数2~3个，细胞核1个，老细胞多个。

弓形藻 *Schroederia setigera*

形态特征：单细胞，呈长纺锤形，直或弯曲，细胞两端的细胞壁延长成无色的长刺，末端尖细；色素体1个，片状，常具1个蛋白核，少数2个。细胞包括刺长 56~85μm，宽 3~8μm，刺长 13~27μm。

生境：生长在池塘、湖泊中。

分布：常见于海兰河、布尔哈通河、图们江干流。

小球藻科 / Chlorellaceae

● 小球藻属 *Chlorella*

植物体为单细胞，单生或多个细胞集群，群体中的细胞大小很不一致，浮游；细胞呈球形或椭圆形；细胞壁薄或厚，具1个杯状或片状色素体，周生；具1个蛋白核或无。

蛋白核小球藻 *Chlorella pyrenoidosa*

形态特征： 单细胞，呈球形，细胞壁薄；色素体 1 个，杯状，几乎充满整个细胞；具 1 个很明显的蛋白核。细胞直径 3~5μm，生殖个体有时直径可达 23μm。

生境： 生长在池塘、湖泊中。

分布： 常见于布尔哈通河、密江河、嘎呀河、珲春河、图们江干流。

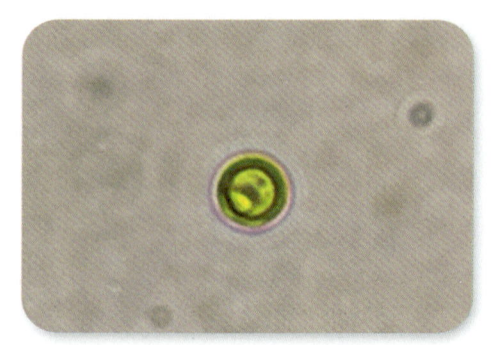

● 四角藻属 *Tetraedron*

植物体为单细胞，浮游；细胞呈扁平或角锥形，具 3 个、4 个或 5 个角，角分叉或不分叉，角延长成突起或无，角或突起顶端的细胞壁多数突出为刺；色素体周生，盘状或多角片状，1 个至多个，各具 1 个蛋白核或无。

1. 微小四角藻 *Tetraedron minimum*

形态特征： 单细胞，扁平，正面观呈四方形，侧缘凹入，有时一对边缘比另一对的更凹入，角呈圆形，角顶罕具一小突起，侧面观呈椭圆形，细胞壁平滑或具颗粒，色素体 1 个，片状，具 1 个蛋白核。细胞宽 6~20μm，厚 3~7μm。

生境： 生长在池塘湖泊中。

分布： 常见于海兰河、图们江干流。

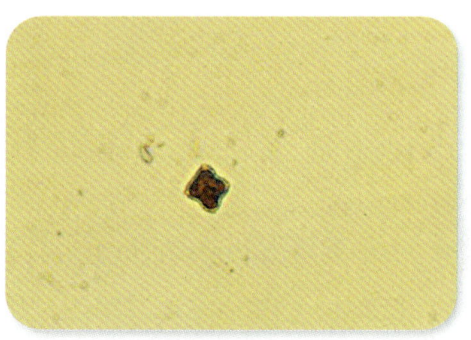

2. 戟形四角藻 *Tetraedron haststum*

形态特征： 单细胞，呈四角锥形，缘边向内深凹，呈近于四角形，4 个角延长成细长的突起，顶部略尖，其顶端具 2~3 个短刺。细胞宽 25~36μm，突起长 15~21μm。

生境： 生长在池塘、湖泊中。

分布： 常见于图们江干流。

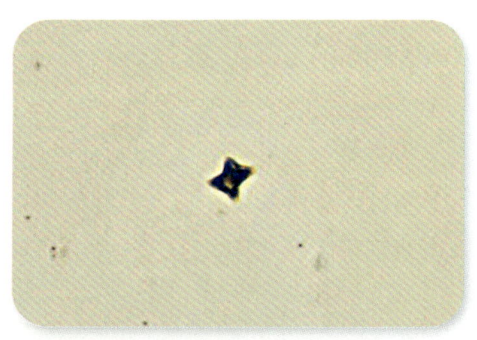

3. 三角四角藻 *Tetraedron trigonum*

形态特征： 单细胞，扁平，呈三角形，侧面

观呈椭圆形，细胞侧缘略凹入、近平直或略凸出，角顶具1条直或略弯曲的粗刺。细胞不含刺宽11~30μm，厚3~9μm，刺长2~10μm。

生境：生长在池塘、湖泊中。

分布：常见于布尔哈通河。

● 纤维藻属 *Ankistrodesmus*

植物体为单细胞，或由2个、4个、8个、16个或更多个细胞聚集成群，浮游，少数为附着生活；细胞呈纺锤形、针形、弓形、镰形或螺旋形等，直或略弯曲，自中央向两端逐渐尖细，末端尖，少数为钝圆；色素体1个，片状、周生，多数充满细胞，有时裂为数片；具1个蛋白核或无。

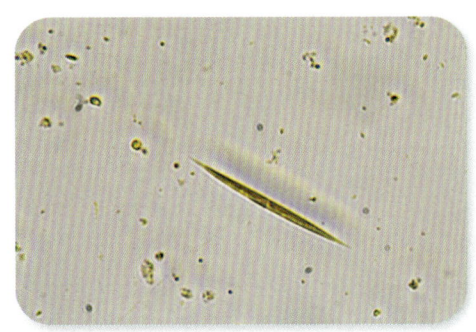

针形纤维藻 *Ankistrodesmus acicularis*

形态特征：单细胞，呈针形，直或仅一端微弯或两端微弯，从中部到两端渐尖细，末端尖锐；色素体充满整个细胞。细胞长40~80μm，有时能达210μm，细胞宽2.5~3.5μm。

生境：生长在池塘、浅水湖泊中。

分布：常见于海兰河、布尔哈通河、嘎呀河、珲春河。

● 月牙藻属 *Selenastrum*

植物体常由4个、8个或16个细胞聚集成一群，数个群彼此联合可聚成多达128个细胞以上的群体，无群体胶被，少数为单个细胞，浮游；细胞呈新月形、镰形，两端尖，同一母细胞产生的个体彼此以背部凸出的一侧相靠排列，色素体1个，片状、周生，除细胞凹侧的小部分外，充满整个细胞，具1个蛋白核或无。

1. 月牙藻 *Selenastrum bibraianum*

形态特征：植物体常由4个、8个、16个或更多个细胞聚集成一群，彼此以背部凸出的一侧相靠排列；细胞呈新月形、镰形，两端尖且向一侧弯曲，较宽短；色素体1个，蛋白核1个。细胞长20~38μm，宽5~8μm，两顶端直线距离5~25μm。

生境：生长在有机质丰富的小水体中。

分布：常见于布尔哈通河、珲春河、图们江干流。

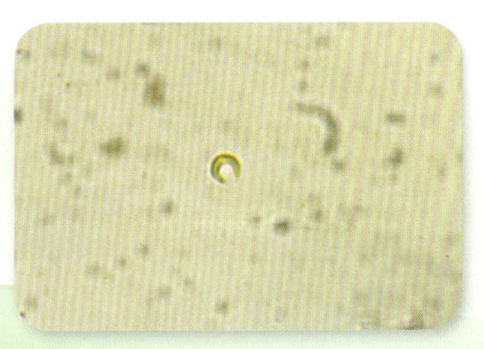

2. 纤细月牙藻 *Selenastrum gracile*

形态特征：植物体每4个细胞以其背部凸出的一侧相靠排列，常由8个、16个、32个、64个或更多个细胞聚集成一群；细胞呈新月形、镰形，中部相当长的部分几乎等宽，较狭长，两端渐尖且同向弯曲，色素体1个，片状，位于细胞中部，具1个蛋白核。细胞长15~30μm，宽3~5μm，两端直线距离8~28μm。

生境：生长在池塘、湖泊、沼泽中。

分布：常见于珲春河。

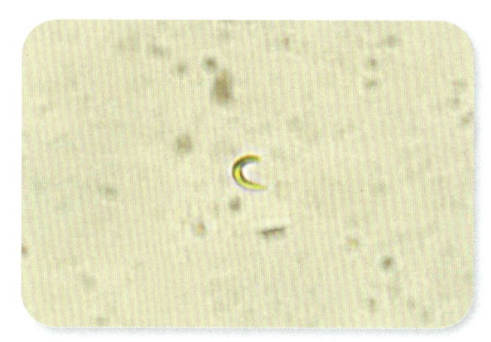

3. 小形月牙藻 *Selenastrum minutum*

形态特征：植物体常为单细胞，也有数个细胞不规则地排列成群；细胞呈新月形，较粗壮，两端钝圆，色素体1个，蛋白核1个。细胞长20~30μm，宽2~3μm，两端直线距离7~9μm。

生境：生长在池塘、湖泊中。

分布：常见于图们江干流。

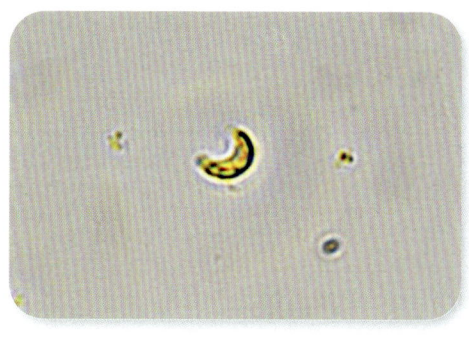

● 蹄形藻属 *Kirchneriella*

植物体为群体，常4个或8个为一组，多数包被在群体的胶质被中，浮游；细胞呈新月形、半月形、蹄形、镰形或圆柱形，两端尖细或钝圆；色素体1个，片状、周生，除细胞凹侧的中部外，充满整个细胞，具1个蛋白核。

1. 蹄形藻 *Kirchneriella lunaris*

形态特征：植物体为群体，常4个或8个为一组，多数包被在群体的胶质被中，群体细胞多以外缘凸出部分朝向共同的中心；细胞呈蹄形，两端渐尖细，顶端呈锥形；色素体1个，片状，充满整个细胞，具1个蛋白核。群体直径80~250μm；细胞长6~13μm，宽3~8μm。

生境：生长在水坑、池塘、湖泊、水库中，有时大量生长。

分布：常见于海兰河、布尔哈通河、珲春河。

2. 肥壮蹄形藻 *Kirchneriella obesa*

形态特征：植物体为群体，常4个或8个为一组，多数包被在群体的胶质被中，群体细胞多以外缘凸出部分朝向共同的中心；细胞呈蹄形或近蹄形，肥壮，两端略细、钝圆，两侧中部近于平行，1个片状色素体，充满整个细胞。群体直径30~80μm；细胞长6~12μm，宽3~8μm。

生境：生长在有机质丰富的酸性湖泊、池塘、沼泽中。

分布：常见于珲春河。

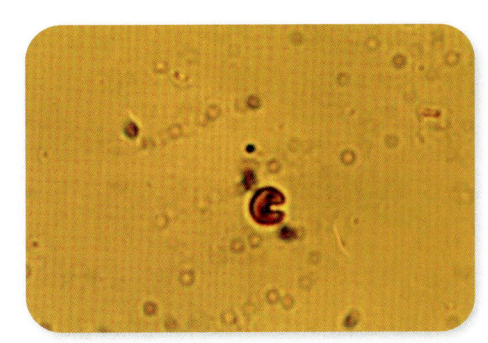

卵囊藻科 / Oocystaceae

● 卵囊藻属 *Oocystis*

植物体为单细胞或群体，群体常由4个、8个或16个细胞组成，包被在部分胶化膨大的母细胞壁中；细胞呈椭圆形、卵形、纺锤形、长圆形等，细胞壁平滑，或在细胞两端短圆锥状增厚，细胞壁扩大和胶化时，圆锥状增厚不胶化，色素体1个或多个，片状、多角形块状或不规则盘状，周生，每个色素体具1个蛋白核或无。

1. 单生卵囊藻 *Oocystis slitaria*

形态特征：植物体为单细胞或群体，群体常由4个、8个或16个细胞组成，包被在部分胶化膨大的母细胞壁中，浮游；细胞呈椭圆形，少数呈卵形，两端钝圆，细胞壁增厚，细胞两端具明显的短圆锥状增厚，色素体多个，呈多角形块状或不规则盘状，常为12~25个，每个色素体具1个蛋白核。细胞长7~35μm，宽3~20μm。

生境：生长在湖泊、池塘、水坑中，常与丝状藻类混生。

分布：常见于海兰河、布尔哈通河、密江河、嘎呀河。

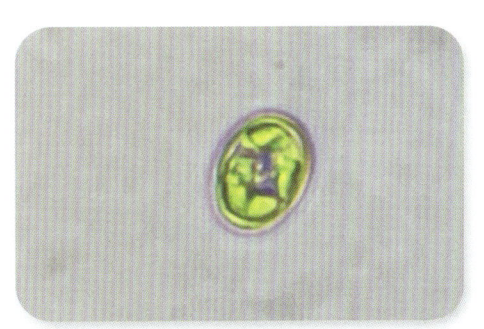

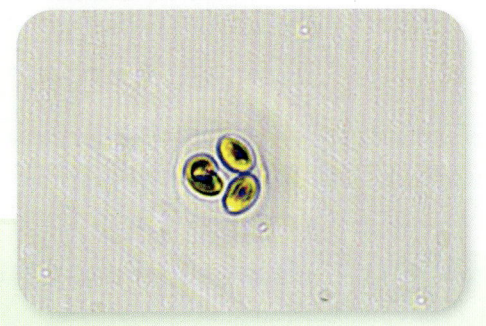

2. 椭圆卵囊藻 *Oocystis elliptica*

形态特征：群体常由4个、8个或16个细胞组成，包被在部分胶化膨大的母细胞壁中，少数为单细胞；细胞呈长椭圆形，两端钝圆，细胞两端无圆锥状增厚，色素体盘状，10~20个，无蛋白核。细胞长 15~31μm，宽 7~18μm。

生境：生长在湖泊、池塘、水坑中。

分布：常见于图们江干流。

3. 湖生卵囊藻 *Oocystis lacustris*

形态特征：群体常由2个、4个、8个或16个细胞组成，包被在部分胶化膨大的母细胞壁中，极少数为单细胞，浮游；细胞呈椭圆形或宽纺锤形，两端微尖且具有短圆锥状增厚，1~4个片状色素体，各具1个蛋白核。细胞长 14~32μm，宽 8~22μm。

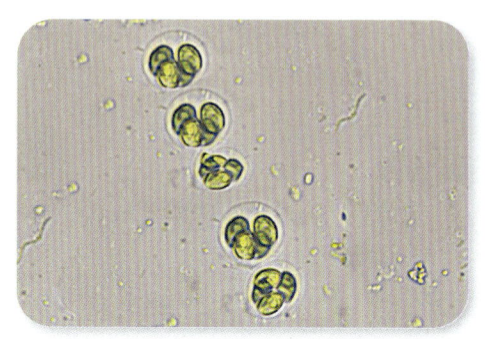

生境：生长在池塘、湖泊中，常见，但数量较少。

分布：常见于海兰河、布尔哈通河。

真集结体亚目 Eucoenobianae

盘星藻科 / Pediastraceae

● 盘星藻属 *Pediastrum*

植物体为真性定形群体，由4个、8个、16个、32个、64个细胞排列成为一层细胞厚的扁平盘状、星状群体，群体无穿孔或具穿孔，浮游；群体边缘细胞常具1个、2个、4个突起，有时突起上具长的胶质毛丛，群体边缘内的细胞呈多角形，细胞壁平滑、具颗粒、细网纹，1个周生、盘状色素体。

1. 四角盘星藻 *Pediastrum tetras*

形态特征：真性定形群体，由4个、8个、16个、32个细胞组成，群体细胞间无穿孔；群体边缘细胞的外壁具线形到楔形的深缺刻而分成的 2 个裂片，裂片外侧浅或深凹入，群体内层细胞呈五边形或六边形，具一深的线形缺刻，细胞壁平滑。细胞长 8~16μm，宽 8~16μm。

生境：生长在池塘、湖泊中。

分布：常见于图们江干流。

2. 二角盘星藻 *Pediastrum duplex*

形态特征：真性定形群体，由 8 个、16 个、32 个、64 个细胞组成，常为 16 或 32 个，群体细胞间具小的透镜状穿孔；群体边缘细胞呈四边形，其外壁扩展成 2 个圆锥形的钝顶短突起，群体内层细胞呈四方形，侧壁中部略凹入，邻近细胞间细胞侧壁的中部彼此不相连，细胞壁平滑。细胞长 11~21μm，宽 8~21μm。

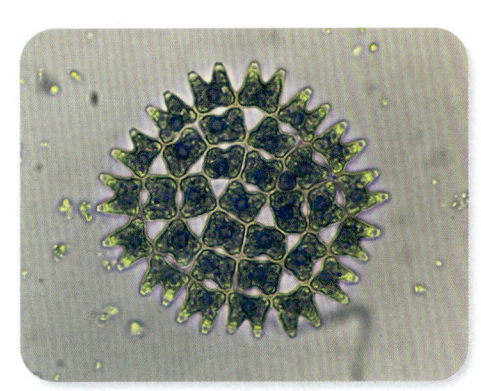

生境：生长在池塘、湖泊中。

分布：常见于海兰河、珲春河。

3. 单角盘星藻 *Pediastrum simplex*

形态特征：真性定形群体，由 16 个、32 个或 64 个细胞组成，群体细胞间无穿孔；群体边缘细胞常为五边形，其外壁具 1 个圆锥状的角状凸起，突起两侧凹入，群体内层细胞呈五边形或六边形。细胞长 12~18μm，宽 12~18μm。

生境：生长在池塘、湖泊中。

分布：常见于图们江干流。

栅藻科 / Scenedesmaceae

● 栅藻属 *Scenedesmus*

植物体为真性定形群体，由 2 个、4 个、8 个、16 个、32 个、64 个细胞组成，群体细胞以细胞壁或细胞壁上的突起连接成群体，细胞排列在一个平面上呈栅状或四角状，细胞不排列在一个平面上呈辐射状或多孔、中空的球体到多角体；细胞呈球形、三角形、四角形或纺锤形、圆锥形等，细胞壁平滑、具颗粒或刺，1 个周生的片状或杯状色素体。

1. 阿库栅藻 *Scenedesmaceae acunae*

形态特征：真性定形群体扁平，由 2 个、4 个或 8 个细胞组成，群体细胞直线排列成一行；细胞呈卵形或长椭圆形，两端宽圆，细胞壁平滑，两侧细胞比中间细胞略短。4 个细胞的群体宽 16~25μm，细胞长 7~18μm，宽 4~6μm。

生境：生长在各种静水水体中。

分布：常见于海兰河、布尔哈通河、珲春河、图们江干流。

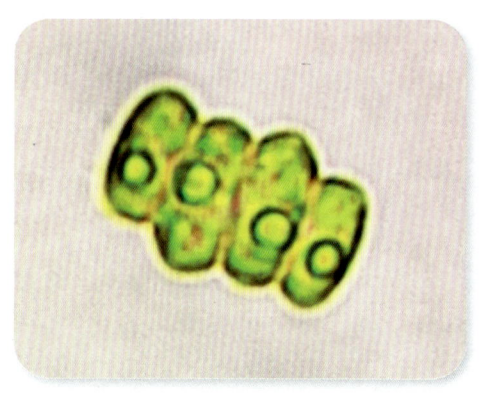

2. 斜生栅藻 *Scenedesmaceae obliquus*

形态特征：真性定形群体扁平，由 2 个、4 个、8 个或 16 个细胞组成，常为 4 个细胞，群体细胞并列直线排列成一列或交互排列；细胞呈纺锤形，上下两端逐渐尖细，群体两侧细胞的游离面凹入或凸出，细胞壁平滑。4 个细胞的群体宽 12~34μm，细胞长 10~21μm，宽 3~9μm。

生境：生长在各种静水小水体中。

分布：常见于海兰河、布尔哈通河。

3. 二形栅藻 *Scenedesmaceae dimorphus*

形态特征：真性定形群体扁平，由 2 个、4 个或 8 个细胞组成，常为 4 个细胞，群体细胞直线排列成一行或交错排列；中间呈细纺锤形，上下两端尖细、直，两侧细胞呈新月形或镰形，上下胞两端尖细，细胞壁平滑。4 个细胞的群体宽 11~20μm，细胞长 16~23μm，宽 3~5μm。

生境：生长在各种静水小水体中。

分布：常见于海兰河、密江河、图们江干流。

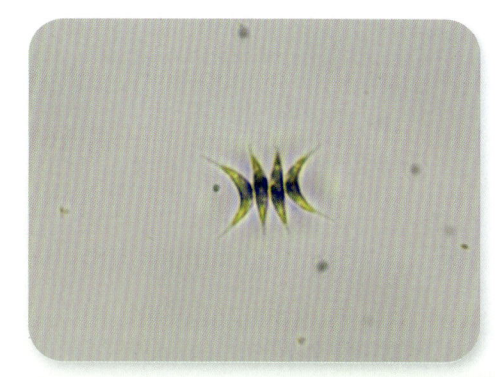

藻类 绿藻门 Chlorophyta

4. 四尾栅藻 *Scenedesmaceae quadricauda*

形态特征：真性定形群体扁平，由 2 个、4 个、8 个或 16 个细胞组成，常为 4 个或 8 个细胞，群体细胞直线排列成一行，细胞呈长圆形、圆柱形或卵形，细胞上下两端广圆，群体外侧细胞的上下两端各具 1 个向外斜生的直或略弯的刺，细胞壁平滑。4 个细胞的群体宽 14~24μm，细胞长 8~16μm，宽 3.5~6μm。

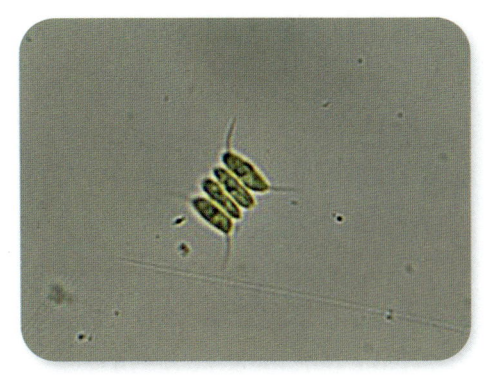

生境：生长在各种水体中。

分布：常见于海兰河、布尔哈通河、珲春河、图们江干流。

● 十字藻属 *Crucigenia*

植物体为真性定形群体，由 4 个细胞排成椭圆形、卵形、方形或长方形，群体中央常具或大或小的方形空隙，常具不明显的群体胶被，子群体常为胶被粘连在一个平面上，形成板状的复合真性定形群体；细胞呈梯形、半球形、椭圆形或三角形，1 个周生、片状色素体。

四足十字藻 *Crucigenia quadrata*

形态特征：真性定形群体，由 4 个细胞组成，排成四方形，子群体常为胶被粘连在一个平面上，形成 16 个细胞的板状复合群体；细胞呈三角形，细胞外壁游离面平直，角尖圆，1 个片状色素体。细胞长 3.5~9μm，宽 5~12μm。

生境：生长在湖泊、池塘、沟渠中。

分布：常见于珲春河。

● 集星藻属 *Actinastrum*

植物体为真性定形群体，由 4 个、8 个、16 个细胞组成，无群体胶被，群体细胞以一端在群体中心彼此相连，以细胞长轴从群体中心向外放射排列，浮游；细胞呈长纺锤形、长圆柱形，两端逐渐尖细或略狭窄，或一端平截另一端渐尖细或略狭窄，1 个周生、片状色素体。

集星藻 *Actinastrum hantzschii*

形态特征：真性定形群体，由4个、8个、16个细胞组成，群体细胞以一端在群体中心彼此相连，以细胞长轴从群体中心向外放射排列；细胞呈长圆柱状纺锤形，两端渐狭和截圆形，1个周生、片状色素体。细胞长12~22μm，宽3~6μm。

生境：生长在湖泊、池塘中。

分布：常见于布尔哈通河、珲春河、红旗河。

● 空星藻属 *Coelastrum*

植物体为真性定形群体，由4个、8个、16个、32个、64个或128个细胞组成多空的、中空的球体至多边形，群体细胞以细胞壁或细胞壁上的突起相互连接；细胞呈球形、圆锥形、近六角形、截顶的角锥形，细胞壁平滑、部分增厚或具管状突起，色素体周生、杯状。

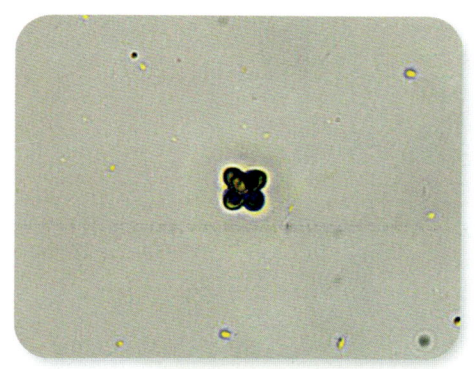

小空星藻 *Coelastrum microporum*

形态特征：真性定形群体，呈球形至卵形，由8个、16个、32个或64个细胞组成，相邻细胞间以细胞基部互相连接，细胞间隙呈三角形；群体细胞呈球形，有时为卵形，细胞外具一层薄的胶鞘。细胞宽8~13μm。

生境：生长在湖泊、池塘、水库中。

分布：常见于海兰河、珲春河。

丝藻目 Ulothrichales

植物体为不分枝的丝状体，常由细胞组成，少数为多列或呈假薄壁组织状。丝状体具或不具胶鞘，胶鞘分层或不分层。有的种类幼时以基细胞着生，后漂浮。多数顶细胞呈圆钝形，少数渐尖。细胞呈圆柱形、球形、方形、桶形、三角形等，细胞壁薄或厚，有的具"H"片状结构。色素体周生、轴生或侧生，片状、盘状、星状或网状。

丝藻科 / Ulothrichaceae

● 丝藻属 *Ulothrix*

丝状体由单列细胞构成，长度不等，幼丝体由基细胞固着在基质上，基细胞简单或略分叉呈假根状，细胞呈圆柱状，一般长大于宽，有时横壁缢缩；细胞壁一般为薄壁，有时为厚壁；少数种类具胶鞘。1个侧位或周生色素体。

1. 细丝藻 *Ulothrix tenerrima*

形态特征：丝状体极长，由近方形的圆柱状细胞构成，横壁略有缢缩；幼体细胞常为球形，细胞间距较大；色素体带状、周生，在幼体细胞中充满整个细胞，在老细胞中，上下均留有空隙。细胞长为宽的1~1.5倍，宽8~10μm。

生境：生长在各种水体中。

分布：常见于密江河、嘎呀河、珲春河、红旗河。

2. 环丝藻 *Ulothrix zonata*

形态特征：丝状体极长，由圆柱状细胞构成，丝状体早期着生，后期浮游；细胞的长宽变化大，有时略有膨大，顶端细胞最前端宽圆或平截具圆角；幼体细胞壁薄，成熟后增厚。色素体环带状、周生。细胞色素体环带状、周生。细胞长为宽的0.3~1.5倍，宽10~50μm。

生境：生长在各种水体中。

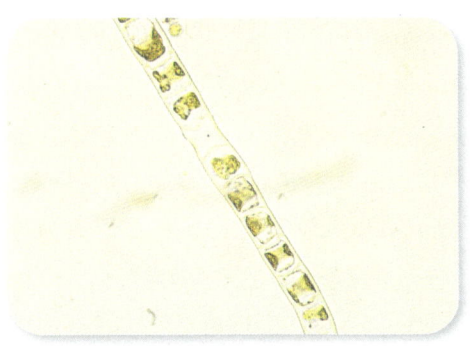

分布：常见于密江河、嘎呀河、红旗河、图们江干流。

● 尾丝藻属 *Uronema*

丝状体由单列细胞构成，直或略弯曲；基细胞渐窄，末端具盘状的固着器；顶端细胞多向前渐尖细，有时弯曲。细胞圆柱状有时横壁略缢缩；1个带状、侧位色素体，有的是空心筒状。

尾丝藻 *Uronema confervicolum*

形态特征：丝状体直立，有时稍弯曲，基细胞呈圆柱形，具盘状固着器；顶细胞向上渐尖，不弯曲；细胞呈圆柱状，横壁不缢缩，1个片状、侧位色素体，在成熟细胞中充满整个细胞，具1~2个蛋白核。细胞长为宽的0.5~4倍，宽4~8μm。

生境：生长在水池、水沟、水坑或积水中，着生在其他藻类或沉水植物上。

分布：常见于密江河、图们江干流。

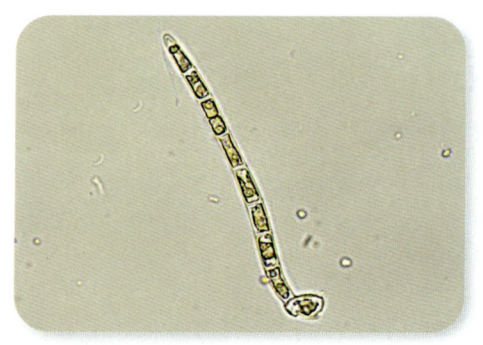

微孢藻科 / Microsporaceae

● 微孢藻属 *Microspora*

植物体是由一列细胞构成的丝状体，细胞呈圆柱状，有时略膨大或呈筒状。细胞壁是2个细胞共有的横壁，同时各向一方伸出各自半个细胞壁构成"H"状结构，"H"状结构在横壁及纵壁上均有分层，有时较难显示。色素体片状、周生，有时穿孔或网状，有淀粉颗粒。

方形微孢藻 *Microspora quadrata*

形态特征：植物体为不分枝的丝状体，细胞呈方形、短圆柱形，横壁有时略缢缩，壁薄，"H"状构造不明显。色素体为粒状薄层或为片状。细胞长为宽的0.5~1倍，宽5~8μm。

生境：生长在水坑、水沟或水库中及林下潮湿的石上或松柏、油松等阴面的树皮上。

分布：常见于密江河。

藻类　绿藻门 Chlorophyta

双星藻纲 Zygnemaphyceae

鼓藻目 Desmidiales

植物体多数为单细胞，少数为单列不分枝的丝状体或不定形群体，有的具胶被。细胞形态多样、对称，中部有时收缢，垂直面观呈椭圆形、圆形、三角形、多角形等。细胞壁由 2 个或多个段片组成，有小孔，细胞壁平滑或具点纹、颗粒、乳状突起、齿、刺、瘤等纹饰。多数细胞中部具收缢，分成 2 个半细胞，每半个细胞具 1~2 个轴生色素体或 4 个到多个周生色素体。少数无收缢，色素体轴生，细胞核位于细胞中部，细胞核两端到近细胞的顶部各具 1~2 个或 4 个色素体。

鼓藻科 / Desmidiaceae

● 新月藻属 *Closterium*

植物体为新月形单细胞，弯曲或显著弯曲，中部不凹入，腹部中间有时膨大，顶部钝圆、平直圆形或逐渐尖细；横断面呈圆形；细胞壁平滑，具纵向线纹、肋纹或颗粒；每半个细胞具 1 个色素体，细胞两端各具 1 个液泡，内含 1 个或多个结晶状体的运动颗粒；细胞核位于 2 个色素体之间细胞的中部。

锐新月藻 *Closterium acerosum*

形态特征：细胞呈狭纺锤形，大，背缘略弯曲，腹部平直或略凸，其后向顶部渐尖呈圆锥形，顶端呈尖圆形，细胞壁平滑、无色，具线纹。细胞长 260~682μm，宽 32~85μm。

生境：生长在贫营养到略有有机质污染的水体中。

分布：常见于海兰河、布尔哈通河、图们江干流。

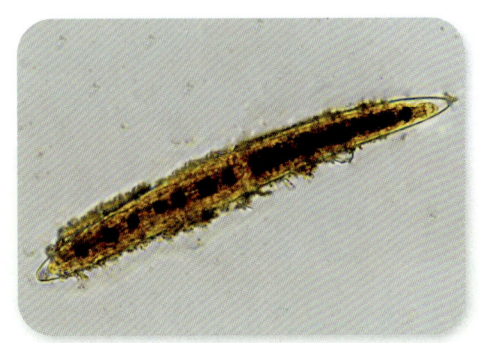

● 鼓藻属 *Cosmarium*

植物体为单细胞，侧扁，缢缝深凹入，狭线形或张开；细胞的一半正面观呈半圆形、椭圆形、卵形等，顶部平直或圆，细胞边缘光滑或具波形、颗粒、齿，半细胞中部有时膨大隆起；半细胞侧面观多为椭圆形或卵圆形；细胞壁平滑，具点纹、圆孔纹、小孔、齿，或具颗粒、乳头状突起等；色素体周生，每半个细胞具 1~4 个色素体；细胞核位于细胞中部。

1. 光滑鼓藻 *Cosmarium leave*

形态特征：细胞小，缢缝深，狭线形，顶端略膨大；半细胞正面观呈半椭圆形，顶部狭、平直或略凹入，侧面观呈卵形至椭圆形；细胞壁具穿孔纹或圆孔纹。细胞长 15~42μm，宽 11~31μm。

生境：适宜性广和喜钙的种类，生长在贫营养至富营养的、偏酸性至碱性的水体中，pH 值幅度为 5.4~9.4，在稻田、池塘、湖泊、水库和沼泽中浮游，或附着于其他基质上。

分布：常见于海兰河、布尔哈通河、珲春河。

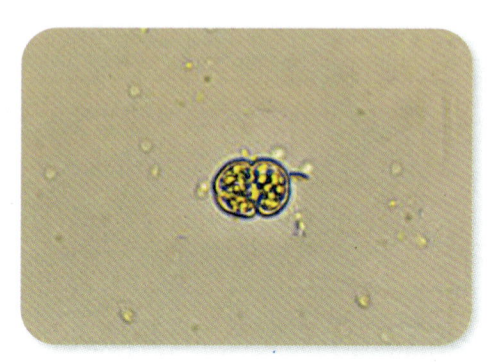

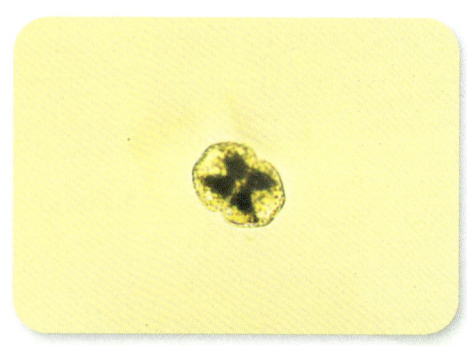

2. 颤鼓藻 *Cosmarium vexatum*

形态特征：细胞大，缢缝深，顶端略膨大；半细胞正面观呈半椭圆形，顶部宽、平直，侧面观呈卵形至椭圆形；细胞壁具穿孔纹或圆孔纹。

生境：生长在稻田、池塘、湖泊、水库和沼泽中。

分布：常见于海兰河、布尔哈通河、密江河。

甲藻门
Dinophyta

甲藻纲 Dinophyceae

多甲藻目 Peridiniales

单细胞，有时数个细胞连成链状群体，具色素体，细胞具明显的纵沟和横沟，具两条鞭毛。细胞壁坚硬，由大小相等的六角形或四边形板片或大小不等的较大的多角形板片组成。

多甲藻科 / Peridiniaceae

● **多甲藻属 *Peridinium***

细胞常为球形、椭圆形、卵形，少数为多角形，略扁平，顶面观呈肾形，背部明显凸出，腹部平直或凹入。横纵沟明显，多数种类横沟位于中部偏下，多数环状，纵沟有时略伸入上壳，有的达到下锥部末端，向下逐渐加宽。沟边缘有时具刺状或乳状突起。通常上锥部较长且狭，下锥部短而宽。有时顶部呈尖形，有的具孔，多数种类底部凹陷。板片光滑或具花纹，板间带狭或宽，宽的板间带具横纹。多数颗粒状、周生色素体。

微小多甲藻 *Peridinium pusillum*

形态特征：细胞呈卵形，背腹扁平，具顶孔。横沟几乎为圆圈环绕，纵沟略深入上壳，较宽，向下略增宽，不达下壳末端，上壳呈圆锥形，比下壳稍大。下壳呈半球形，无刺，具2块大小相等的底板。底板板间带和纵沟边缘具微细的乳状突起。壳面平滑或具浅窝孔纹。细胞长 18~25μm，宽 13~20μm。

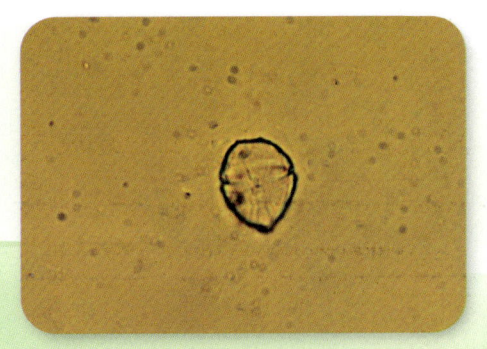

生境：生长在各种静水水体中。

分布：常见于海兰河、布尔哈通河。

角甲藻科 / Ceratiaceae

● **角甲藻属** *Ceratium*

细胞背腹显著扁平。顶角狭长，平直而尖，具顶孔。底角2~3个，放射状，末端尖锐、平直或呈各种形式的弯曲。横沟呈环状，极少左旋或右旋，纵沟不伸入上壳，较宽，几乎达到下壳末端。壳面具粗大的窝孔纹，孔纹间具或长或短的棘。多数盘状、周生色素体。

飞燕角甲藻 *Ceratium hirundinella*

形态特征：细胞背腹显著扁平。顶角狭长，平直而尖，具顶孔。底角2~3个，放射状，末端尖锐。横沟呈环状，纵沟不伸入上壳，较宽，几乎达到下壳末端。壳面具粗大的窝孔纹，孔纹间具或长或短的棘。多数盘状、周生色素体。细胞长90~450μm。

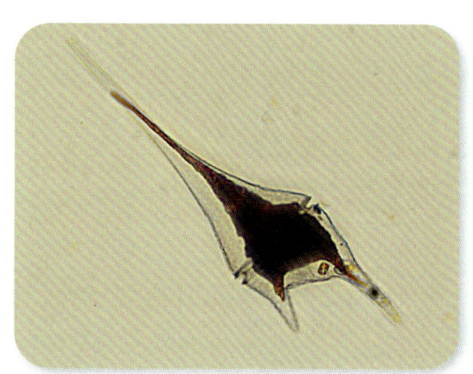

生境：生长在湖泊、水库中。

分布：常见于布尔哈通河。

大型底栖动物

环节动物门
Annelida

大型底栖动物

寡毛纲 Oligochaeta

形态特征：体细长，多节。头部不明显，只有口前叶和围口节两部分。口位于围口节的腹面。水栖种类的口前叶常呈锥状或长吻状。水栖寡毛类栖息于水底污泥内，例如尾鳃蚓属和水丝蚓属等，都是前端埋入泥中，后端露出水面呼吸。某些种类大量繁殖时，水底犹如铺了一层红毯。

近孔寡毛目 Plesiopora

颤蚓科 / Tubificidae

● **水丝蚓属** *Limnodrilus*

Limnodrilus sp.

形态特征：虫长 35~65mm，体色红褐，成熟个体可见戒指状环带和刚毛，背刚毛呈钩状，末端分二叉，体内有或长或短的阴茎，以及圆柱状的阴茎鞘。阴茎鞘外有螺旋状的肌肉环绕，是本属十分重要的特征。在水深 0.3~4m 的泥土中，藏身于黏液和泥土做成的软管中。摄食泥中的有机物，通过肛门排遗蚓粪。体表无鳃，靠皮肤呼吸，常将尾部露出管外，不断摆动，促进水流形成，以利虫体气体交换。

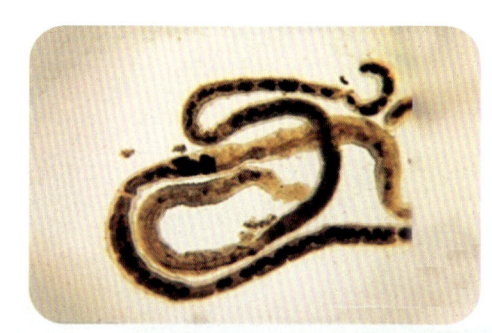

生境：喜污染水体。

分布：常见于珲春河、密江河、图们江干流、嘎呀河、布尔哈通河、海兰河、红旗河。

● 尾鳃蚓属 *Branchiura*

尾鳃蚓 *Branchiura sp.*

形态特征：体长 40~450mm，体节 100~250 节。个体很大，从身体约 2/3 处开始直至尾端每个体节均有鳃一对。前端背刚毛针状，每束 5~10 条，同时有少数发状刚毛。腹刚毛钩状，每束 5~8 条，远叉短小。

生境：喜河流和温暖型水域。活动范围较大，中污染水体中多见。

分布：常见于珲春河、密江河、图们江干流、嘎呀河、布尔哈通河、海兰河、红旗河。

蛭纲 Clitellata

形态特征：一般背腹平扁，前端较窄，体呈叶片状或蠕虫状。体上无刚毛。体形可随伸缩的程度或取食的多少而改变。体前端的腹侧有一前吸盘，围绕在口的周围；后端有一后吸盘，多呈杯状，朝向腹面。

颚蛭目 Ganthobdellida

医蛭科 / Hirudinidae

● 金线蛭属 *Whitmania*

1. 尖细金线蛭 *Whitmania acranulata*

形态特征：体长 50~70mm，宽约 3mm。背部茶褐色，伴有黑色纵纹。体横切面呈扁圆形，腹面略平，前端细而尖，躯体后 1/3 部最宽。眼 5 对，位于 Ⅱ~Ⅵ 节。后吸盘不发达。肛门在 104 节的背中。

生境：生活在稻田、沟渠、浅水污秽坑塘等处。

分布：常见于珲春河、图们江干流。

2. 宽体金线蛭 *Whitmania pigra*

形态特征：体长稍扁，乍视之似圆柱形，体长 2~2.5cm，宽 2~3mm。背面绿中带黑，有 5 条黄色纵线，腹面平坦，灰绿色，无杂色斑，整体环纹显著，体节由 5 环组成，每环宽度相似。

生境：生活在稻田、沟渠、浅水污秽坑塘等处，不嗜吸人畜血液，行动非常敏捷，会波浪式游动，也能作尺蠖式移行。

分布：常见于珲春河、图们江干流。

吻蛭目 Rhynchobdellida

舌蛭科 / Glossiphoniidae

● 舌蛭属 *Glossiphonia*

宽身舌蛭 *Glossiphonia lata*

形态特征：体短宽，略呈卵形。体长 10~22mm，宽 5~8.5mm。背部稍凸，腹面扁平。背部土黄色，由黑色细点组成的纵纹有 8~9 行。前吸盘小，口中有长吻。后吸盘亦小。雄性生殖孔位于第 27 环，雌孔位于第 28 环的前缘。

生境：栖息于池塘水草及石块上，亦常见于河蚌的外套腔中。污染较重的水体中多见。

分布：常见于珲春河、布尔哈通河、海兰河。

软体动物门
Mollusca

腹足纲 Gastropoda

形态特征：腹足纲动物具有明显的头部，体外有1枚螺旋卷曲的贝壳。头、足、内脏囊、外套膜均可缩入壳内。头部都很发达，具1对或2对触角，1对眼。眼生在触角的基部、中间或顶部。口内的齿舌发达，用于摄食、钻孔。外壳多呈螺旋形。头部发达，具眼、触角。足发达，叶状，位腹侧，故称腹足类。

基眼目 Basommatophora

扁卷螺科 / Planorbidae

● 旋螺属 *Gyraulus*

白旋螺 *Cyraulus albus*

形态特征：贝壳小型，壳质薄，易碎，呈圆盘状。壳高约1.5mm，直径5.5mm，有3.5~4个螺层，螺层上下两面皆膨胀，中央皆凹入，壳面黄褐色、褐色或淡灰色，具有细的生长纹。壳口呈斜椭圆形，外缘薄，锐利，呈半圆形，内缘略呈">"形，轴缘具有薄的、光泽的滑层，脐孔略大。

生境：栖息于池塘、稻田、沼泽、湖泊及缓流小溪的沿岸带，中污染水体中多见。

分布：常见于图们江干流、嘎呀河、布尔哈通河、海兰河。

● 圆扁螺属 *Hippeutis*

大脐圆扁螺 *Hippeutis umbilicalis* Benson

形态特征：贝壳小型，极端右旋，直径约为8mm，壳高约为2mm，个体大者壳直径可达9mm以上。壳质薄，略透明，在贝壳上部可以看到全部螺层，壳面黄褐色，壳口斜，呈宽弯月形，贝壳内无隔板。

生境：生活在静水水体中，一般生活区域的河岸带伴有大片树林。

分布：常见于嘎呀河、布尔哈通河、海兰河。

椎实螺科 / Lymnaeidae

● 萝卜螺属 *Radiz*

1. 耳萝卜螺 *Radiz auricularia*

形态特征：贝壳薄，呈卵圆形，右旋，螺旋部短小而尖锐，体螺层极其膨大。壳口大，最后一个螺纹包括其体积的90%。表面光亮，螺纹呈波浪状，壳呈黄色。

生境：广泛栖息于各种静水和缓流水域，喜欢附着在岩石或沉水植物上，常挂有大小不一的产卵袋。

分布：常见于嘎呀河、海兰河。

2. 卵萝卜螺 *Radiz ovata*

形态特征：贝壳小型，壳质薄，透明，易破碎，外形呈卵圆形。壳高约15mm，壳宽约9mm，有4~5个螺层，螺旋部短，尖锐，其高度小于壳高的1/4，螺层膨胀，呈梯状排列。体螺层上部明显膨大，缝合线明显，平行排列。壳表面呈灰白色或褐色，生长线细弱。壳口呈椭圆形，外缘薄，内缘上方贴覆于体螺层上，轴缘略外折，轴褶不

明显。脐孔不明显或呈缝状。

生境：栖息于池塘、稻田、沼泽、湖泊及缓流小溪的沿岸带，在湖泊深水处及咸水水域也能见到，中污染水体中多见。

分布：常见于图们江干流、嘎呀河、布尔哈通河、海兰河。

中腹足目 Mesogastropoda

肋螺科 / Plenroseridae

● 短沟蜷属 *Semisulcospira*

方格短沟蜷 *Semisulcospira cancellata* Bonson

形态特征：常见物种，贝壳呈塔形。壳面具纵肋，壳顶常被腐蚀。壳口呈卵形，上、下两端均呈角状。厣角质，黄褐色卵圆形薄片。

生境：常栖息于淡水河溪、池塘、湖泊及稻田等地。

分布：常见于布尔哈通河。

拟沼螺科 / Assimineidae

● 拟沼螺属 *Assiminea*

Assiminea sp.

形态特征：壳高约15mm，小型螺类，贝壳坚固，螺口右旋突出明显，最后螺层明显放大，有厣封口，触角1对。

生境：生活在湖泊、水库、水洼、池塘、稻田、沟渠及小溪沿岸带等静水水体中。

分布：常见于嘎呀河、布尔哈通河。

线形动物门
Nemathelminthes

铁线虫纲 Gordioda

铁线虫目 Gordioidea

大型底栖动物

铁线虫科 / Gordiidae

● **铁线虫属 *Gordius***

铁线虫 *Gordius aquaticus*

形态特征：体大型，体长 0.3~1m。体形呈细绳状。无背线、腹线与侧线。前端钝圆，体表角质坚硬，不易切断，雄体末端分叉，呈倒"V"形，分叉部分的前腹面为泄殖孔。

消化管在稚虫期存在，而在成虫期则退化。雄体的精巢和雌体的卵巢数目多，成对排列于身体的两侧。生活时体呈深棕色。

生境：栖息于清洁的溪流中。

分布：常见于珲春河、密江河、图们江干流、嘎呀河。

节肢动物门
Arthropoda

软甲纲 Malacostraca

形态特征：软甲纲生物身体基本上保持虾形，或缩短为蟹形。有些类群头部与胸部全部或大部分体节愈合，形成头胸部，外被头胸甲（十足目），形状变化很大；有些类群头部仅与胸部第 1 节或前 2 节愈合，不构成明显的头胸甲（如等足目、端足目等）。

端足目 Amphipoda

钩虾科 / Gammaridae

● **钩虾属** *Gammarss*

Gammarss sp.

形态特征：头部较小，与第 1 胸节愈合。侧扁，全身弯曲向腹面，呈弧形。头部额角呈钝三角形，两侧向内微陷。复眼呈黑色。第 1 触角长，第 2 触角短。颚足第 1 对、第 2 对呈亚螯状。胸部 7 节，由前向后逐渐增大。腹部前 3 节背中央隆起，第 3 节最大。腹肢前 3 对为游泳足。步足 5 对，前 2 对短，后 3 对长。尾节从后端中央内陷，分为两叶，末端具稀疏短棘。

生境：多栖息于清洁溪流上游水域，水体清澈，多隐藏于落叶堆积的底质中。

分布：常见于珲春河、密江河、嘎呀河、布尔哈通河、海兰河。

异钩虾科 / Anisogammaridae

异钩虾属 *Anisogammarus*

Anisogammarus sp.

形态特征：侧扁，全身弯向腹面，呈弧形。头部额角呈钝三角形，两侧向内微陷。复眼黑色。第1触角长，第2触角短。颚足第1对、第2对呈亚螯状。胸部7节，由前向后逐渐增大。腹部前3节背中央隆起，第3节最大。腹肢前3对为游泳足。步足5对，前2对短，后3对长。尾节从后端中央内陷，分为两叶，末端具稀疏短棘。

生境：栖息于清洁河流上游、溪流缓流处的枯枝落叶上。

分布：常见于珲春河、密江河、嘎呀河、布尔哈通河、海兰河。

十足目 Decapoda

螯虾科 / Cambaridae

● 蝲蛄属 *Cambaroides*

东北蝲蛄 *Cambaroides dauricus*

形态特征：体长50~85mm。体色呈黑褐色。头胸部由较坚硬的甲壳覆盖，不能活动，体分20节，其中头部5节，胸部8节，腹部7节。头部具1对复眼，具眼柄，能转动。有5对腹肢，其中1对为小触角，1对为大触角，1对为大颚，2对为小颚；胸部8对腹肢，前3对为颚足，后5对为步行足，其中第1对螯足特别发达，腹部第6对腹足特别宽大，为尾足，与尾节共同形成尾扇或尾鳍。

生境：多生活在山地溪流或山地附近的河流中，白天隐于石块下，黄昏后爬山寻食。

分布：常见于珲春河、布尔哈通河、密江河、图们江干流、红旗河。

长臂虾科 / Palaemonidae

● 白虾属 *Exopalaemon*

秀丽白虾 *Exopalaemon modestus*

形态特征：体呈圆筒形，长40mm左右，体表光滑，身体透明，具棕色斑点；特化步足钳细，长度约和头胸甲等长，死后通体白色。

生境：生活在水域的敞水区域和湖泊及较大的河道内。

分布：常见于珲春河、图们江干流、嘎呀河、布尔哈通河。

● 小长臂虾属 *Palaemonetes*

中华小长臂虾 *Palaemonetes sinensis*

形态特征：属小型虾类，体长一般为25~50mm。体色呈青绿色且透明，腹部有棕黄色的条状斑纹。身体较透明，虾体上有7条棕色条纹，以第3腹节色最浓。额角短于头胸甲，平直前伸。头胸甲具触角刺，鳃甲刺。大额不具触须。

生境：多栖息于湖泊、池塘以及缓流的河流中。

分布：常见于珲春河、图们江干流、嘎呀河、布尔哈通河、海兰河。

昆虫纲 Insecta

半翅目 Hemiptera

形态特征：半翅目是昆虫纲较大的一个目。体略扁平而坚硬；口器为刺吸式；触角呈丝状或棒状；单眼 2 个或无；前胸背板发达，小盾片多呈三角形；前翅半鞘翅，后翅膜质，有些种类翅退化或无翅；多数种类有臭腺；跗节末端常具爪，爪下具爪垫；腹部有 9~11 节，通常有 10 节；无尾须。因前翅为半鞘翅而得名。寿命一般为 5 年。

跳蝽科 / Saldidae

● **跳蝽属 *Saldula***

1. 朝鲜跳蝽 *Saldula koreana*

形态特征：体长 2.3~7.4mm，卵圆形较扁。灰色、灰黑色或黑色，常有一些淡色或深色碎斑。复眼大。触角 4 节，喙 3 节，喙伸达中足基部。前翅膜片上有 4~5 个翅室。

生境：生活在河流、湖泊的沼泽地岸和潮间地带，活动于地表或作低飞，行动灵敏，有很好的保护色，不易被发现。

分布：常见于珲春河、图们江干流。

2. *Saldula* sp.

形态特征：个体小，一般体长 3~8mm，呈黑色或黑褐色，翅上具浅色斑纹，2 个复眼大而突出。不同的属一般外貌上差异不大，因此在分类鉴定上有一定困难。

生境：生活在静水和缓慢流动的水体中，从小水塘到大湖泊都有分布，多数会发声，有很强的趋光性。

分布：常见于珲春河、密江河、图们江干流。

划蝽科 / Corixidae

● 小划蝽属 *Micronecta*

亨氏小划蝽 *Micronecta ludibunda*

形态特征：头短。喙 1~2 节，很短。前胸短，小盾片小。前足短。中足细长，后足扁桨状，成两侧平行的流线型。头部后缘或多或少覆盖在前胸背板上。前足一般粗短，跗节 1 节，特化加粗为匙形；后足游泳式。

生境：生活在静水和缓慢流动的水体中，从小水塘到大湖泊都有分布，多数会发声，有很强的趋光性。

分布：常见于嘎呀河。

蝎蝽科 / Nepidae

● 蝎蝽属 *Nepa*

霍氏蝎蝽 *Nepa hoffmanni*

形态特征：体型扁平，深褐至灰褐色。头小；复眼球形，外突，黑色。前胸背板宽于头部。翅覆盖在腹部背面；前足发达，为捕捉足；中、后足为步行足。腹部背隆起，末端的产卵瓣近似三角形；腹部末端有细长的呼吸管。

生境：成虫一般分布在河流、池塘、湖泊等水域中，冬天来临时，它们会跑到底层石缝处或泥土中过冬。翌年 3 月出蛰活动；5 月间交配并产卵于水生植物茎秆中；下旬若虫孵化。

分布：常见于珲春河、图们江干流、嘎呀河。

盖蝽科 / Aphelocheiridae

盖蝽属 *Aphelocheirus*

那霸盖蝽 *Aphelocheirus nawae*

形态特征：体长 8~10mm。若虫身体圆扁，口喙长，前足特化，后足发达用于游泳。足 3 对，雌虫无产卵管。

生境：在河流中栖息，可在水中呼吸而不到水面上来。栖息地水质中污染偏轻。

分布：常见于珲春河、图们江干流、布尔哈通河、海兰河。

负子蝽科 / Belostomatidae

● 负子蝽属 *Diplonychus*

锈色负子蝽 *Diplonychus rusticus*

形态特征：成虫体长 15~17mm，宽 9~10mm。身体呈卵圆形，褐色。体背面平坦，腹面稍突起，钝三角形。前胸背板显著宽于头部。小盾片呈三角形而较大。前足特化为捕捉足，且中、后足较细，具有排状游泳毛，其末端有 2 爪。腹部末端有较短的呼吸管。

生境：多生活在静水中，常附着在水草上静伺猎物，捕食凶猛。趋光性强。

分布：常见于珲春河、图们江干流、布尔哈通河。

广翅目 Megaloptera

形态特征：广翅目昆虫全变态。卵呈长筒形而端部圆钝，顶端有凸出的精孔器，卵成块，外边有坚固的白色覆盖物，一块可多达千粒以上。幼虫体长而扁，头前口式，口器咀嚼式，下颚须5节，下唇须3节；触角细长分4节；每侧有4个眼聚集在一起。前胸很大，近似方形，中、后胸横宽；3对足的跗节等长而不分节，爪1对。腹部10节，两侧有细长的气管鳃7对或8对，气门8对，腹端延长或有1对尾足。蛹为裸蛹。

泥蛉科 / Sialidae

● 泥蛉属 *Sialis*

古北泥蛉 *Sialis sibirica*

形态特征：体型小（体长10~15mm），种类稀少。体多黑褐色，幼虫触角4节。腹部第1~7节侧面有1对气管鳃，气管鳃分4节或5节；腹部末端无臀足，有一长的尾丝。

生境：生活在池塘、河流和流速缓慢的溪流等底部的泥中。

分布：常见于珲春河、密江河、图们江干流、嘎呀河。

鳞翅目 Lepidoptera

螟蛾科 / Pyralidae

形态特征：水螟的幼虫分为头、胸、腹3部分。头分下口式和前口式，钻茎和蛀叶的种类为前口式，其他通常下口式。头的两侧通常各有6个单眼，这些单眼为黑点，无晶体。许多水螟幼虫具气管鳃，1龄幼虫则无气管鳃。气管鳃通常位于第2~3胸节和腹节上。少数也位于第1胸节。有时第9和第10腹节也无气管鳃，气管鳃丝状。单生或簇生，气管鳃多不分枝。

大型底栖动物

● 斑水螟属 *Eoophyla*

连斑水螟 *Eoophyla conjunctalis*

形态特征：幼虫中胸部前端具有气管鳃，幼虫虫体扁平，气管鳃基部有突出。气管鳃不分支。

生境：在岩石上用丝筑扁平的巢，刮食硅藻类。

分布：常见于珲春河、密江河、图们江干流、嘎呀河。

● 筒水螟属 *Parapoynx*

三点筒水螟 *Parapoynx stagnslis*

形态特征：气管鳃长度不超过体节，胸部背面有气管鳃。第1~6腹节背面有2处气管鳃并有分支。

生境：在岩石上用丝筑扁平的巢，刮食硅藻类。

分布：常见于嘎呀河。

鞘翅目 Coleoptera

形态特征：体小至大型。体壁坚硬，前翅质地坚硬，角质化，形成鞘翅，静止时在背中央相遇成一直线，后翅膜质，通常纵横叠于鞘翅下。成虫、幼虫均为咀嚼式口器。幼虫多为寡足型，胸足通常发达，腹足退化。蛹为离蛹。卵多为圆形或圆球形。

龙虱科 / Dytiscidae

● 孔龙虱属 *Nebrioporus*

细带斑孔龙虱 *Nebrioporus hostilis*

形态特征：体长5mm。卵形，略拱起。头黄色，复眼后具窄的黑色横带；触角红棕色，第 6~11 节端部深色；下颚须末节端部深色。前胸背板黄色，基部中央具 1 对黑色斑。鞘翅黄色，每个翅瓣具 5 条深色纵纹及 3 个侧缘的深色斑。背部刻点列清晰可见。足黄色，跗节颜色略深。

生境：在清洁河流水体中栖息。

分布：常见于珲春河、嘎呀河。

● 水龙虱属 *Oreodytes*

善游山龙虱 *Oreodytes natrix*

形态特征：小型种，体长 3.6mm。体棕黄色，长卵形，背部拱起明显，鞘翅端部明显变狭。前胸背板呈棕色，中央具褐色横带。鞘翅棕褐色，端部和中部各具 2 对黄褐色斑，中下部和基部各具 1 对黄褐色斑。

生境：生活在山地河流有水草的较清洁水体中。

分布：常见于珲春河。

泥甲科 / Dryopidae

● *Elmomorphus* 属

短脚长泥甲 *Elmomorphus brevicornis*

形态特征：成虫呈长椭圆形，体长 3.6~3.9mm，黑褐色。头嵌入前胸背板前缘。触角 6 节，栉状。前胸背板两前侧角向前突出。上翅具 8 列淡色点刻纹。足强壮，第 5 跗节长，具 2 个钩形爪。成虫、幼虫皆水生。

生境：幼虫在山地河流中栖息，清洁水体中多见。

分布：常见于嘎呀河、布尔哈通河、海兰河。

溪泥甲科 / Elmidae

● *Pseudamophilus* 属

Pseudamophilus japonicas

形态特征：成虫呈长椭圆形，体长 4.8~5.3mm，暗褐色。触角长，11 节。上翅间室具显著的黄色毛。足长，前足胫节前缘具细毛，爪强壮。幼虫体细长，圆筒状，黄褐色。

生境：幼虫在山地流水中栖息，清洁水体中多见。

分布：常见于珲春河、密江河、嘎呀河。

牙甲科 / Hydrophilidae

● 苍白牙甲属 *Enchrus*

Enchrus sp.

形态特征：成虫呈长椭圆形，体长 4.8~5.3mm，暗褐色。触角长，11 节。上翅间室具显著的黄色毛。足长，前足胫节前缘具细毛，爪强壮。幼虫体细长，圆筒状，黄褐色。

生境：幼虫在山地河流中栖息，以水中砾石上附着的藻类为食。清洁水体中多见。

分布：常见于珲春河、密江河、图们江干流。

● 牙甲属 *Hydrophilus*

尖叶牙甲 *Hydrophilus acuminatus*

形态特征：大型种，体长 42mm。体呈椭圆形，背面拱起。身体离水后为黑褐色，泛墨绿色光泽，在水中为墨绿色。头、前胸及鞘翅颜色一致，触角红褐色，末端数节膨大。小盾片呈三角形。腹面、后胸刺发达，长达第 2 腹板。胸部腹

面具银绿色细绒毛。腹板黑色。足黑色，跗节具金黄色游泳毛。

生境：生活在水草丰富的河流、湖沼等水体中。常在水草上爬行，以水草、丝状藻和腐叶、腐屑等为食，也吃死的或行动缓慢的动物，甚至还会伤害鱼苗和鱼卵。

分布：常见于珲春河、密江河、图们江干流。

沼梭科 / Haliplidae

● 沼梭属 *Haliplus*

Haliplus sp.1

形态特征：稚虫体长 3.8mm 左右，体宽 0.3mm 左右。体色呈黄褐色。除 1 龄期稚虫外，体侧具棘状突起，但不会过长，且不会超过第 1 体节。腹节顶端向后延伸形成叉状或非叉状角。触角第 3 节是第 2 节的 2~3 倍。前腿一般呈螯状，第 4 节一般向后延伸，具 2~3 个棘状突起。

生境：稚虫多生活在池塘、沟渠、河流等水草丛生处。

分布：常见于珲春河、密江河、图们江干流。

蜻蜓目 Odonata

形态特征：体色呈暗褐色或暗绿色，外形与成虫类似，无翅，水虿成熟时期不同，期间约需经过 8~14 次脱皮，然后爬出水面，变成蜻蜓成虫。

春蜓科 / Gomphidae

● 扩腹春蜓属 *Stylurus*

扩腹春蜓 *Stylurus* sp.

形态特征：稚虫体长 34mm，头宽 6mm。触角第 3 节棒状，中部宽。下唇呈长方形，长宽比为1∶1.4。下唇侧片呈弯钩状，内缘具小钝突。腹部第9节长宽比约为1∶1.5，第10节长宽约相等。腹部背面具褐色颗粒状斑纹。腹部第9节具背棘，第6~9节具侧棘。

生境：稚虫在河流泥沙底的底质中栖息。

分布：常见于珲春河、密江河。

● 日春蜓属 *Nihonogomphus*

臼齿日春蜓 *Nihonogomphus ruptus*

形态特征：稚虫体长30~35mm。触角第3节呈棒状，下唇侧片呈弯钩状，内缘具小钝突。尾部具臼齿状突起。

生境：栖息在水中砂粒、泥水或水草间，少数稚虫生活在林地碎屑或积水的树洞中，或爬出水面附着在岩石的水膜内。

分布：常见于珲春河、密江河、嘎呀河、布尔哈通河。

● 叶春蜓属 *Ictinogomphus*

小团扇春蜓 *Ictinogomphus rapax*

形态特征：稚虫体长26mm。触角第3节呈棒状。下唇中片扁宽，前缘呈圆弧形。腹部呈宽卵形，第1~9节具背棘，第6~9节背棘明显大。第7、第9节的侧棘大。腹部背板两侧各节具深褐色点纹。

生境：稚虫在山地、平原河流、湖沼等挺水植物、浮叶植物茂盛的水体中栖息。栖息地水质轻污染。

分布：常见于珲春河、图们江干流。

新叶春蜓属 *Sinictinogomphu*

1. 大团扇春蜓 *Sinictinogomphu clavatus*

形态特征：稚虫体长29mm。触角第3节呈棒状。下唇中片扁宽，前缘呈圆弧形。腹部呈窄卵形。腹部后侧有横向深色条纹。

生境：稚虫栖息在水中砂粒、泥水或水草间，少数稚虫生活在林地碎屑或积水的树洞中，或爬出水面附着在岩石的水膜内。

分布：常见于密江河、嘎呀河。

2. *Sinictinogomphu* sp.1

形态特征：稚虫体长30mm。触角第3节呈棒状。下唇中片扁宽，前缘呈圆弧形。腹部呈窄卵形。

生境：稚虫栖息在水中砂粒、泥水或水草间，少数稚虫生活在林地碎屑或积水的树洞中，或爬出水面附着在岩石的水膜内。

分布：常见于珲春河、密江河。

异春蜓属 *Anisogomphus*

马奇异春蜓 *Anisogomphus maacki*

形态特征：稚虫体长26~29mm。头宽5.8~6.1mm。腹部宽扁，体表具细毛。触角第3节呈棒状，略向内弯。下唇中片前缘呈弧形。下唇侧片端部呈钩状，内缘具10个小锯齿。腹部第9节具背棘。第7~9节具侧棘，前足、中足胫节端部具突起。

生境：稚虫喜中、下游河流泥沙底环境，常出现在轻污染水体中。

分布：常见于图们江干流、嘎呀河、布尔哈通河。

双翅目 Diptera

大蚊科 / Tipulidae

形态特征：双翅目昆虫体小型至中型，体长 0.5~50mm。体短宽或纤细，呈圆筒形或近球形。头部一般与体轴垂直，活动自如，下口式。复眼大，常占头的大部；单眼 2 个（如蠓科）、3 个（如蝇科）或缺（如蚋科）。

● *Angaratipula* 属

Angaratipula sp.

形态特征：幼虫约 13mm，呼吸盘有 6 个肉质突起，头部黑色。除背叶突较小外，其他质突起的形状和大小相似，气门中等大小。

生境：幼虫生活在植物根部、有湿润泥土的树洞或水中，取食植物根部和土壤中腐殖质。

分布：常见于珲春河。

● *Nippotipula* 属

Nippotipula sp.

形态特征：呼吸盘有 6 个肉质突起，还有 2 对附属的肉质突起，除背叶突较小外，其他质突起的形状和大小相似，气门中等大小。

生境：大蚊的幼虫生活在植物根部、有湿润泥土的树洞或水中，取食植物根部和土壤中腐殖质。

分布：常见于珲春河、布尔哈通河、海兰河。

● 朝大蚊属 *Antocha*

Antocha sp.

形态特征：稚虫呈黄白色，体长 7mm，呈圆柱形。头壳完整、硬化，头部可缩入前胸，头壳很发达，上颚可左右活动，适于咀嚼。颏板中齿 3 个，侧齿 3 对，似山形排列。腹部第 5~10 节上具匍匐

痕，背面具与之平行的黑色横纹，腹面具肉足环形带。最后一个体节呼吸盘退化或缺失，呼吸孔欠缺形成痕迹，尾端具 1 对具毛的肉质形突起，无气门。

生境：幼虫在山地河流、溪流清洁的水体中栖息。

分布：常见于珲春河、密江河、图们江干流、嘎呀河、布尔哈通河、海兰河、红旗河。

● 棘膝大蚊属 *Holorusia*

Holorusia sp.

形态特征：体型较大，腹部无匍匐痕，呼吸盘上叶突 6 个，叶突上有深色带，周围有细密的毛。

生境：常见于清洁的河流中。

分布：常见于珲春河、图们江干流、布尔哈通河、海兰河。

● 大蚊属 *Tipula*

1. 大蚊属 A 种 *Tipula* sp.A

形态特征：呈灰褐色，体长 15mm。头壳完整、硬化，头部可部分缩入前胸，头壳发达。胸部 3 节，腹部 8 节。腹部呼吸盘周围具 3 对耳状突起，突起的边缘具毛。腹面具 3 对白色尖锥形突起。尾部呼吸盘肉质突起 6 个，通常背侧 2 个，背外侧或侧面 2 个，腹侧 2 个，呼吸盘中央具 1 对圆形气门。

生境：常见于清洁的河流中，大多生活在杂草处。

分布：常见于珲春河、密江河、图们江干流、嘎呀河、布尔哈通河。

2. 大蚊属 B 种 *Tipula* sp.B

形态特征：呈黄褐色，体长 30mm。头壳完整、硬化，头部可部分缩入前胸，头壳发达。胸部 3 节，腹部 8 节。腹部呼吸盘周围具 3 对可伸缩的叶形突起。腹面具 3 对尖锥形突起。尾部呼吸盘肉质突起 6 个，通常背侧 2 个，背外侧或侧面 2 个，腹侧 2 个，呼吸盘中央具 1 对椭圆形气门。

生境：稚虫在清洁河流的水体中栖息，大多生活在杂草处。

分布：常见于珲春河、密江河、图们江干流、嘎呀河。

● 黑大蚊属 *Nigrotipula*

Nigrotipula sp.

形态特征：稚虫呈黄褐色，体长 2cm。胸部和腹部的背侧无纵向排列的棘突，腹部侧面如果有棘突则不呈刺状，短于基部直径的长度。气孔可清晰辨认。头壳显著退化，腹部末端膨大呈近球形。呼吸盘具 4 个叶状突起，突起边缘具长毛。呼吸盘中央具黑色条纹和 1 对气门。呼吸盘上方具 6 个白色指状突起。

生境：稚虫在清洁河流的水体中栖息。

分布：常见于密江河、图们江干流。

● 毛黑大蚊属 *Hexatoma*

白斑毛黑大蚊 *Hexatoma*（*Eriocera*）sp.

形态特征：幼虫黄褐色，体长 15mm，圆柱形。体表微毛，泛金丝绒样光泽。头壳退化显著。腹部末端膨大，呼吸盘周围具 4 个叶状突起，突起的边缘具长毛，呼吸盘中央具黑色条纹和 1 对气门。呼吸盘上方具 6 个白色指状突起。

生境：幼虫在山地河流清洁的水体中栖息。

分布：常见于珲春河、嘎呀河、布尔哈通河、海兰河。

● 双大蚊属 *Dicranota*

Dicranota sp.

形态特征：幼虫黄褐色，圆柱形。头壳完整，硬化。腹部第 3~7 节各具 1 对肉质性原足。端部具扇形排列的小钩。尾端呼吸盘腹侧具 1 对长的和 2 对小的肉质突起。呼吸盘中央有 1 对圆形气门。

生境：幼虫在山地河流、溪流清洁的水体中栖息。

分布：常见于珲春河、密江河、图们江干流、嘎呀河、布尔哈通河、海兰河、红旗河。

虻科 / Tabanidae

● 瘤虻属 *Hybomitra*

毛头瘤虻 *Hybomitra hirticeps*

形态特征：幼虫体长20mm，橙黄色，圆柱形。两头尖似纺锤。体节包括头在内共11节。头部小而长，能缩入前胸。上颚钩状。腹部第1~7节的前部有环生的瘤状突起。腹第8节背面基部具较宽的毛纹。

生境：幼虫肉食性，捕食水蚯蚓、螺类和昆虫幼虫。较清洁的水体中多见。

分布：常见于布尔哈通河、海兰河。

蠓科 / Ceratopogonidae

● 库蠓属 *Culicoides*

Culicoides sp.

形态特征：幼虫体长6mm，丝状，灰白色，中胸、后胸及腹部各节具红褐色斑纹。头黄色，眼点大小各2个。触角退化。胸部、腹部各节呈圆筒形。胸部各节前部具6根轮生刚毛，腹部各节背面、腹面各具2根长刚毛。尾端具4根短刚毛。

生境：幼虫栖息在植物残枝和腐屑堆积处，或在丝状藻堆积的表面数量最多。以藻类和腐烂的植物为食。中污染偏重的水体中多见。

分布：常见于珲春河、密江河、图们江干流、嘎呀河、布尔哈通河、海兰河、红旗河。

蚋科 / Simulidae

● 蚋属 *Simulium*

新宾纺蚋 *Simulium*（Nevermannia）*xinbinense*

形态特征：幼虫体长 5mm。头斑阳性，触角长于头扇柄，头扇毛约 30 支。上颚缘齿具附加锯齿列。亚颏中、角齿突出。后颊裂深，圆形，基部收缩，长度略超过后颊的 2 倍。胸部具棕色横带，背侧具单刺毛。腹部具棕褐色斑，背侧具单刺毛。肛鳃每叶分 6 个次生小叶。后环约 60 排，每排约具 10 个钩刺。腹乳突存在。

生境：幼虫孳生于山地流水的砾石间。

分布：常见于珲春河、嘎呀河、布尔哈通河、海兰河。

● 原蚋属 *Prosimulium*

辽宁原蚋 *Prosimulium liaoningse*

形态特征：头斑阳性，触角长于头扇柄，头扇毛 32~34 支。上颚具锯齿 15 个，前 3 齿及第 7~10 齿较大。亚颏中齿较角齿粗长。后环 62~64 排，每排具 11~12 个小钩。

生境：幼虫在山地溪流下游的石块和枯枝落叶间栖息。喜清洁水体。

分布：常见于嘎呀河、布尔哈通河。

网蚊科 / Blephaoceridae

● *Bibocephala* 属

Bibocephala sp.

形态特征：幼虫 8mm 左右，头部触角 3 节。胸部 3 节，背纹黑白亮色。腹部 7 节，颈片发达。各节爪状肢 1 个，存在于腹部。胸部及腹部具 6

个吸盘。尾足退化。

生境：幼虫在河流、溪流、急流的湿岩上生活。栖息地水体清洁。

分布：常见于嘎呀河。

Blepharicera 属

1. *Blepharicera* sp.

形态特征：幼虫 7mm 左右，头部触角 3 节。胸部 3 节，背纹单色较暗。腹部 7 节，颈片发达。各节爪状肢 1 个，存在于腹部。胸部及腹部具 6 个吸盘。尾足退化。

生境：幼虫在河流、溪流、急流的湿岩上生活。栖息地水体清洁。

分布：常见于嘎呀河。

2. *Philorus* sp.

形态特征：幼体长 8mm，黄褐色。头部触角 3 节。胸部 3 节，背纹火焰形。腹部 7 节，颈片发达。各节触毛足 1 对，分为背腹 2 支。腹部颈片间具条状鳃。胸部及腹部具 6 个吸盘。尾足退化，第 7 节半圆形。

生境：幼虫在河流、溪流、急流的湿岩上生活。栖息地水体清洁。

分布：常见于珲春河、密江河、图们江干流、嘎呀河、布尔哈通河、海兰河、红旗河。

伪蚊科 / Tanyderidae

● 原伪蚊属 *Protanyderus*

Protanyderus sp.

形态特征：幼虫黄褐色，头小黑褐色。前胸无原足。腹部第 8 节两侧具 1 对长鞭状尾突，第 9 节背面和两侧各具 1 对长鞭状尾突，第 9 节侧面尾突基半部又伸出 1 对尾突。

生境：幼虫栖息地水体清洁。

分布：常见于珲春河、密江河、嘎呀河。

伪鹬虻科 / Athericidae

伪鹬虻属 *Suragina*

蓝苏伪鹬虻 *Suragina caerulescens*

形态特征：幼虫体长约 15mm，体宽约 2mm，体褐色或淡褐色，圆筒形，体节 11 节。头小，可缩入前胸。腹部第 1~7 节腹足（侧面观）的长为宽的 2 倍以上。腹足端部具 3 层钩状刺毛，最下层刺毛细小。腹部第 2~5 节背面具短的背突。腹部第 8 节侧面具细毛列。

生境：幼虫在山地清洁河流中栖息。

分布：常见于珲春河、密江河、图们江干流、嘎呀河、布尔哈通河、海兰河、红旗河。

长足虻科 / Dolichopodidae

● 长足虻属 *Rhaphium*

针足长虻 *Rhaphium sp.*

形态特征：幼虫体长约 15mm，淡黄褐色，圆柱形，后气门式。体节 11 节。头部小，可以缩入前胸。腹部第 1~4 节前缘生有瘤状突起，是幼虫的爬行器官。腹部第 8 节末端具呼吸盘，呼吸盘周围具 2 对叶形突起。呼吸盘中央具 2 个气门。

生境：幼虫水生，常栖息于较清洁河流的水体中。

分布：常见于嘎呀河、布尔哈通河。

寡角摇蚊亚科 / Diamesinae

● 北七角摇蚊属 *Boreoheptagyia*

Boreoheptagyia sp.

形态特征：中型幼虫，体长 8mm。头的背部表面具 4~5 个瘤突，触角 5 节，第 3 节具比第 2 节长的环纹，第 4 节很短。前上颚端部宽，具 6~8 个钝齿。上颚端齿与第 1 内齿的大小差不多，内齿 4 个。颏具 1 个中齿，侧齿 5~7 对。尾刚毛台很短或无，肛节侧缘具 6~8 根短刚毛。

生境：幼虫多生活在山区冷而清澈的河流中。

分布：常见于嘎呀河。

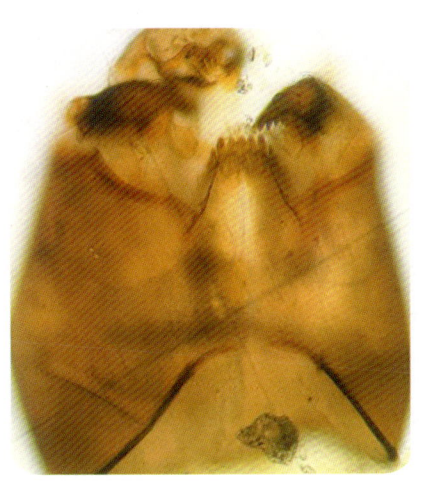

● 寡角摇蚊属 *Diamesa*

1. 春寡角摇蚊 *Diamesa vemalis*

形态特征：幼虫中等大小，体长 11.5mm。触角 5 节，第 5 节比第 4 节长，第 3 节具环纹，触角比 1：7。上唇 SⅢ 刚毛分叉，颏侧齿 10 对，上颚端齿与第 1 内齿等长。前后原足分离，端部具爪，具 4 根尾毛。

生境：幼虫多生活在山区村庄周围的河流中。

分布：常见于珲春河、密江河和嘎呀河。

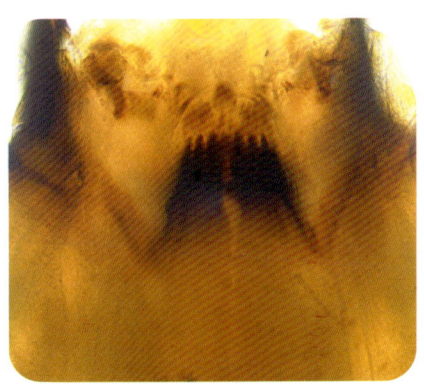

2. 格氏寡角摇蚊 *Diamesa gregsoni*

形态特征：体长 11mm 左右，触角 5 节，第 3 节具环纹，触角比 1：7。内唇栉由 5 个细长的帽状鳞组成，上颚端齿 1 个，内齿 4 个。颏具 1 个中齿，侧齿 9 对，前后原足分离，尾刚毛台小，长为宽的 0.8 倍，尾毛 4 根。

生境：幼虫多生活在山区村庄周围的河流中。

分布：常见于嘎呀河、密江河和珲春河。

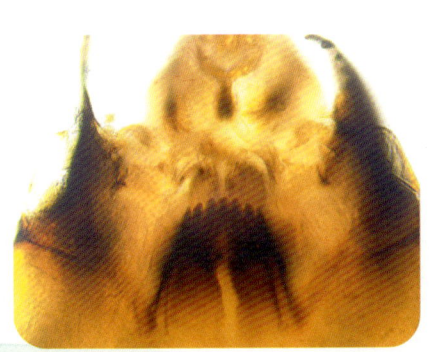

3. 泽尼寡角摇蚊 *Diamesa zemyi*

形态特征：体长 11mm 左右，触角 5 节，第 3 节具环纹，触角比 1∶6。内唇栉由 5 个细长的帽状鳞组成，上颚端齿 1 个，内齿 4 个。颏具 1 个中齿，侧齿 9 对，前后原足分离，尾刚毛台退化，尾毛 4 根，长在体壁上。

生境：幼虫多生活在山区村庄周围的河流中。

分布：常见于嘎呀河、密江河和珲春河。

● 帕摇蚊属 *Pagastia*

1. 东方帕摇蚊 *Pagastia orientalis*

形态特征：中型幼虫，体长 11mm。触角 5 节，第 5 节比第 4 节长，第 3 节具环纹，劳氏器与第 3 节等长。前上颚具 5~6 个齿和 1 个简单的侧刺。上颚端齿比 4 个内齿的合长短。触角比 1∶7。颏中间区域无齿，侧齿 6~8 对。尾刚毛台上具 7~8 根尾毛和 2 根侧尾毛。

生境：幼虫生活在中、小型流动的水中，喜清洁水体。

分布：常见于珲春河和嘎呀河。

2. 剑帕摇蚊 *Pagastia lanceolata*

形态特征：中型幼虫，体长 11mm。触角 5 节，第 5 节比第 4 节长，第 3 节具环纹，劳氏器与第 3 节等长。前上颚具 5~6 个齿和 1 个简单的侧刺。上颚端齿比 4 个内齿的合长长。触角比 1∶1。颏中间区域无齿，侧齿 6~8 对。尾刚毛台上具 7~8 根尾毛和 2 根侧尾毛。

生境：幼虫生活在中、小型流动的水中，喜清洁水体。

分布：常见于珲春河和嘎呀河。

● 似波摇蚊属 *Sympotthastia*

1. 高田似波摇蚊 *Sympotthastia takatensis*

形态特征：中型幼虫，体长7mm。触角5节，触角比1∶9，第5节比第4节长，劳氏器短，上颚齿下毛长刺形，前上颚具5个齿。颏具13个齿，中齿宽为第1侧齿的3倍。尾刚毛台短而宽，尾毛7根，侧尾毛2根。

生境：幼虫多生活在寒冷的流水中，喜清洁水体。

分布：常见于嘎呀河。

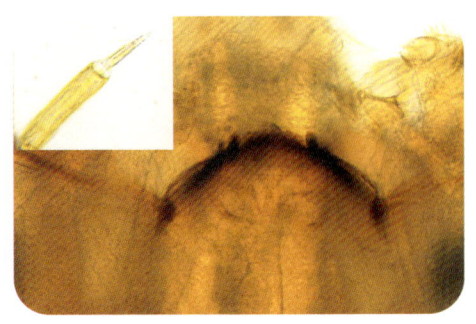

2. 匍行似波摇蚊 *Sympotthastia repentina*

形态特征：中型幼虫，体长7mm。触角5节，触角比2∶1，第5节比第4节长，劳氏器短，上颚齿下毛长刺形，前上颚具4个齿。颏具19个齿，中齿宽为第1侧齿的2.9倍。尾刚毛台短而宽，尾毛7根，侧尾毛2根。

生境：幼虫多生活在寒冷的流水中，喜清洁水体。

分布：常见于嘎呀河。

● 波摇蚊属 *Potthastia*

盖波摇蚊 *Potthastia gaedii*

形态特征：触角5节，触角比1∶5，第2节端部和第3节具环纹，劳氏器小，触角芒约与第3节等长。上唇SI刚毛薄片状，内唇栉由3个长的尖鳞组成。颏具有很宽的圆形中齿和8对侧齿，中齿和第1侧齿色淡，其他侧齿黑色，中齿为第1侧齿宽的4.4倍。尾刚毛台小，具6~7根尾毛和2根侧尾毛。

生境：幼虫广泛生活在富含沙质的清洁流水中。

分布：常见于嘎呀河和图们江干流。

长足摇蚊亚科 / Tanypodinae

● 大粗腹摇蚊属 *Macropelopia*

拟杂色大粗腹摇蚊 *Macropelopia paranbulosa*

形态特征：大型幼虫，体红色，体长 11~14mm，触角比上颚稍长，第1节长约为宽的 5.5 倍，第2节长为宽的 3.5 倍，触角叶与鞭节等长或比鞭节短。背颏7对齿，舌栉毛17个齿，唇舌5个齿，长约为端部宽的 1/3，侧唇舌细长，2分叉，为唇舌长的 1/2。尾刚毛台长为宽的 3 倍左右，上具 12~13 根尾毛。

生境：山区村庄周围河流水体。

分布：常见于嘎呀河。

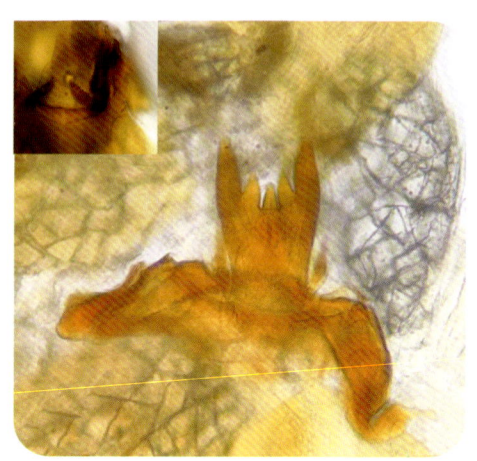

● 流粗腹摇蚊属 *Rheopelopia*

斑点流粗腹摇蚊 *Rheopelopia maculipennis*

形态特征：幼虫中等大小，体长 8mm 左右。触角长为上颚长的 2.5~3.0 倍，第1节长为基部宽的 10 倍，第2节长为宽的 11 倍，劳氏器小，触角叶和副叶明显超过鞭节。上颚端半部窄且弯曲，长约为基部宽的 2 倍，基齿很小，无明显副齿。背颏无齿，唇舌5个齿，齿的前缘微凹，中齿长为宽的 1.5~2 倍，内齿端部向外齿倾斜。侧唇舌2分叉，相对大，尾刚毛台长为宽的 3 倍，上具 7 根尾毛。

生境：山区村庄周围河流水体。

分布：常见于嘎呀河。

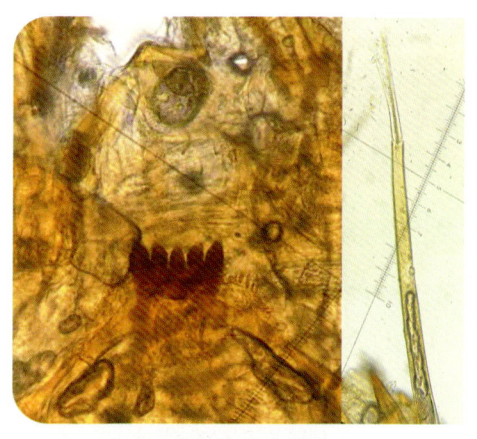

● 前突摇蚊属 *Procladius*

Procladius sp.

形态特征：中到大型幼虫；侧唇舌内缘无齿，唇舌5个齿，长为宽的 1.7 倍；触角副叶比第2节短；上颚端齿长为基部宽的 2.7 倍。背颏齿6对。

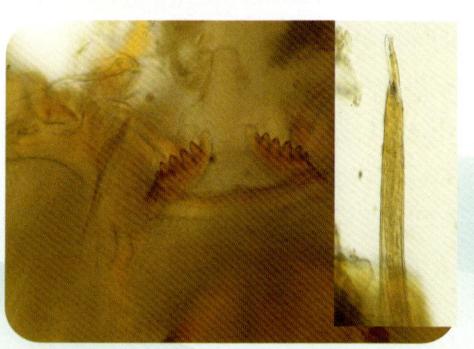

生境：喜污染水体。

分布：常见于图们江干流、嘎呀河和密江河。

● 特突摇蚊属 *Thienemannimyia*

1. 盖氏特突摇蚊 *Thienemannimyia geijskesi*

形态特征：中型幼虫，体长 10mm 左右，黄白色。触角第 2 节长约为宽的 8 倍，触角叶基环高约为宽的 1.3 倍，触角芒不超过第 3 节。唇舌长约为宽的 2 倍，中齿长约为宽的 1.6 倍。附器两侧的上唇泡卵形，基部骨化区具 2 钝突。

生境：喜清洁水体。

分布：常见于珲春河、密江河、嘎呀河和图们江干流。

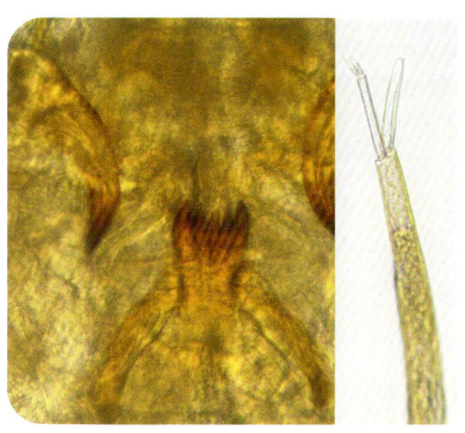

2. 合铗特突摇蚊 *Thienemannimyia fuscicpes*

形态特征：中型幼虫，体长 10mm 左右，黄白色。触角第 2 节长约为宽的 10 倍，触角叶基环高约为宽的 2 倍，触角芒伸向第 4 节末端。唇舌长约为宽的 1.9 倍，中齿长约为宽的 1.7 倍。附器两侧的上唇泡卵形，基部骨化区具 1 钝突。

生境：喜清洁水体。

分布：常见于珲春河、密江河、嘎呀河、图们江干流、布尔哈通河、红旗河。

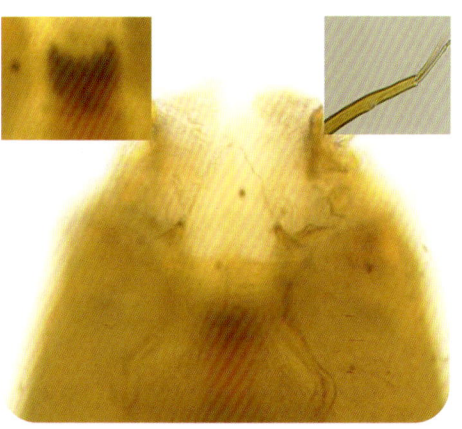

● 扎突摇蚊属 *Zavarelimyia*

Zavarelimyia sp.

形态特征：中型幼虫，体长 9mm，触角为头长的 1/2，上颚长的 3.5 倍。触角比 2.6~3.4。第 1 节长约为宽的 11 倍。上颚弯曲适度且向端部逐渐缩窄。端齿长约为基部宽的 3 倍。背颏无齿。颏附器三角形，唇舌 5 个齿，长为端部宽的 2 倍。唇舌齿色淡，齿的长约为宽的 1.5 倍。侧唇舌 2 分叉。约为唇舌长的 1/3。尾刚毛台黑褐色，上具 7

根黑色尾毛。

生境：喜清洁水体。

分布：常见于密江河和嘎呀河。

直突摇蚊亚科 / Orthocldiinae

● 矮突摇蚊属 *Nanocladius*

1. 亚洲矮突摇蚊 *Nanocladius asiaticus*

形态特征：触角 5 节，触角叶达第 3 节端部，劳氏器中到小，短于相应触角节。SI 刚毛单一，SII 感觉毛呈羽毛状，前上颚单一，顶端有缺刻，有 2 个颏中齿，中间具有小刻，尾刚毛台顶端有 5 根粗的长刚毛，几乎等长于后原足，肛管短于后原足。

生境：喜清洁水体。

分布：常见于珲春河、嘎呀河、图们江干流。

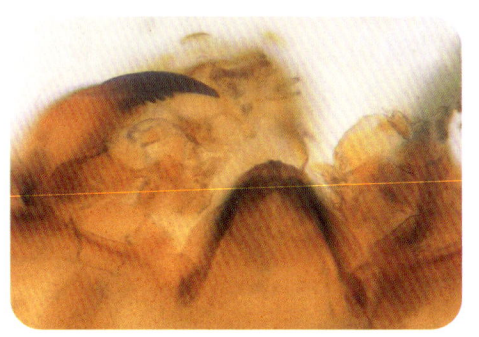

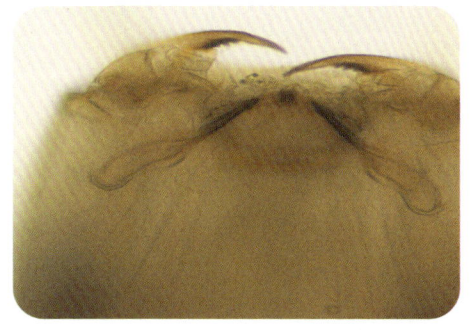

2. 双色矮突摇蚊 *Nanocladius dichromus*

形态特征：颏具 2 个中齿和 5 对侧齿。触角 5 节。触角叶伸至第 3 节顶端。前上颚基部有 1 钝齿。上颚具 1 端齿和 3 个内齿，齿下毛伸至第 3 内齿。腹颏板明显伸长，末端边缘直。

生境：栖息于河流上游地区，喜清洁水体。

分布：常见于珲春河、嘎呀河、图们江干流。

● 布摇蚊属 *Brillia*

1. 布摇蚊 *Brillia* sp.

形态特征：触角 4 节，各节依次缩小，触角叶短或比鞭节长，触角芒着生在第 2 节顶端。SI 刚毛羽状，内唇栉由 3 个短鳞组成，无前上颚刷。上颚端齿比 4 个内齿颚宽度短，上颚刷 6~7 根。颏具 2 个大的中齿和 5 对侧齿，中齿中间小

齿退化。

生境：幼虫生活在流水或者湖泊沿岸的水中，常在沉入水中的树木或叶片间活动。

分布：常见于嘎呀河、珲春河和密江河。

2. 二叉布摇蚊 *Brillia bifida*

形态特征：触角4节，各节依次缩小，触角叶短或比鞭节长，触角芒着生在第2节顶端。SI刚毛羽状，内唇栉由3个短鳞组成，无前上颚刷。上颚端齿比4个内齿颚宽度短，上颚刷6~7根。颏具2个大的中齿和5对侧齿，头部背面与唇基分离，上唇第2骨片方形，后缘不平滑。

生境：幼虫生活在流水或者湖泊沿岸的水中，常在沉入水中的树木或叶片间活动。

分布：常见于嘎呀河、珲春河和密江河。

● 异三突摇蚊属 *Heterotrissocladius*

软异三突摇蚊 *Heterotrissocladius marcodus*

形态特征：幼虫橘红色，体长6mm。触角7节，第7节毛状。劳氏器退化，上唇SI刚毛羽状。内唇栉为3个有密毛的鳞片。前上颚端部具2个齿，颏中齿2个，侧齿5对。腹颏板发达但无髭，肛管2对，短于后原足。

生境：幼虫多分布在湖泊的沿岸带或深水区，为寡污冷水性种类。

分布：常见于密江河、珲春河和嘎呀河。

● 似突摇蚊属 *Propsiocerus*

高山似突摇蚊 *Propsiocerus paradoxus*

形态特征：中型幼虫，体长9mm。触角5节。触角叶超过触角末节，前上颚简单或者分叉，前上颚刷不明显。上颚端齿与4个内齿的宽度等长或长。中齿1个，很宽，侧齿6对。尾刚毛台长小于宽，上具6~7根尾毛。

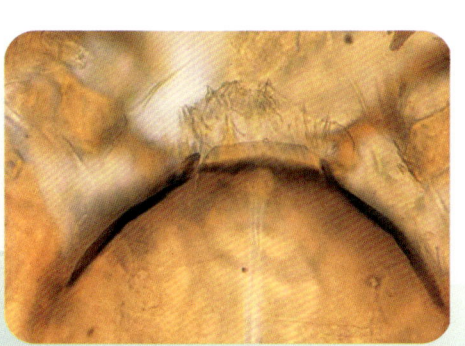

生境：幼虫多生活在各种类型的流水和静水水体中。

分布：常见于嘎呀河和密江河。

● 双突摇蚊属 *Diplocladius*

1. *Diplocladius* sp.1

形态特征：幼虫体长 6~7mm，头淡褐色。触角 5 节，第 4 节短。上颚端齿短，颏中齿 2 个，基部融合，侧齿 6 对，较尖。腹颏鬃明显长。尾刚毛台具 4 根长的和 1 根短的尾毛。

生境：幼虫喜冷水，生活在静水和流水中。

分布：常见于嘎呀河、图们江干流。

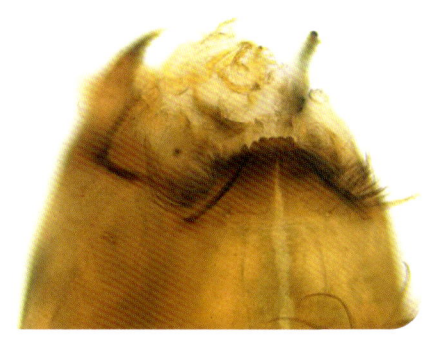

2. 双突摇蚊属 A 种 *Diplocladius* sp.A

形态特征：幼虫体长 6~7mm，头淡褐色。触角 5 节，第 4 节短。上颚端齿短，颏中齿 1 个，比第 1 侧齿宽，圆形。腹颏鬃明显长。尾刚毛台具 4 根长的和 1 根短的尾毛。

生境：幼虫喜冷水，生活在静水和流水中。

分布：常见于嘎呀河、图们江干流。

● 特维摇蚊属 *Tvetenia*

1. 塔马特维摇蚊 *Tvetenia tamafulva*

形态特征：小至中型幼虫，体长 7mm 左右。触角 5 节，触角叶约与鞭节等长，上颚端齿比第 1 内齿长，上颚臼具 2 个小刺，触角第 3 节明显小。具 2 个侧齿，侧齿 5 对。尾刚毛台长至少是宽的 1.5 倍。

生境：幼虫主要在流水的植物间栖息。

分布：常见于密江河、珲春河和嘎呀河。

大型底栖动物　节肢动物门 Arthropoda

2. 韦尔特维摇蚊 *Tvetenia verralli*

形态特征：小至中型幼虫，体长7mm左右。触角5节，触角叶约与第2节等长，上颚端齿与第1内齿等长，上颚臼具2个小刺。具2个侧齿，侧齿5对。尾刚毛台长至少是宽的1.5倍。

生境：幼虫主要在流水的植物间栖息。

分布：常见于密江河、珲春河和嘎呀河。

● 直突摇蚊属 *Orthocladius*

1. 联直突摇蚊 *Orthocladius mixtus*

形态特征：中至大型幼虫，体长12mm，上颚端齿1个，内齿4个，颏中齿相对窄，约为第1侧齿宽的5倍。中齿稍比第1侧齿低。

生境：幼虫生活在各种类型的水体中。

分布：常见于嘎呀河、珲春河、密江河、布尔哈通河。

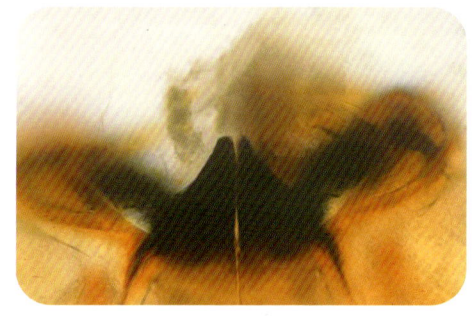

2. 木直突摇蚊 *Orthocladius lignicola*

形态特征：该种较为特殊，与其他种类差别较大。触角4节，前上颚单一，中齿长而宽，可以根据该特征很好地将其与其他种区分开。

生境：幼虫来自河流或者溪流的边缘带，寡营养到中营养的溪流中。

分布：常见于珲春河。

3. 瓦莱直突摇蚊 *Orthocladius vaillanti*

形态特征：触角5节，触角叶不超过鞭节，劳氏器超过触角第3节顶端，前上颚单一，顶端具有微弱缺刻。上颚具4个清晰尖锐内齿。具1个中齿和6对侧齿，中齿宽为第1侧齿的2倍，尾刚毛台具6根尾毛。

生境：幼虫来自河流或者溪流的边缘带，寡营养到中营养的溪流中。

分布：常见于珲春河。

● 刀突摇蚊属 *Psectrocladius*

巴比刀突摇蚊 *Psectrocladius barbimanus*

形态特征：中至大型幼虫，体长 11mm。触角 5 节，触角叶不超过触角末节。颏中齿 2 个，宽而钝，比第 1 侧齿低。上唇 SI 刚毛具 8 个齿。尾刚毛台长为宽的 1.5 倍，基部有 2 个黄色小距。

生境：幼虫主要分布在富营养化水体中。

分布：常见于嘎呀河。

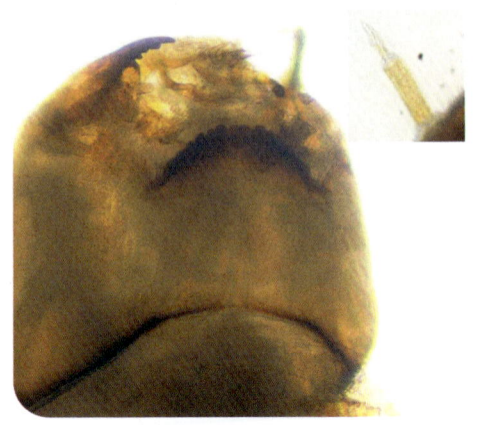

● 环足摇蚊属 *Cricotopus*

1. 白色环足摇蚊 *Cricotopus albiforceps*

形态特征：幼虫中等大小，体长 8mm 左右。触角 5 节，触角叶与鞭节等长或稍长，劳氏器大。内唇栉由 3 个紧靠的尖鳞组成，上颚端齿约与 3 个内齿的宽度相等，齿下毛小，末端尖。颏中齿宽为第 1 侧齿的 2.5 倍以下，侧齿 6 对。

生境：幼虫生活在各种类型的淡水中，多采自水生植物丰富的流水环境中。

分布：常见于嘎呀河、红旗河、珲春河、密江河和图们江干流。

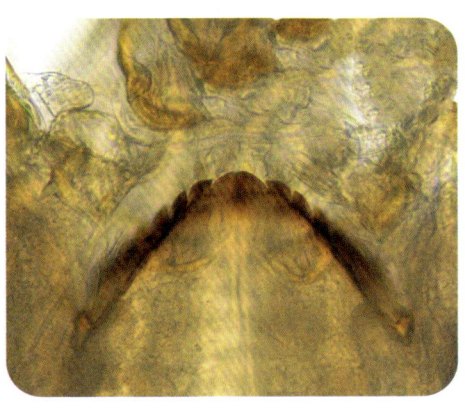

2. *Cricotopus* sp.1

形态特征：幼虫中等大小，体长 8mm 左右。触角 5 节，触角叶与鞭节等长或稍长，劳氏器大。内唇栉由 3 个紧靠的尖鳞组成，上颚端齿约与 3 个内齿的宽度相等，齿下毛小，末端尖。中齿显著高于侧齿，侧齿 6 对。

生境：幼虫生活在各种类型的淡水中，多采自水生植物丰富的流水环境中。

分布：常见于嘎呀河、珲春河、密江河和图们江干流。

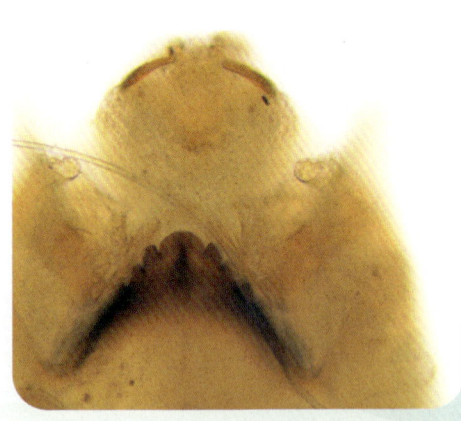

3. 三轮环足摇蚊 *Cricotopus triannulatus*

形态特征：幼虫中等大小，体长 4mm 左右。触角 5 节，触角叶比鞭节长，劳氏器大。内唇栉由 3 个紧靠的尖鳞组成，上颚端部黑褐色，基部色淡外缘强烈褶皱。具 1 个中齿和侧齿 6 对，中齿为第 1 侧齿的 2 倍，第 1 侧齿长，第 2 侧齿短。尾刚毛台具 6 根刚毛。

生境：幼虫生活在各种类型的淡水中，多采自水生植物丰富的流水环境中。

分布：常见于嘎呀河、珲春河、密江河和图们江干流。

4. 双线环足摇蚊 *Cricotopus bicinctus*

形态特征：幼虫体长 5mm 左右。触角 5 节，触角叶达第 4 节中部或者端部，劳氏器达第 3 节端部。内唇栉由 3 个紧靠的尖鳞组成，上颚端部黑褐色，基部色淡，外缘强烈褶皱。颏中齿和第 1 侧齿较其他侧齿色淡，第 2 侧齿退化。尾刚毛台具 6 根刚毛。

生境：幼虫生活在各种类型的淡水中，多采自水生植物丰富的流水环境中。

分布：常见于嘎呀河、珲春河、密江河和图们江干流。

5. 委瑞环足摇蚊 *Cricotopus vierriensis*

形态特征：幼虫中等大小，体长 8mm 左右。触角 5 节，触角叶与鞭节等长，劳氏器大。内唇栉由 3 个紧靠的尖鳞组成，上颚端齿约与 3 个内齿的宽度相等，齿下毛小，末端尖。颏中齿宽为第 1 侧齿的 5 倍，侧齿 6 对。尾刚毛台具 6 根刚毛。

生境：幼虫生活在各种类型的淡水中，多采自水生植物丰富的流水环境中。

分布：常见于嘎呀河、珲春河、密江河和图们江干流。

● 浪突摇蚊属 *Zalutschia*

浪突摇蚊属 *Zalutschia* sp.

形态特征：中型幼虫，体长 7mm 左右。触角 6 节，触角叶比鞭节长。内唇栉由 3 个简单光滑的鳞组成，前上颚具 2 个端齿和 1 个低的内齿。上颚端齿比 3 个内侧的宽度短。颏具 2 个侧齿，侧齿 6 对，第 1 侧齿小，第 2 侧齿比中齿低。腹颏板细长，末端尖。尾刚毛台发达，具 7 根尾毛。

生境：幼虫生活在湖泊或者河流中，多数种类发现在北方原始的寡营养湖中。

分布：常见于嘎呀河。

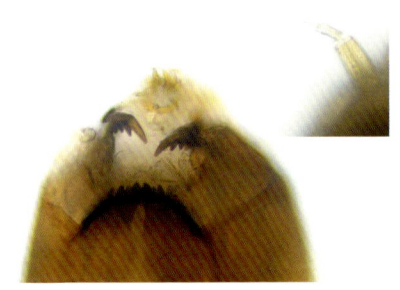

● 拟刚毛突摇蚊属 *Paratrichocladius*

红腹拟刚毛突摇蚊 *Paratrichocladius rufivertris*

形态特征：中型幼虫，体长 7mm 左右。触角 5 节，触角叶不超过鞭节，劳氏器与第 3 节等长。前上颚简单或具小的分支，无前上颚刷。上颚端齿比 3 个内齿的宽度短，上颚齿下毛细长。颏中齿 1 个，侧齿 6 对，颏中齿宽为第 1 侧齿的 3 倍。

生境：幼虫喜冷水环境。

分布：常见于嘎呀河、密江河和珲春河。

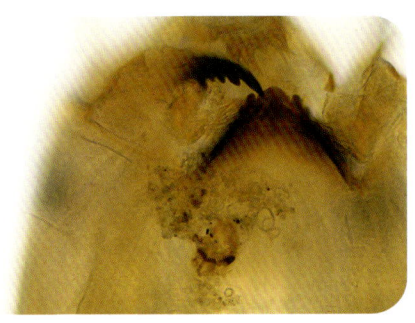

● 拟环足摇蚊属 *Paracricotopus*

1. *Paracricotopus* sp.1

形态特征：小型幼虫，体长 5mm。触角 5 节，各节依次缩小，前上颚简单，上颚端齿比 3 个内齿的宽度短。颏中齿 3 个，宽约为第 1 侧齿的 3 倍，侧齿 4 对。尾刚毛台长大于宽，体节具有一约为体长 1/2 的长刚毛。

生境：幼虫生活在溪流、河流和藻类植物丰富的水体中。

分布：常见于嘎呀河、密江河和珲春河。

2. Paracricotopus sp.2

形态特征：小型幼虫，体长 5mm。触角 5 节，触角叶延伸到第 4 节的顶端，前上颚简单，上颚顶齿较短。颏中齿宽约为第 1 侧齿的 2.5~3.0 倍。尾刚毛台长大于宽，顶生 5 根尾毛。体节具有一约为体长 1/2 的长刚毛。

生境：幼虫生活在溪流、河流和藻类植物丰富的水体中。

分布：常见于嘎呀河、密江河和珲春河。

3. 塔马拟环足摇蚊 *Paracricotopus tamabrevis*

形态特征：小型幼虫，体长 5mm。触角 5 节，各节依次缩小，前上颚简单，上颚端齿比 3 个内齿的宽度短。颏中齿 3 个，宽约为第 1 侧齿的 2.5 倍，侧齿 4 对。尾刚毛台长大于宽，体节具有一约为体长 1/2 的长刚毛。

生境：幼虫生活在溪流、河流和藻类植物丰富的水体中。

分布：常见于嘎呀河、密江河和珲春河。

4. 异样拟环足摇蚊 *Paracricotopus irregularis*

形态特征：小型幼虫，体长 5mm。触角 5 节，各节依次缩小，前上颚简单，上颚端齿比 3 个内齿的宽度短。颏中齿 3 个，宽约为第 1 侧齿的 2 倍，侧齿 4 对。尾刚毛台长大于宽，体节具有一约为体长 1/2 的长刚毛。

生境：幼虫生活在溪流、河流和藻类植物丰富的水体中。

分布：常见于嘎呀河、密江河和珲春河。

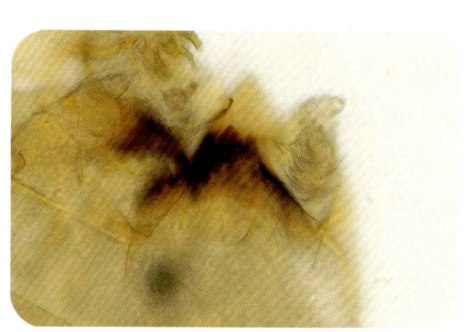

● 趋流摇蚊属 *Rheocricotopus*

1. 褐色趋流摇蚊 *Rheocricotopus fuscipes*

形态特征：中型幼虫，体长 6.5mm。触角 5 节，各节依次缩小。触角叶比鞭节短，前上颚

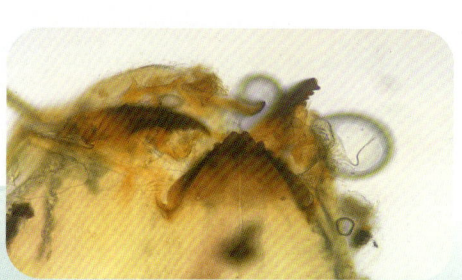

具 1 个端齿，无前上颚刷。内唇栉的鳞大小相同。上颚端齿比 3 个内齿的宽度短。颏中齿 2 个，颏中齿两侧有 1 个相连的小齿，侧齿 5 对。

生境：幼虫广泛分布在流水中。

分布：常见于密江河、嘎呀河、图们江干流。

2. 散趋流摇蚊 *Rheocricotopus effuses*

形态特征：中型幼虫，体长 6.5mm。触角 5 节，各节依次缩小。触角叶比鞭节短，前上颚具 1 个端齿，无前上颚刷。内唇栉的鳞大小相同。上颚端齿比 3 个内齿的宽度短。颏中齿 2 个，颏中齿简单，侧齿 5 对。尾刚毛台长大于宽，顶端具 5 根相同的长尾毛。

生境：幼虫广泛分布在流水中。

分布：常见于密江河、嘎呀河、图们江干流。

● 真开氏摇蚊属 *Eukiefferiella*

1. *Eukiefferiella* sp.1

形态特征：触角 4 节，触角叶达第 2 节末端，劳氏器短于第 3 节。上颚具 3 个内齿和 1 个顶齿。顶齿长度短于或近等长于 3 个内齿的宽度之和。颏具 1 个中齿，颏中齿宽，约为第 1 侧齿的 5~5.6 倍，侧齿 5 对，具有不同形状褐色硬化的条纹。尾刚毛台具 6 根尾毛。肛管比后原足短，体刚毛简单，短或近等长于腹节的 1/2。

生境：幼虫生活在流水中的石块或者含有苔藓的流水中，寡营养水体。

分布：常见于珲春河、密江河、图们江干流和嘎呀河。

2. 细真开氏摇蚊 *Eukiefferiella gracei*

形态特征：头壳呈浅褐色，较颏板、上颚和头后缘色淡，颏中齿宽，超过第 1 侧齿的 4 倍。上颚具 3 个内齿，颏中齿 1 个，超过第 1 侧齿的 4 倍。

生境：幼虫生活在流水中的石块或者含有苔

藓的流水中，寡营养水体。

分布：常见于密江河、珲春河和嘎呀河。

3. 亮铗真开氏摇蚊 *Eukiefferiella claripennis*

形态特征：小至中型幼虫，体长7mm。触角4节，触角比2，触角叶与触角第2节等长，劳氏器长于第3节。上颚具1个端齿和4个内齿，上颚臼具3个棘刺，上颚刷5根。颏中齿窄，宽约为第1侧齿宽的2倍，侧齿5对。

生境：幼虫栖息于山地河流、溪流中。常在清洁或轻微污染水体中出现。

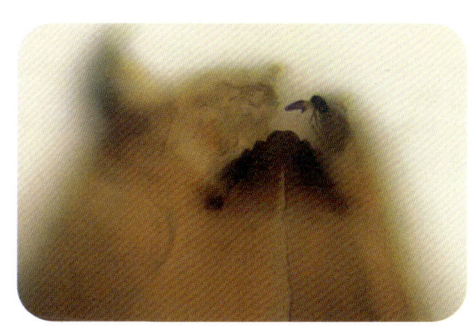

分布：常见于密江河、图们江干流、珲春河和嘎呀河。

摇蚊亚科 / Chironominae

● 摇蚊属 *Chironomus*

1. 花翅摇蚊 *Chironomus kiiensis*

形态特征：幼虫红色，体长6~11mm。触角5节，触角叶达第4节末端。上唇SI刚毛羽状，内唇栉具16~18个齿。前上颚二分叉，1顶齿，3内齿。6对侧齿，从顶端到基部逐渐减小。前上颚具2个齿。腹部第7节具侧腹管，第8节具2对腹管。

生境：幼虫喜爱软淤泥底质，分布于各种静水水体和流水中。

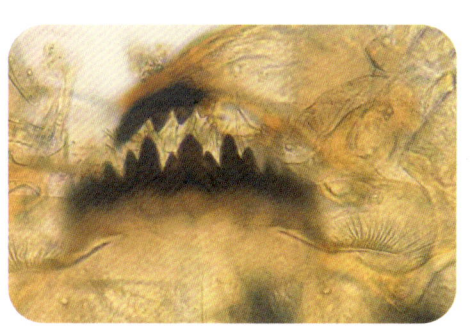

分布：常见于图们江干流、珲春河和嘎呀河。

2. 猛摇蚊 *Chironomus acerbiphilus*

形态特征：幼虫红色，体长5mm左右。触角5节，触角叶长于第4节的基部。上唇SI刚毛相对宽阔，内唇栉约具20个齿。上颚背齿2个，顶齿1个，内齿3个，所有内齿均黑褐色。前上颚具2个齿。腹部第7节侧腹管形态各异，第8节2对腹管长且纤细。

生境：幼虫喜爱软淤泥底质，分布于各种静水水体和流水中。

分布：常见于图们江干流、珲春河和嘎呀河。

3. 墨黑摇蚊 Chironomus anthracinus

形态特征：幼虫红色，体长 12mm 左右。触角 5 节，触角叶不超过触角末节，劳氏器和触角芒着生在第 2 节端部。内唇栉具 15 个齿。前上颚具 2 个齿。腹部第 7 节无侧腹管，第 8 节的腹管与着生体节的宽度约相等。

生境：幼虫喜爱软淤泥底质，分布于各种静水水体和流水中。

分布：常见于图们江干流、珲春河和嘎呀河。

● 小摇蚊属 Microchironomus

软铗小摇蚊 Microchironomus tener

形态特征：体长 8mm 左右，触角 5 节，触角叶超过触角末节。上颚端齿比 2 个扁平的内齿长，前上颚端部 2 分叉，颏中齿 3 分叶，侧齿 6 对，第 4、第 6 侧齿小。腹颏板比颏窄，尾刚毛台短。

生境：生活在湖泊或河流中。

分布：常见于密江河、嘎呀河和图们江干流。

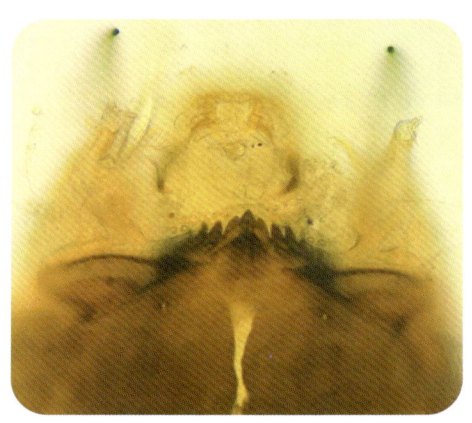

● 齿斑摇蚊属 Stictochironomus

1. 俊才齿斑摇蚊 Stictochironomus juncai

形态特征：幼虫红色，体长 10mm 左右。触角 6 节，触角叶达第 5 节端部，触角第 3 节比第 4 节长，上唇 SⅠ刚毛和 SⅡ刚毛羽状，前上颚具 3 个齿。具 4 个颏中齿，颏中间的 2 个齿相对大，齿的前缘钝圆。无侧腹管和腹管，尾刚毛台具 8 根尾毛。

生境：幼虫生活在深水的软沉积物底质中，在寡营养湖、中营养湖和缓流河川的沙底中都有分布。

分布：常见于嘎呀河、珲春河、密江河和图们江干流。

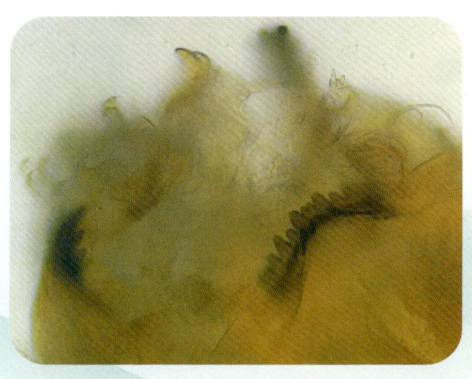

2. 多齿齿斑摇蚊 *Stictochironomus multannulatus*

形态特征：中型幼虫，淡红色，体长 8mm 左右，触角 6 节，触角第 3 节与第 4 节约等长，上唇 SI 刚毛和 SⅡ 刚毛羽状，前上颚具 3 个齿。上颚宽，基部膨大，背齿比端齿短，颏中齿 4 个，颏中间的 2 个齿相对小，齿的前缘尖，侧齿 6 对，第 1 和第 4 侧齿小。无侧腹管和腹管，尾刚毛台具 8 根尾毛。

生境：幼虫生活在深水的软沉积物底质中，在寡营养湖、中营养湖和缓流河川的沙底中都有分布。

分布：常见于嘎呀河、珲春河、密江河和图们江干流。

3. 斯蒂齿斑摇蚊 *Stictochironomus sticticus*

形态特征：幼虫红色，体长 8~9mm，触角 6 节，触角第 3 节比第 4 节短，上唇 SI 刚毛和 SⅡ 刚毛羽状，颏齿黑褐色，中齿 2 对，中间的 1 对小，齿的前缘钝圆，上颚背齿比端齿长。尾刚毛台高和宽相等，上具 7 根刚毛。

生境：幼虫生活在深水的软沉积物底质中，在寡营养湖、中营养湖和缓流河川的沙底中都有分布。

分布：常见于嘎呀河、珲春河、密江河和图们江干流。

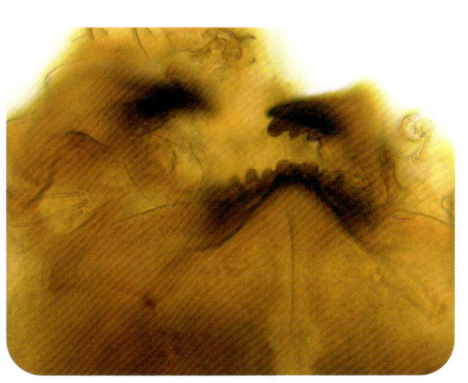

● **倒毛摇蚊属 *Microtendipes***

绿倒毛摇蚊 *Microtendipes chloris*

形态特征：幼虫体长 12mm，触角 6 节，劳氏器互生。上颚具背齿、端齿和 3 个内齿，齿下毛细长。颏中齿淡黄色，中间小齿不易看清，侧齿 6 对，黑色。尾刚毛台短小，上具 8 根刚毛，其中有 3 根长毛，5 根短毛。肛鳃 2 对，后原足短，具粗大的黄色爪。

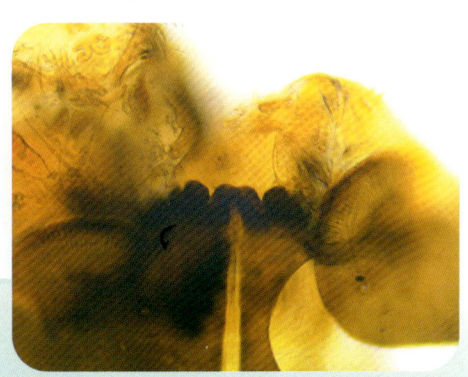

生境：幼虫多生活在大型水体浅水区底部的沉积物中，也生活在流水的苔藓和软沉积物中。

分布：常见于珲春河、嘎呀河、密江河和图们江干流。

● 多足摇蚊属 *Polypedilum*

1. 白角多足摇蚊 *Polypedilum albicorne*

形态特征：体红色，中等大小。触角5节，触角叶到达触角第4节，劳氏器位于第2节端部。具16个齿，第1侧齿略小于中齿和第2侧齿，其余的齿除最后一个侧齿较小外约等长。尾刚毛台顶生7根尾毛，基部有2根侧毛。

生境：幼虫生活在静水中，中度富营养水体。

分布：常见于嘎呀河、珲春河、密江河、图们江干流、布尔哈通河、海兰河和红旗河。

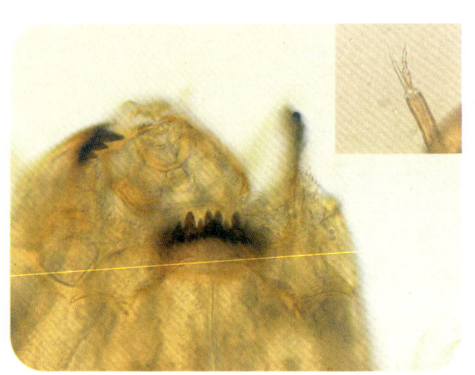

2. 步行多足摇蚊 *Polypedilum pedestre*

形态特征：体红色，中等大小。触角5节，触角叶到达末节顶端，劳氏器位于第2节端部。具16个齿，中央3对中齿略等宽，第4~7对齿小，宽度逐渐减小，最后一对侧齿小，低于其他齿。尾刚毛台顶生6根尾毛，基部有2根侧毛。

生境：幼虫生活在静水中，中度富营养水体。

分布：常见于嘎呀河、珲春河、密江河和图们江干流。

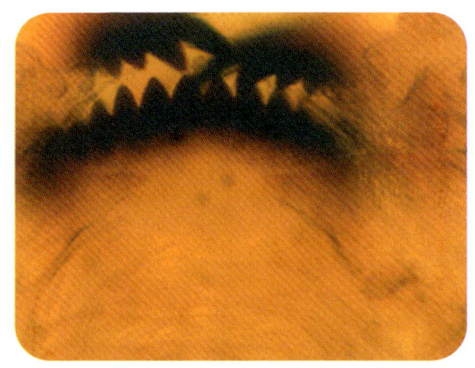

3. 鲜艳多足摇蚊 *Polypedilum laetum*

形态特征：体红色，中等大小。触角5节，触角叶到达触角第4节端部，劳氏器位于第2节端部。具16个齿，中央3对中齿约等宽，第4~7齿宽度逐渐减小，最后一对侧齿很小，且低于其他齿。尾刚毛台顶生14根尾毛，基部有2根侧毛。

生境：幼虫生活在静水中，中度富营养水体。

分布：常见于嘎呀河、珲春河、密江河和图们江干流。

4. 小云多足摇蚊 *Polypedilum nubeculosum*

形态特征：体红色，中等大小。触角5节，触角叶到达或者稍微超过触角第5节，劳氏器位于第2节端部。具16个齿，中齿和第2侧齿高于其他齿，其余齿等高。倒数第2侧齿稍大，末侧齿较小。尾刚毛台顶生8根尾毛，基部有2根侧毛。

生境：幼虫生活在静水中，中度富营养水体。

分布：常见于嘎呀河、珲春河、密江河、布尔哈通河和图们江干流。

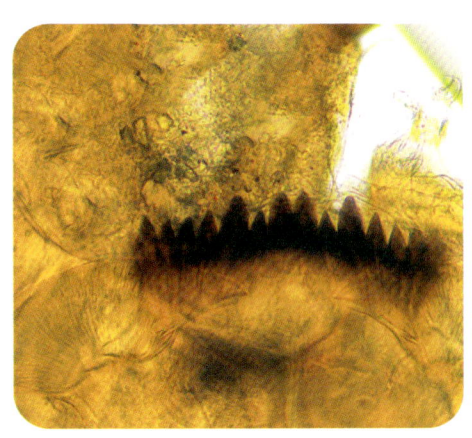

● 骑蜉摇蚊属 *Epoicocladius*

蜉蝣骑蜉摇蚊 *Epoicocladius ephemerae*

形态特征：幼虫黄色，触角4节，第4节比第3节长，触角叶长、副叶短。上颚齿褐色，内齿扁平。颏中齿6个，色淡。侧齿5对，第1侧齿宽，色淡。腹颏板显著，尾刚毛台长稍大于宽，上具不同长度的刚毛6根。肛鳃比后原足短。体表具褐色粗刚毛。

生境：幼虫营寄生生活，常在蜉蝣稚虫的翅芽下寄生。

分布：常见于嘎呀河、图们江干流和密江河。

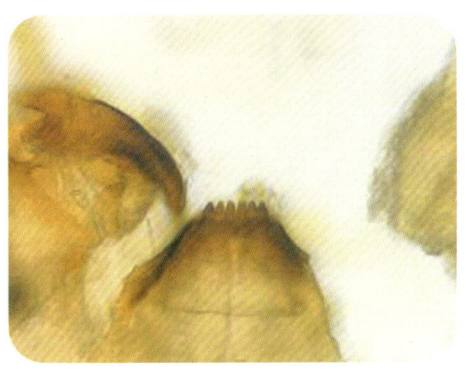

● 裸须摇蚊属 *Propsilocerus*

裸须摇蚊属A种 *Propsiocerus* sp.A

形态特征：中型幼虫，体长8mm左右。触角4节，触角叶达第3节端部。上颚端齿比4个内齿的宽度长，颏中齿2个，侧齿7对。第2侧齿小，基部与第1侧齿融合。尾刚毛台长大于宽，上具6~7根尾毛。肛管短。

生境：幼虫多分布在湖泊及其他静水中。

分布：常见于嘎呀河和图们江干流。

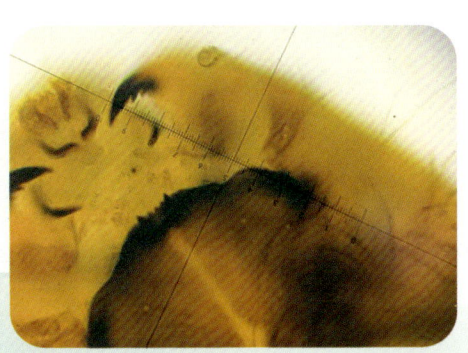

长跗摇蚊属 *Tanytarsus*

1. 渐变长跗摇蚊 *Tanytarsus mendax*

形态特征：中至大型幼虫，体长9mm左右。额唇基毛简单。触角5节，触角约为上颚长的1.5倍，触角第1节长约为宽的6.8倍，劳氏器柄长约为最后3节长的1.5倍，颏中齿两侧具缺刻。

生境：幼虫分布于各种类型的水体中。

分布：常见于嘎呀河、珲春河、密江河和图们江干流。

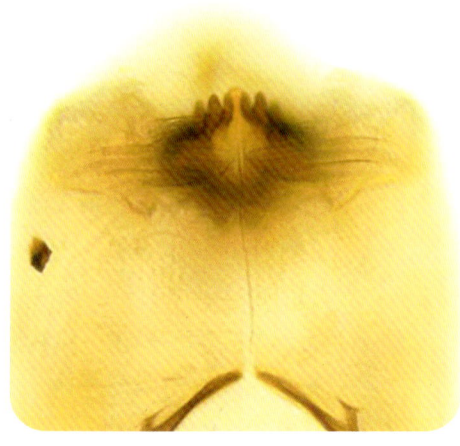

2. 长跗摇蚊属A种 *Tanytarsus* sp.A

形态特征：中至大型幼虫，体长9mm左右。额唇基毛简单。触角5节，触角第1节长约为宽的7.6倍，劳氏器柄长约为最后3节长的2.3倍，颏中齿两侧具缺刻。

生境：幼虫分布于各种类型的水体中。

分布：常见于嘎呀河、图们江干流。

隐摇蚊属 *Cryptochironomus*

1. 凹铗隐摇蚊 *Cryptochironomus defectus*

形态特征：中型幼虫，体长7mm左右。触角5节，触角叶达第3节端部，无劳氏器。上唇SI刚毛短，SⅡ刚毛长，尖叶状，内唇栉三角形，分3叶，前缘具锯齿。前上颚具6个齿。5对侧齿，末侧齿与第4侧齿基部愈合，颜色较其他齿浅。中齿色淡。尾刚毛台顶生8尾毛，肛管2对。

生境：幼虫多生活在静水中。

分布：常见于嘎呀河、珲春河、密江河和图们江干流。

2. 喙隐摇蚊 *Cryptochironomus rostratus*

形态特征：中型幼虫，体长 6mm 左右。触角 5 节，触角叶达触角末节，无劳氏器。上唇 SI 刚毛短，SⅡ刚毛长，尖叶状，内唇栉呈三角形，分 3 叶，前缘具锯齿。前上颚具 6 个齿。影线纹仅仅分布在基部的 3/4，或仅基部 1/2 清晰。尾刚毛台顶生 8 尾毛，肛管 2 对。

生境：幼虫多生活在静水中。

分布：常见于嘎呀河、珲春河、密江河和图们江干流。

● 小突摇蚊属 *Micropsectra*

异带小突摇蚊 *Micropsectra atrofasciata*

形态特征：中至大型幼虫，体长 8mm。触角 5 节，触角托的刺突为托长的 1/4，第 1 节长约为宽的 9.5 倍，触角叶约与第 2 节等长，劳氏器的柄长约为后 3 节长的 2.8 倍。上颚背齿、端齿和 3 个内齿褐色。颏中齿圆形，侧齿 5 对。

生境：幼虫生活在各种类型的水体中，多数喜冷水环境。

分布：常见于珲春河、图们江干流、密江河和嘎呀河。

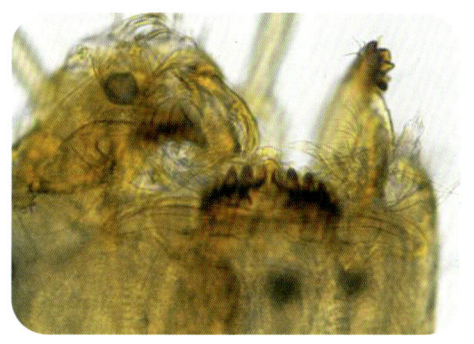

● 瑟摇蚊属 *Sergentia*

瑟摇蚊属 A 种 *Sergentia sp.A*

形态特征：幼虫红色，体长 13mm。触角 5 节，环器位于第 1 节基部近 1/3 处，上颚背齿短，端齿和 4 个内齿依次缩小。颏齿暗褐色，中齿 4 个，中间的 2 个齿低，侧齿 6 对，第 1 侧齿比邻齿低。后原足约具 15 个淡黄色爪。尾刚毛台小，上具 8 根尾毛。

生境：幼虫生活在寡营养和中营养的沿岸地区。

分布：常见于珲春河和密江河。

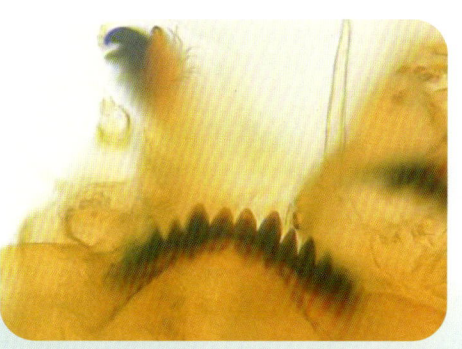

● 萨摇蚊属 *Saetheria*

瑞斯萨摇蚊 *Saetheria reissi*

形态特征：幼虫体长 5mm，触角 6 节，第 2 节很短。触角叶达第 5 节顶端，副叶达第 3 节端部。上颚具端齿和 3 个三角形内齿。颏中齿宽、圆形，大于 4 个侧齿的宽度。侧齿 6 对，第 3 对侧齿比临齿小。尾刚毛台小，上具 7 根尾毛。

生境：幼虫生活在河流沙底的流水中。

分布：常见于密江河、图们江干流、珲春河、嘎呀河和布尔哈通河。

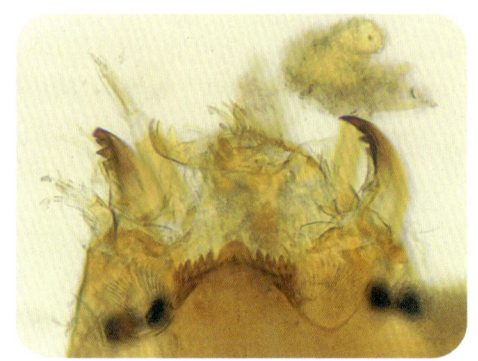

● 拟枝角摇蚊属 *Paracladopelma*

长方拟枝角摇蚊 *Paracladopelma undine*

形态特征：上颚内齿 2 个，前上颚具 4 个齿和 1 个背刺。触角叶基部与第 2 节融合，伸达第 3 节中部，触角芒位于第 3 节端部。颏中齿中部具凹刻。腹颏板长约为颏宽的 0.8 倍。尾刚毛台具 7 根尾毛。

生境：幼虫生活在湖泊或河流软沉积物底质中。

分布：常见于图们江干流、珲春河和嘎呀河。

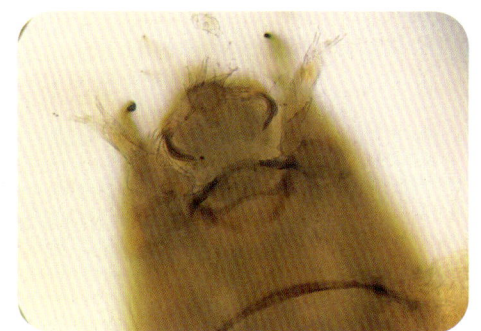

● 内摇蚊属 *Endochironomus*

伸展内摇蚊 *Endochironomus tendens*

形态特征：幼虫体长 8mm，触角 5 节，触角叶达第 5 节顶端，副叶约与第 2 节等长。上颚具 1 个端齿和 3 个内齿。颏中齿 3 个，第 2 和第 4 侧齿比邻齿小。腹部第 8 节具 1 对腹管。腹颏板影线中间折断，背缘平滑。

生境：幼虫生活于周丛生物中，有的穴居水生植物叶或茎内。

分布：常见于密江河、嘎呀河流域。

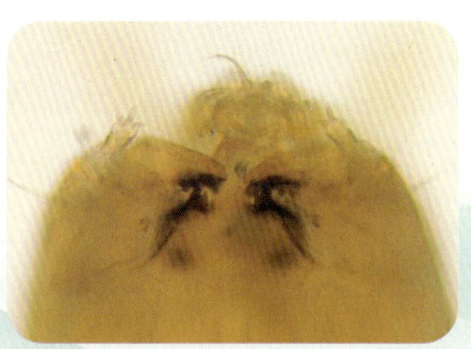

● 流长跗摇蚊属 *Rheotanytarsus*

流长跗摇蚊属 B 种 *Rheotanytarsus* sp.B

形态特征：小型幼虫，体色橘红色，体长 5mm 左右。触角 5 节，触角托端部无刺突，触角第 1 节长为宽的 6 倍，触角叶约与第 2 节等长，劳氏器柄约与第 3 节等长。上颚端齿比 2 个内齿的宽度长，背齿黑色，颏中齿 1 个，中齿两侧具 2 个缺刻。

生境：幼虫喜冷水环境，有筑巢习性，筒巢依附于石块或者植物体上，生活在小溪或者河流中。

分布：常见于珲春河、图们江干流、密江河和嘎呀河。

● 林摇蚊属 *Lipiniella*

马德林摇蚊 *Lipiniella moderata*

形态特征：大型幼虫，体长 11mm。触角 5 节，触角叶相对短。内唇栉被 2 个细条分离成 3 个紧靠在一起，前上颚具 5 个齿。上颚具短的淡色背齿，端齿后面是 3 个内齿。颏中齿 4 个，中间的 2 个大，两侧的相对小，侧齿 6 对。腹颏板窄，长大于颏宽的 2 倍。腹部第 8 节具 1 对约与着生节宽度相等的腹管。

生境：幼虫主要生活在河流的缓流处和具有沙质的沉积物中。

分布：常见于珲春河、密江河和图们江干流。

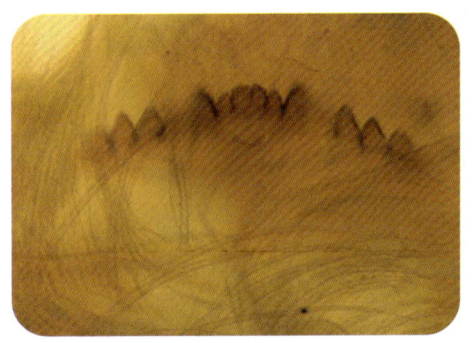

● 间摇蚊属 *Paratendipes*

白间摇蚊 *Paratendipes albimanus*

形态特征：小至中型幼虫，体长达 4~8mm。触角 6 节，触角叶比鞭节短，劳氏器位于第 2 节和第 3 节上，上唇 S I 和 S II 刚毛羽状，内唇栉由 3 个简单或者锯齿形分离的鳞组成。前上颚具 3 个齿，前上颚刷发达。上颚背齿色淡，端齿和 2

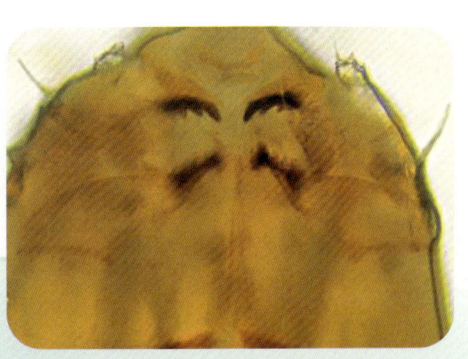

个内齿暗褐色。颏的 4 个中齿比第 1 侧齿低。侧齿 6 对，第 2 侧齿长，第 1 和第 2 侧齿基部融合，超过中齿的高度或与中齿等高。尾刚毛台上具 8 根尾毛。

生境：幼虫生活在湖泊和其他静水及流水的淤泥底和沙底中。

分布：常见于珲春河和密江河。

● 脊突摇蚊属 *Cyphomella*

角脊突摇蚊 *Cyphomella cornea*

形态特征：幼虫体长 6mm，触角 5 节，第 1 节与鞭节等长。上唇 SⅡ 刚毛是 SⅠ 刚毛的 2 倍，内唇栉端部具 3 个三角形鳞。前上颚具 4 个齿，上颚无背齿，具 1 个端齿和 3 个内齿。颏中齿宽，第 1 侧齿与中齿黄褐色，侧齿 7 对，茶褐色。肛管长锥形，长为基部宽的 1.4 倍。尾刚毛台小，尾毛 8 根。

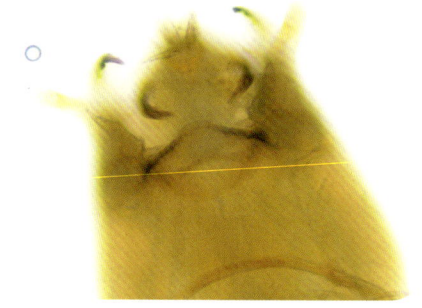

生境：幼虫多分布在较大的河流中。

分布：常见于珲春河、图们江干流和嘎呀河。

● 肛齿摇蚊属 *Neozavrelia*

1. 凤城肛齿摇蚊 *Neozavrelia fengchengensis*

形态特征：小型幼虫，体长 4mm 左右。触角 5 节，触角托小，端部无刺突。第 1 节与鞭节等长，基部具一环器，近中部 1 根刚毛。第 2 节楔形，约与第 3 节等长。劳氏器大，柄长。上唇骨片 SⅠ 2 的前缘向内微凹。触角第 1 节长约为宽的 3 倍，劳氏器柄长约为后 3 节长的 1.1 倍。上颚端齿比 2 个内齿的宽度长。颏中齿与第 1 侧齿等高，侧齿 4 对。腹颏板影线发达。

生境：幼虫喜冷水环境，生活在湖泊和河流中。

分布：常见于嘎呀河和密江河流域。

2. 肛齿摇蚊属 A 种 *Neozavrelia* sp.A

形态特征：小型幼虫，体长 4mm 左右。触角 5 节，触角托小，端部无刺突。第 1 节与鞭节等长，基部具一环器，近中部具 1 根刚毛。第 2 节楔形，约与第 3 节等长。劳氏器大，柄长。上唇骨片 SI 2 的前缘微凸。触角第 1 节长约为宽的 3.3 倍，劳氏器柄长约为后 3 节长的 1.5 倍。上颚端齿比 2 个内齿的宽度短。颏中齿比第 1 侧齿低，侧齿 5 对，第 5 对侧齿很小。

生境：幼虫喜冷水环境，生活在湖泊和河流中。

分布：常见于嘎呀河和密江河。

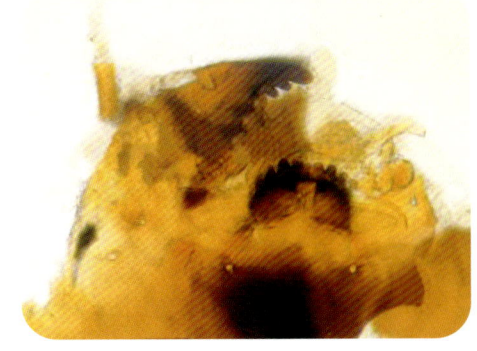

● 二叉摇蚊属 *Dicrotendipus*

叶二叉摇蚊 *Dicrotendipus lobifer*

形态特征：触角 5 节，第 4 节长为宽的 4~6 倍，触角叶比鞭节短或者等长。前上颚具 3 个齿，第 2 和第 3 齿宽钝。上颚具一淡色背齿，端齿 1 个，内齿 3 个。颏中齿两侧具缺刻，侧齿 6 对，颏的第 1、第 2 侧齿完全分开。腹颏板长为宽的 0.6 倍，腹颏板影线完整。额唇基前中部具 1 条形深凹。

生境：幼虫生活在竞争水体和流水的沉积物中。

分布：常见于珲春河、密江河和图们江干流。

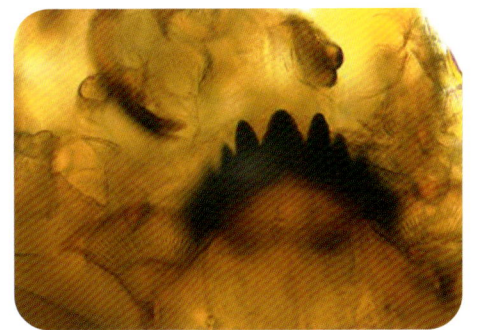

● 罗摇蚊属 *Robackia*

毛尾罗摇蚊 *Robackia pilicauda*

形态特征：幼虫体长 9mm，黄绿色。腹部各节具复节。触角 7 节，最后 2 节极小。上颚具端齿和不同形状的 4 个内齿。须前缘平直具 12 个尖锐的小齿。腹颏板具粗而不规则的隆凸，腹颏板影线粗壮。后原足细长。尾刚毛台小，上具 7 根刚毛。

生境：该种幼虫生活在河流沙底和湖泊的沿岸带。

分布：常见于珲春河、嘎呀河、布尔哈通河、密江河和图们江干流。

前寡角摇蚊亚科 / Prodiamesinae

● 单寡角摇蚊属 *Monodiamesa*

尼提达单寡角摇蚊 *Monodiamesa nitida*

形态特征：幼虫黄色，体长 12mm，触角 5 节，第 3、4、5 节很小，触角叶稍比鞭节长，上唇 SI 刚毛端部有小齿。前上颚强壮，端齿不分叉。上颚端齿强壮，2 个小的内齿紧靠，上颚刷 7 根，颏中齿宽，中间凹陷，侧齿 6 对。腹颏板窄长，末端约具 4~9 根小刚毛，尾毛 8 根。

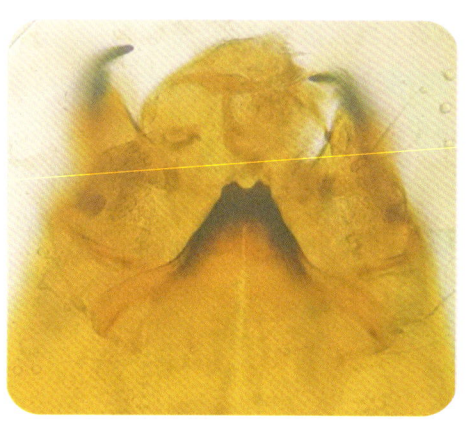

生境：幼虫生活在沙质底的流水和溪流中，幼虫喜清洁水体，常见于寡－中营养水体。

分布：常见于珲春河、图们江干流。

● 前寡角摇蚊属 *Prodiamesa*

前寡角摇蚊 *Prodiamesa sp.*

形态特征：幼虫黄色，体长 10mm。触角 4 节，触角叶长超过鞭节。前上颚具 3 个齿。上颚端半部黑色，端齿比 4 个内齿的合长短。须黑色，中齿 2 个比第 1 侧齿小，侧齿 8 对，第 1~3 对侧齿基部愈合，形似 1 齿。腹颏板宽大，腹颊鬓强壮。尾毛 8 根。肛管长卵形。后原足爪黑褐色。

生境：幼虫生活在河流、溪流的沿岸带。幼虫喜清洁水体。

分布：常见于珲春河、图们江干流、嘎呀河、红旗河。

大型底栖动物　节肢动物门 Arthropoda

蜉蝣目 Ephemeroptera

形态特征：蜉蝣稚虫有扁平型和鱼型两种比较特化的体制。前者以扁蜉科（Heptageniidae）为代表，虫体扁平，即虫体宽度远大于身体的背腹厚度。胸部的足一般较为宽扁，足的关节转变成前后向，即足一般只能前后运动而不能上下运动，活动时身体腹面与底质不分开，在自然状态下，一般不游泳或游泳能力不强。尾丝上的毛一般散生或环生。鱼型体制以短丝蜉科（Siphlonuridae）、等蜉科（Isonychiidae）以及部分四节蜉科（Baetidae）稚虫为代表。这类蜉蝣的虫体背腹厚度大于虫体的宽度。运动时的体态类似小鱼，即身体呈流线型，足一般细长，中尾丝的两侧和尾须的内侧密生长细毛，相邻的细毛交错成网状，使尾丝具有桨的作用。这类蜉蝣一般可用胸足自由地抓握水中的底质或水生植物，游泳迅速。其他蜉蝣的体制处于这两种之间。

扁蜉科 / Heptageniidae

● 扁蜉属 *Heptagenia*

Heptagenia sp.

形态特征：身体扁平，复验及触角位于头部背面，大颚不位于头部背面，不形成头盖的一部分，在1~7腹节有丝状鳃（部分为1~6腹节）。

生境：清洁河流的水体中。

分布：常见于珲春河、密江河、图们江干流、嘎呀河、布尔哈通河、海兰河、红旗河。

● 扁蚴蜉属 *Ecdyonurus*

扁蚴蜉 *Ecdyonurus* sp.

形态特征：稚虫体长5mm，体宽1.5mm。体末具3根尾丝。下颚端部具一列栉状齿，表面细毛散生。头壳前缘完整，下唇的侧唇舌向侧面强烈扩展，边缘凹陷。尾丝上具齿突但无毛。

生境：山地溪流等快速流动的水体中。

分布：常见于珲春河、密江河、嘎呀河、布尔哈通河。

● 高翔蜉属 *Epeorus* Eaton

1. *Epeorus erratus*

形态特征：头部前缘，胫节有长毛，下唇中舌前端狭窄，第1腹节的丝状鳃比叶状鳃小，腹部背面中央有一列突起。尾毛2根。

生境：清洁河流的水体中。

分布：常见于珲春河、密江河、图们江干流、嘎呀河、布尔哈通河、海兰河。

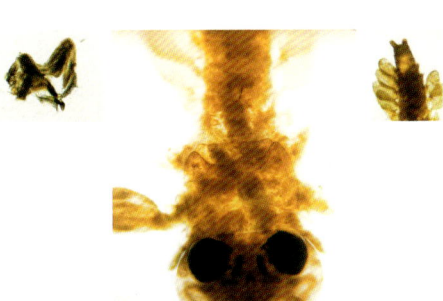

2. *Epeorus nipponicus*

形态特征：头部前缘，胫节有长毛，下唇中舌前端狭窄，第1腹节的丝状鳃比叶状鳃小，尾毛的背面有长毛列，体色为淡褐色。尾毛2根。

生境：清洁河流的水体中。

分布：常见于珲春河、密江河、图们江干流、嘎呀河。

3. 宽叶高翔蜉 *Epeorus latifolium*

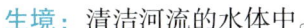

形态特征：稚虫体长11~15mm，头部与前胸等宽，头部扁平，前缘圆，具2个淡色斑纹。足腿节具2条暗色带；各腹节背面具1对暗色点纹。第1~7腹节侧缘具7对鳃，鳃叶宽卵形，红褐色，鳃上的暗紫色斑点散布大半个鳃叶。基部具紫色丝状鳃。尾毛2根。

生境：清洁河流的水体中。

分布：常见于珲春河、密江河、图们江干流、嘎呀河。

4. 弯钩高翔蜉 *Epeourus curvatulus* Matsumura

形态特征：稚虫体长10~13mm，淡褐色。头部前缘中部具1对"C"形斑纹，外侧的淡色斑纹不明显。腹部背面、各足表面具显著斑纹。鳃7对。尾丝2根，为体长的1.5倍。

生境：清洁河流水体的砾石间。

分布：常见于珲春河、密江河、图们江干流、嘎呀河。

5. 透明高翔蜉 *Epeorus latifolium*

形态特征：稚虫体长14mm，淡褐色。头壳侧面平直，前缘具黑色斑点。腿节具黑色斑块。

生境：生活在清洁河流水体的砾石间。

分布：常见于布尔哈通河、海兰河。

● 似动蜉属 *Cinygmina*

Cinygmina sp.

形态特征：稚虫有 3 根尾丝，尾丝各节之间具短刺。第 5 和第 6 对鳃的膜质部分的顶端常具一细长的丝状突起。

生境：基本生活于流水环境中。能在湖泊和大型河流的近岸缓流处的底质中采到，在溪流的各种底质如石块、枯枝落叶等下方常能采到大量稚虫。

分布：常见于珲春河、密江河。

等蜉科 / Isonychiidae

● 等蜉属 *Isonychia*

Isonychia sp.

形态特征：体长 10mm，体宽 2mm。体表呈黑褐色。身体呈流线型。触角长度是头部宽度的 2 倍以上。背腹厚度大于体宽。前腿节和胫节的内侧具长而密的细毛。鳃 7 对，分为两部分。背部的鳃呈单片状，腹部的鳃呈丝状，位于腹节第 1~7 节背侧面。具 3 根尾丝，粗大，中尾丝的两侧和两侧尾丝的内缘均具密生的细长毛。

生境：山地溪流等快速流动的清洁水体中。

分布：常见于珲春河、密江河、图们江干流、布尔哈通河、海兰河。

短丝蜉科 / Siphlonuridae

● 短丝蜉属 *Siphlonurus* Eaton

1. 常氏短丝蜉 *Siphlonurus chankae*

形态特征：稚虫体长 6.5~13.1mm，触角 0.7~1.3mm，尾丝 2.5~5.3mm。3 根尾丝，基本等长。一般体色呈褐色，具有不规则的浅色或暗色斑纹。头部浅褐色，头顶部有一对深褐色

大型底栖动物　节肢动物门 Arthropoda

条纹；胸部黄褐色，具有不太清晰的浅褐色斑点；前足有黑色横条纹，胫节暗黑色，胫节长度小于跗节的 2/3，爪黑色，锐利。腹节背板黄褐色，有浅褐色斑纹；第 1~10 节中后部有一对小的延长的深褐色斑点，第 1 对和第 2 对鳃双片，呈心形；第 3 对单片，叶形；第 4~7 对鳃单片，尾丝浅黄色，无细毛着生。

生境：山地溪流等快速流动的清洁水体中。

分布：常见于珲春河、密江河、嘎呀河。

2. 超众短丝蜉 *Siphlonurus immanis*

形态特征：稚虫体长 12.8~20.5mm，触角 1.2~1.8mm，尾丝 6.3~7.5mm。体色黄褐色，触角浅黄色，较短。翅芽无黑色斑点，腿节基部和端部均具横纹。第 1 对鳃 2 片，后缘具明显缺刻；第 1 对、第 4 对鳃单片，叶形，端部尖锐，后缘具浅缺刻；第 5~6 对鳃单片，卵形，端部圆形，后缘圆形。尾丝浅黄色，端部变黑。

生境：栖息在较清洁的小河、湖泊、池塘和流水的近岸区。

分布：常见于珲春河、密江河、嘎呀河、海兰河。

3. 湖生短丝蜉 *Siphlonurus lacustris*

形态特征：稚虫体长约 20mm。身流线型，背腹宽度大于身体宽度。下颚须中间节的内缘具 4 根刚毛。下唇须第 3 节具粗大刚毛。足细长，腿节、胫节各具一暗色横带。前足跗节具 3~4 个黑色环带。尾丝 3 根，中尾丝两侧及侧尾丝内侧密生长毛。

生境：栖息在较清洁的小河、池塘和流水的近岸区。

分布：常见于珲春河。

栉颚蜉科 / Ameletidae

● 栉颚蜉属 *Ameletus*

Ameletus sp.

形态特征：稚虫体长 6~14mm。下颚端部具一排刷状毛，鳃单片，一般卵圆形，较小，前后缘往往都骨化，尤其是前缘，背面具明显骨化线，尾丝往往具色斑。

生境：栖息在较清洁的小河和流水的近岸区。

分布：常见于珲春河、密江河、图们江干流、嘎呀河、海兰河。

蜉蝣科 / Ephemeridae

● 蜉蝣属 *Ephemera* Linnaeus

1. 东方蜉 *Ephemera orientalis*

形态特征：稚虫体长约 20mm，长筒形，两端尖。触角长，具缘毛。足胫节边缘的刺突较大，前足胫节长度为宽的 4 倍，跗节长为宽的 5 倍，爪细长。腹部背板的斑纹与成虫一致。第 7~9 节背板具 3 对褐色或深褐色纵纹，中央的 1 对相对比两边的短。第 10 节背板具 1 对小黑斑。尾毛 3

条，等长。

生境：稚虫的足强壮，适于掘泥，栖息在清洁河流水体中。

分布：常见于珲春河、密江河、图们江干流、嘎呀河、布尔哈通河、海兰河、红旗河。

2. 条纹蜉 *Ephemera strigata*

形态特征：稚虫体长20mm，尾丝长约9mm。额突前缘分叉；触角长约为头宽的2倍，触角各节连接处有细毛，触角内缘具一小突起。腹部背板斑纹与成虫类似，第1~9节背板各具1对褐色斜纹斑，尤其第7~9节背板斜纹斑明显，第10节背板无色斑，尾丝3根，丛生细毛。

生境：生活在清洁河流水体的软底质中，穴居，滤食性。

分布：常见于珲春河、密江河、嘎呀河、布尔哈通河、海兰河。

河花蜉科 / Potamanthidae

● 河花蜉属 *Potamanthus*

1. *Potamanthus* sp.

形态特征：前肢没有变形成适合挖掘的形态，鳃不覆盖在腹部的背面。各足腿节较宽，腹部侧面具7对鳃。尾毛3根，侧面具长细毛。

生境：稚虫生活在清洁河流水体的软底质中。

分布：常见于珲春河、图们江干流、布尔哈通河、海兰河。

2. 黄河花蜉 *Potamanthus luteus*

形态特征：稚虫体长10~13mm，黄绿色。身体扁平，前胸背面具不规则斑纹。上颚突小，突出头部前缘不明显。各足腿节较宽，上具两条褐色横带，胫节中部具一暗色纵带。腹部第5~9节背板后缘具两列明显的三角形白斑。腹部侧面具7对鳃，第1对丝状，分2节。第2~7对两叉状，端部呈缨毛状。尾毛3根，侧面具长细毛。

生境：稚虫生活在清洁河流水体的软底质中。

分布：常见于珲春河、密江河、图们江干流。

3. 美丽河花蜉 *Potamanthus formosus*

形态特征：体长一般为 7.5~29.0mm，尾丝长 4.5~16.2mm，整个身体扁平，背面光滑或生有一些细刚毛。头壳棕黄色或棕褐色，上有不规则的浅色或深色斑纹，额部无明显的额突。鳃 7 对，位于腹部侧面，第 1 对丝状，分 2 节；第 2~7 对鳃为两叉状，鳃边缘呈缨毛状。尾丝 3 根，中尾丝的两侧和尾须的内侧具浓密的细长刚毛，侧尾须的外侧刚毛稍短，每节的节间处颜色略深。

生境：稚虫生活在流水中的石块或砾石的缝隙中。

分布：常见于珲春河、图们江干流。

● 红纹蜉属 *Rhoenanthus*

红纹蜉属 B 种 *Rhoenanthus sp.B*

形态特征：稚虫体长约 25mm，黄褐色。头部单眼 3 个，上额突发达，长约为头长的 2 倍，背缘外侧具小刺。前胸背板宽，侧缘色淡，无明显斑纹。前足腿节前缘具细长缘毛。胫节细长，跗节具黑色纵带。腹部背面无明显斑纹。腹部第 1 对鳃退化，分 2 节。第 2~7 对鳃发达，至基部分裂为两支，侧缘密生缨毛。尾须 3 根，缘毛密而长。

生境：稚虫穴居在泥沙底的流动水体中，喜清洁水体。

分布：常见于珲春河、密江河、图们江干流。

四节蜉科 / Baetidae

● 花翅蜉属 *Baetiella*

Baetiella sp.

形态特征：稚虫体长 5~6mm，黄褐色，单眼发达，胸部背板无明显斑纹。腹部背板第 3~9 节各具 1 对较明显的暗色圆斑。鳃 7 对，尾须 2 根。

生境：生长在流水中的石块或砾石的缝隙中。

分布：常见于嘎呀河、布尔哈通河。

● 四节蜉属 *Baetis*

Baetis sp.

形态特征：稚虫体长 7mm 左右，尾丝 3 根，浅黄褐色。身体呈小鱼状的流线形，背腹厚度大于身体宽度。触角较长，长度大于头宽的 3 倍，触角柄节不具缺刻。鳃位于腹部第 2~7 节，单枚，呈膜片状。右上颚臼齿呈齿状。下颚、下唇、前足和中足的基部不具鳃，其中前足爪简单，不分叉；下颚须第 2 节端部不具凹陷。头部具 3 枚黑点。

生境：在山地溪流中较为常见，轻污染水体中较多分布。

分布：常见于珲春河、密江河、图们江干流、嘎呀河、布尔哈通河、海兰河、红旗河。

细蜉科 / Caenidae

● 细蜉属 *Caenis*

中华细蜉 *Caenis sinensis*

形态特征：体长 2.5mm，色浅。中胸背板前侧角的略后方向侧方突出，呈明显的耳状突起；腹部第 1~2 节背板色较浅，鳃盖前半部分色淡，后半部分呈棕黄色；第 7~9 节背板中央部分呈棕

黄色，边缘部分色浅；第 10 节背板色浅。第 7~9 节背板的侧后角向后方略扩展成尖锐的角状；腹部各部分都具细长毛；尾丝节间具稀疏的细毛。

生境：多数生活于表层为泥质、泥沙和枯枝落叶混合底质的静水水体中。

分布：常见于图们江干流、布尔哈通河。

小蜉科 / Ephemerellidae

● 带肋蜉属 *Cincticostella* Allen

1. *Cincticostella elongatula*

形态特征：鳃在第 3~7 腹节，中胸前缘有圆突，尾毛各节间的毛粗短，尾毛较长，长于体节，爪上有 5~8 颗齿，各腿节背面覆盖棍棒状的小突起。

生境：稚虫在清洁河流水体的砾石间栖息。

分布：常见于嘎呀河。

2. *Cincticostella levanidovae*

形态特征：鳃在第 3~7 腹节，中胸前缘有圆突，尾毛各节间的毛粗短，尾毛较长，长于体节，爪上有 5~8 颗齿，腹部背面有 2 对清晰的黑色纵线。

生境：稚虫在清洁河流水体的砾石间栖息。

分布：常见于嘎呀河。

3. *Cincticostella orientalis*

形态特征：鳃在第 3~7 腹节，中胸前缘有圆突，尾毛各节间的毛粗短，尾毛短，小于体节，爪上有 1~2 颗齿。

生境：稚虫在清洁河流水体的砾石间栖息。

分布：常见于嘎呀河。

4. *Cincticostella* sp.

形态特征：鳃在第 3~7 腹节，中胸前缘有圆突，尾毛各节间的毛粗短，尾毛较长，长于体节。

生境：稚虫在清洁河流水体的砾石间栖息。

分布：常见于珲春河、密江河、嘎呀河、海兰河。

5. 黑带肋蜉 *Cincticostella nigra*

形态特征：体长约 8mm，赤褐色至黑褐色。前胸呈长方形，前侧角向前突出。中胸背板前侧缘向侧方突出。足具短细毛，前足腿节背面端部具棘刺，爪具 5~9 个小齿。尾毛 3 根，长约为体长的 2/3，节间具刺。

生境：稚虫在山地溪流的石块间栖息，喜清洁水体。

分布：常见于珲春河、密江河、图们江干流、嘎呀河、布尔哈通河。

6. 栗带肋蜉 *Cincticostella castanea*

形态特征：体呈黄褐色至红棕色。下颚须 3 节，第 1 节和第 2 节约等长，第 3 节长约为第 2 节的 1/3。鳃在第 3~7 腹节，中胸前缘有圆突，尾毛各节间的毛粗短，尾毛较长，长于体节，爪上有 5~8 颗齿，体腹部第 2~9 节背后缘具 1 对棘瘤。

生境：稚虫在清洁河流水体的砾石间栖息。

分布：常见于珲春河、密江河、嘎呀河。

● 弯握蜉属 *Drunella*

1. *Drunella basalis*

形态特征：头部背面前侧角的角状刺短或无，前足胫节内侧末端向前延伸最多达跗节长度的 1/2，前肢腿节背面没有棱线，头部前缘突出，其中央部凹陷，头部前方有 1 对大角状刺。

生境：常在清洁河流水体的砾石间栖息。

分布：常见于珲春河、密江河、嘎呀河。

2. *Drunella sacharinensis*

形态特征：头部背面前侧角的角状刺短或无，前足胫节内侧末端向前延伸最多达跗节长度的 1/2，头后部没有长毛束。

生境：常在清洁河流水体的砾石间栖息。

分布：常见于珲春河、密江河、图们江干流、嘎呀河。

3. 背粒弯握蜉 *Drunella lepnevae*

形态特征：胫节向前端延伸。头部前方及头部前缘或两侧有多个突起，后脑无瘤突。头部背面前侧角无角状刺，只在头部背面后端生有 1 对瘤状疣，头部和胸部背面散布黑微粒，尾须两侧无细毛，尾须背部生有细毛，尾须的基部和中部有 2 个深色带区，体长 8~12mm，尾须长 5~8mm。

生境：常在清洁河流水体的砾石间栖息。

分布：常见于珲春河、密江河、嘎呀河、布尔哈通河、海兰河。

4. 刺棘弯握蜉 *Drunella aculea*

形态特征：体长约 12mm，尾丝约 7mm。头部前缘具 3 个明显且长的额突，两侧远大于中间。前足腿节前缘具一排大小相间的尖锐齿突，表面分布有不规则的小突起。

生境：常在清洁河流水体的岩石间栖息。

分布：常见于珲春河、密江河、嘎呀河、布尔哈通河。

5. 石氏弯握蜉 *Drunella ishiyamana*

形态特征：稚虫体长约 8mm。头部前缘角状突起小，中单眼突起发达。前足腿节短、宽，背表面具一类 T 形棱脊，无颗粒状突起。各足腿节具 2 条黑褐色带。胫节中部、跗节基部各有 1 条黑褐色带。鳃 5 对。尾丝 3 根，端半部密生较长刚毛。

生境：常在清洁河流水体的砾石间活动。

分布：常见于珲春河、密江河、图们江干流、嘎呀河、布尔哈通河、海兰河、红旗河。

6. 三刺弯握蜉 *Deunella tricantha*

形态特征：体呈黄褐色，体背有深浅斑纹。头部具上额突 3 个。前足腿节背表面具颗粒状突起，前缘具尖齿状突起。前足胫节端部向前延伸至跗节长度的 1/2。腹部背板具成对的背棘。

生境：常在清洁河流水体的砾石间栖息。

分布：常见于珲春河、密江河、图们江干流、嘎呀河、布尔哈通河、海兰河、红旗河。

7. *Drunella* sp.

形态特征：头部具上额突 3 个。前足腿节背表面具颗粒状突起，前缘具尖齿状突起。前足胫节端部向前延伸至跗节长度的 1/2。腹部背板具成对的背棘。

生境：常在清洁河流水体的砾石间栖息。

分布：常见于珲春河、密江河、图们江干流、嘎呀河、布尔哈通河、海兰河、红旗河。

● 小蜉属 *Ephemerella*

1. 安特小蜉 *Ephemerella atagosana*

形态特征：鳃 5 对，位于腹部第 3~7 节背部的两侧。有小颚须，第 3 腹节的鳃不覆盖其他节的鳃，前胸背板无两对黑斑，体长 10mm 以下。尾丝 3 根。

生境：常在溪流的石块间栖息，喜清洁水体。

分布：常见于嘎呀河。

2. *Ephemerella* sp.1

形态特征：稚虫体长约 7mm。头部前缘有 2 个白斑。前胸背板中间具白色纵条，两侧具不同形状的斑纹。中胸中间具 1 对中间折断的纵条，侧缘具黑色纹。足腿节具 2 个黑色横带，胫节和跗节中部各有 1 条暗色带。鳃 5 对，第 5 对最小。尾丝 3 根，节间密生较长刚毛。

生境：稚虫在较清洁河流水体的砾石间栖息。

分布：常见于珲春河、密江河、图们江干流、嘎呀河、布尔哈通河、海兰河。

● 天角蜉属 *Uracanthella*

Uracanthella sp.

形态特征：稚虫体长 5~8mm，头部至腹部第 3 节具 1 对白色纵纹，背中线为白色，两侧为褐色，故看上去身体背面具 3 条白色纵纹。各足腿节基部为黑褐色，胫节具 2 个褐色环纹，跗节具 1 个环纹。身体其他部分呈棕红至棕黑色。下颚须的端部密生黄色的细长毛，无刺。爪具小齿 8 枚，端部 1 枚最大，爪呈两叉状。腹部背板无突起，背板后缘突起小。尾毛节间处具一圈小刺。

生境：稚虫在清洁河流水体的砾石间栖息。

分布：常见于珲春河、密江河和图们江干流。

细裳蜉科 / Leptophlebiidae

● 宽基蜉属 *Choroterpes*

Choroterpes sp.

形态特征：稚虫体长约 7mm。鳃 7 对，第 1 对鳃丝状，单枚或两枚；第 2~7 对鳃相似，基本呈片状，后缘分裂为 3 枚尖突状。

生境：稚虫在清洁河流水体的砾石间栖息。

分布：常见于珲春河、密江河、图们江干流、红旗河。

襀翅目 Plecoptera

形态特征：体中小型，细长、柔软。复眼发达，单眼 3 个。触角长丝状，至少为体长的 1/2。口器咀嚼式，前胸大，方形。翅膜质，前翅狭长，后翅臀区发达，翅脉多，变化大，中肘脉间多横脉，休息时翅平折在虫体背面。跗节 3 节。尾须长，丝状。雌虫无产卵。

带襀科 / Taeniopterygidae

● *Meystsia* 属

Meystsia sp.

形态特征：幼虫第 9 腹节腹板形态似舌状伸出，尾须背面生有刚毛。触角鞭节上部也有类似的刚毛。羽化很早，可在积雪上见到。

生境：稚虫在山地溪流清洁水体的砾石间生活。

分布：常见于珲春河、密江河、图们江干流。

叉襀科 / Nemouridae

● *Amphinemura* 属

Amphinemura sp.

形态特征：体细长，腹部第 9 腹板与其他腹板一样，足第 2 跗节比第 1 跗节短，颈部腹面有簇状鳃。

生境：稚虫在山地溪流清洁水体的砾石间生活。

分布：常见于密江河、图们江干流。

● *Protonemura* 属

Protonemura sp.1

形态特征：稚虫体长约 13mm，体呈黄褐色或暗褐色。触角长，黄褐色。前胸背板呈长方形，中后胸翅芽呈分开状。足细长，黄褐色，各节外缘密生长毛。腹部背面暗褐色，腹面暗黄色。尾毛细长。

生境：稚虫在清洁溪流、急流河水的砾石或水草间生活。

分布：常见于密江河、图们江干流。

● 叉䗛属 *Nemoura*

Nemoura sp.

形态特征：稚虫体长约 10mm，体呈灰褐色或暗褐色。触角长，黄褐色。前胸背板呈长方形，中后胸翅芽呈"八"字形。足细长，黄褐色，各节外缘密生长毛。腹部背面呈暗褐色，腹面呈暗黄色。尾毛细长。

生境：稚虫在清洁溪流、急流河水的砾石或水草间生活。

分布：常见于图们江干流、嘎呀河。

襀科 / Perlidae

● 钩襀属 *Kamimuria*

Kamimuria sp.

形态特征：胸部侧足的基部周边有系状鳃，下唇的侧舌膨大呈球状，头后部有横断的隆起线（枕骨脊），后头部枕骨脊上有短刚毛，单眼3个，头后部无明显淡色倒三角，腹部各背板中央有刚毛，数量不定，后方体节多，沿后头部胸部背面长有稀疏的细毛。

生境：稚虫在山地溪流清洁水体的砾石间生活。

分布：常见于海兰河。

● 襟襀属 *Togoperla*

Togoperla sp.

形态特征：胸部侧足的基部周边有系状鳃，下唇的侧舌膨大呈球状，头后部有横断的隆起线（枕骨脊），后头部枕骨脊上有短刚毛，单眼3个，头后部无明显淡色倒三角，腹部各背板中央有1对显著刚毛，后头部及胸部腹面背面不生长细毛。

生境：稚虫在山地溪流清洁水体的砾石间生活。

分布：常见于珲春河、密江河、布尔哈通河、海兰河。

● **新蜻属** *Neoperla*

1. *Neoperla callneuria*

形态特征：胸部侧足的基部周边有系状鳃，下唇的侧舌膨大呈球状，头后部有横断的隆起线（枕骨脊），单眼2个。

生境：稚虫在山地溪流清洁水体的砾石间生活。

分布：常见于珲春河、密江河、图们江干流。

2. *Neoperla* sp.

形态特征：胸部侧足的基部周边有系状鳃，下唇的侧舌膨大呈球状，头后部有横断的隆起线（枕骨脊），后头部枕骨脊上无刚毛，单眼2个。

生境：稚虫在山地溪流清洁水体的砾石间生活。

分布：常见于珲春河、密江河、图们江干流。

绿蜻科 / Chloroperlidae

● 简绿蜻属 *Haploperla*

Haploperla sp.

形态特征：下唇侧舌直线向前方伸出，无鳃，末龄幼虫后胸发达的翅芽不向侧方弧形伸出，尾部通常比腹部短。眼在正常位置，头后部更均匀、更近圆，胸部腹面刚毛是直立的、浅色的，前胸背板边缘刚毛长，最多到前胸的 3/4 长度。

生境：稚虫在山地溪流清洁水体的砾石间生活。

分布：常见于珲春河、密江河、嘎呀河。

● 异绿蜻属 *Alloperla*

Alloperla sp.

形态特征：尾须各节后缘刚毛长，与尾须末端各节几乎同长，翅芽内缘不平行，向后方伸出。

生境：稚虫在山地溪流清洁水体的砾石间生活。

分布：常见于珲春河、密江河、嘎呀河、布尔哈通河、海兰河。

● 钩绿蜻属 *Suwallia*

Suwallia sp.

形态特征：幼虫体细长，尾部各节后缘刚毛短，不超过各尾节的 1/2 长。

生境：稚虫在山地溪流清洁水体的砾石间生活。

分布：常见于珲春河、密江河、嘎呀河、布尔哈通河、海兰河。

● 长绿蜻属 *Sweltsa*

Sweltsa sp.

形态特征：尾部各节后缘刚毛长，末端几乎与后部尾节等长。翅芽内缘不平行，向后方伸出。前胸背板前缘与后缘密生刚毛，节间不生刚毛。

生境：稚虫在山地溪流清洁水体的砾石间生活。

分布：常见于珲春河、密江河、图们江干流、嘎呀河、布尔哈通河、红旗河。

黑蜻科 / Capniidae

● *Paracapnia* 属

paracapnia sp.

形态特征：尾须刚毛稀疏，腹部密生细毛，细毛长是各腹节长的 1/2 以上。

生境：稚虫在山地溪流清洁水体的砾石间生活。

分布：常见于密江河、图们江干流。

● 球黑蜻属 *Eucapnopsis*

Eucapnopsis sp.

形态特征：稚虫体长约 10mm，体呈灰褐色或暗褐色。触角长，黄褐色。前胸背板呈长方形，中后胸翅芽呈"八"字形。足细长，黄褐色，各节外缘密生长毛。腹部背面呈暗褐色，腹面呈暗黄色。尾毛细长。

生境：稚虫在清洁溪流、急流河水的砾石或水草间生活。

分布：常见于嘎呀河、布尔哈通河、海兰河。

大蜻科 / Pteronarcyidae

● 大蜻属 *Pteronarcys*

萨卡林大蜻 *Pteronarcys sachalina*

形态特征：稚虫体长约 39mm，触角约 21mm。头部、胸部、腹部背面呈黑褐色，腹部腹面、足和触角呈黄褐色。大颚呈叶片状。前胸腹板、腹部前 2~3 节腹面具气管鳃。足腿节、胫节外缘具长毛。尾须长约 9mm，节间具小刺。

生境：稚虫在山地溪流清洁水体的砾石间生活。

分布：常见于珲春河、密江河、图们江干流、嘎呀河、布尔哈通河、海兰河、红旗河。

网蜻科 / Perlodidae

● 斯卡拉网蜻属 *Skwala*

Skwala sp.

形态特征：中唇舌短于侧唇舌，下颚须的最后一节比倒数第 2 节略窄，内颚叶具 2 个齿，大颚外瓣具明显的锯齿。胸背具有对比图案，沿着胸部的蜕裂线，身体覆盖着金色的长毛，胸节和前几节腹部的两侧缺少分支鳃，中胸腹面 Y 臂分叉的凹陷与前角相会。第 1 跗节大为缩短，几乎与第 2 跗节长度相同，比第 3 跗节短得多。翅与身体的纵轴线呈一定角度；第 10 腹板发达、强壮。尾须长，等于或大于腹部长。幼虫长约 20mm。

生境：稚虫喜生活在含氧充足的清流石下或砂砾间，污染可使其死亡。

分布：常见于珲春河、海兰河。

● ***Sopkalia* 属**

Sopkalia yamadae

形态特征：下唇侧舌呈弧状向侧方伸出，后胸发达的翅芽向后方突出，尾与腹部几乎等长，头部腹面与胸部侧面的两侧有指状鳃；前中胸与中后胸之间的指状鳃和朝向腹方的长状鳃与朝向背方的短状鳃成对。

生境：稚虫在清洁河流水体的砾石间生活。

分布：常见于珲春河、密江河、图们江干流。

● ***Tadamus* 属**

科恩阿蜉 *Tadamus kohnonis*

形态特征：稚虫体长约 18mm。体细长，黄褐色。头部单眼 3 个。触角长为体长的 1/2。前胸背板呈扁圆形，周边呈赭褐色。中后胸背面具褐色斑纹，翅芽发达，向侧方伸出。腹部细长，各腹节中线两侧具淡色小点纹。足细长，黄赭色，外缘密生细毛。尾毛长为体长的 1/2。

生境：稚虫在山地河流清洁水体的砾石下面生活。

分布：常见于珲春河、密江河、图们江干流。

● 巨网䗛属 *Megarcys*

黄褐巨网䗛 *Megarcys ochracea* klapalek

形态特征：成熟稚虫呈黑褐色，体长约 20mm。头比前胸宽，复眼间具"M"形纹。前胸呈长方形，后缘圆钝。足较长，淡黄褐色，胫节外缘具长毛。腹部中央具淡色斑纹。尾须呈黄褐色，长约 10mm。

生境：稚虫在清洁河流水体的砾石间生活。

分布：常见于珲春河、图们江干流。

● 狭网䗛属 *Stavsolus*

Stavsolus sp.

形态特征：成熟稚虫呈黑褐色，体长约 20mm；仅有头部腹面有指状鳃；中胸腹板的"Y"线与腹板孔的前端接续；小颚内叶基本不生刚毛，体表面稍有光泽。

生境：稚虫在清洁河流水体的砾石间生活。

分布：常见于珲春河、密江河、图们江干流、布尔哈通河、红旗河。

● *Ostrovus* 属

Ostrovus sp.

形态特征：稚虫头部腹面与胸部侧面完全无鳃；腹部第 1~2 节的背板与腹板之间有膜质部分相隔；中胸腹板的"Y"线与腹板孔的后端接续；腹部背面中央有宽阔横长淡色斑纹；小颚内叶前端分成两支。

生境：稚虫在清洁河流水体的砾石间生活。

分布：常见于珲春河、密江河、图们江干流、布尔哈通河、海兰河、红旗河。

毛翅目 Trichoptera

形态特征：通称石蛾，中小型昆虫；咀嚼式口器，翅 2 对，被有粗细不等的毛，腹部呈纺锤形。幼虫"石蚕"水栖，会以草石贝壳等筑巢，露出头足爬行。

角石蛾科 / Stenopsychidae

● 角石蛾属 *Stenopsyche*

1. 黄山角石蛾 *Stenopsyche huangshanensis*

形态特征：前肢亚节的前缘有 2 个尖尖的突起，头部明显细长，淡底色上有清晰的黑色斑纹，额唇基区仅有点斑纹，中线处无 1 条纵向条纹。

生境：栖息于平地的小河及缓流的溪流当中。

分布：常见于珲春河、密江河、图们江干流、嘎呀河、布尔哈通河、海兰河、红旗河。

2. 纳氏角石蛾 Stenopsyche navasi

形态特征：前肢基节的前缘有 2 个尖尖的突起，突起长短显著不同。头部明显细长，淡底色上有清晰的黑色斑纹，额唇基区仅有点斑纹。

生境：栖息于平地的小河及缓流的溪流当中。

分布：常见于珲春河、密江河。

3. 色氏角石蛾 Stenopsyche sauteri

形态特征：幼虫大型，体长 30mm，身体呈圆柱状，暗灰褐色至紫褐色。头部呈长圆筒状，暗黄褐色。头部背面额板细长，中间无黑色纵纹，两侧具数对黑斑。前胸退化，暗黄褐色，生有黑色斑点。中胸、后胸膜质。前足基节前上方具一叉形突起，上叉的突起小。足 3 对，短小。无气管鳃。

生境：幼虫在清洁河流水体的砾石间筑成粗砂粒巢室，结成丝网捕食栖息。

分布：常见于珲春河、密江河、图们江干流、红旗河。

4. 条纹角石蛾 Stenopsyche marmorata Navas

形态特征：幼虫大型，体长 40mm，身体呈圆柱状，暗灰褐色至紫褐色。头部呈长圆筒状，暗黄褐色。头部背面额板细长，中间具黑色纵纹，纵纹两侧具数对黑斑。前胸退化，暗黄褐色，生有黑色斑点。中胸、后胸膜质。前足基节前上方具一叉形突起，上叉的突起大。足 3 对，短小。无气管鳃。肛鳃 4 对。

生境：幼虫在清洁河流水体的砾石间用粗砂粒筑巢，结成丝网捕食栖息。

分布：常见于珲春河、密江河、图们江干流、嘎呀河、布尔哈通河、海兰河、红旗河。

纹石蛾科 / Hydopsychidae

● 缺距纹石蛾属 *Potamyia*

Potamyia sp.

形态特征：幼虫体长 10mm，腹部体节背面覆盖长刺毛，头盾板前缘膨大。

生境：幼虫在山地、平原流水中栖息，数量颇多，常以砂粒或植物碎片筑巢，上方以丝线做成网，通过流水收集食物。

分布：常见于珲春河、密江河、图们江干流。

● 纹石蛾属 *Hydropsyche*

1. *Hydropsyche* sp.1

形态特征：幼虫体长 15mm，头部上扁。腹部呈灰褐色至紫褐色。前胸腹面具 1 腹板，后方具 1 对骨片，中胸及后胸后缘中央具特有的黑色纹。体毛呈鳞片状。中、后胸及腹部第 1~7 节具树枝状气管鳃 4 纵列。肛鳃 4 个。尾足端部具长、大刚毛簇。

生境：幼虫在山地、平原流水中栖息，数量颇多，常以砂粒或植物碎片筑巢，上方以丝线做成网，通过流水收集食物。

分布：常见于珲春河、密江河、图们江干流、红旗河。

2. *Hydropsyche* sp.2

形态特征：幼虫体长 17mm，头部上扁，黑色，两眼有白斑。腹部呈灰褐色至紫褐色。前胸腹面具 1 腹板，后方具 1 对骨片，中胸及后胸后缘中央具特有的黑色纹。体毛呈鳞片状。中、后胸及腹部第 1~7 节具树枝状气管鳃 4 纵列。肛鳃 4 个。尾足端部具长、大刚毛簇。

生境：幼虫在山地、平原流水中栖息，数量颇多，常以砂粒或植物碎片筑巢，上方以丝线做成网，通过流水收集食物。

分布：常见于珲春河、密江河、图们江干流。

3. *Hydropsyche* sp.3

形态特征：幼虫体长 16mm，头部有花纹。腹部呈灰褐色至绿色。前胸腹面具 1 腹板，后方具 1 对骨片，中胸及后胸后缘中央具特有的黑色纹。前足基部摩擦器具两分叉。中、后胸及腹部第 1~7 节具树枝状气管鳃 4 纵列。肛鳃 4 个。尾足端部长，有大刚毛簇。

生境：幼虫在山地、平原流水中栖息，数量颇多，常以砂粒或植物碎片筑巢，上方以丝线做成网，通过流水收集食物。

分布：常见于珲春河、密江河、图们江干流、红旗河。

● 长角纹石蛾属 *Macrostemum*

Macrostemum sp.

形态特征：幼虫体长约 20mm，头部、胸部呈黄褐色。前胸腹面具 1 腹板，后方无骨片。前足基部摩擦器不分叉，上具若干粗刚毛。中胸后缘中央具黑色"V"形纹。体毛呈鳞片状。中、后胸及腹部第 1~7 节具多分支的气管鳃 6 列。肛鳃 5 个。

生境：幼虫在山地、平原清洁河水中栖息，常以砂粒筑成不规则的圆筒状巢。

分布：常见于珲春河、嘎呀河。

瘤石蛾科 / Goeridae

● 瘤石蛾属 *Goera*

Goera curvispina Martynov

形态特征：幼虫体长 6~8mm，腹部气管鳃 2~3 根。足呈黄褐色，腿节基部背面、腿节、胫节关节处及跗节呈黑色。筒巢侧翼部位有 2~3 对大石粒附着。

生境：幼虫在清洁河流水体的砾石下用砂粒筑成圆筒状巢室。

分布：常见于珲春河、密江河、图们江干流。

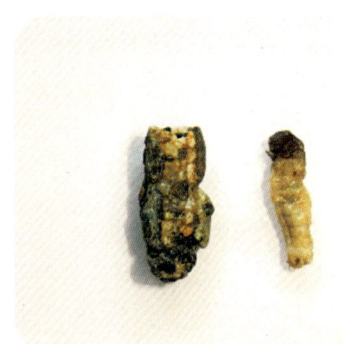

沼石蛾科 / Limnephilidae

● *Dicosmoecus* 属

Dicosmoecus sp.

形态特征：腹部气管鳃分支，头部背面无黑色斑纹，末龄幼虫用砂粒做背腹稍扁平、稍弯曲的筒巢。

生境：栖息在山地溪流缓流部分的落叶堆中。

分布：常见于珲春河、密江河、图们江干流。

● *Ecclisomyia* 属

Ecclisomyia kamtshatica

形态特征：腹部有单一棒状鳃，腹部盐类质上皮细胞在第 3~7 节。腹部第 2 节前缘无鳃，后胸背面 sa1 甲壳素板在中央接近，用砂粒做圆筒状有长植物碎片纵向依附的巢。

生境：在山间溪流缓流落叶堆积处生存。

分布：常见于珲春河。

● *Hydatophlax* 属

1. *Hydatophylax festivus*

形态特征：后胸背面 sa1 甲壳素板在中央靠拢，各肢跗节、胫节末端有明显暗色带，头部及前中胸都有暗色点纹。

生境：在山间溪流缓流落叶堆积处生存。

分布：常见于珲春河、密江河、图们江干流。

2. 黑纹水石蛾 *Hydatophlax nigrovitatus*（Mclachlan）

形态特征：幼虫体长约 30mm。头呈黄褐色，背面具明显斑纹。后胸背板 sa1 骨片左右相连。足胫节、跗节末端呈黑褐色。腹部第 1 节背面的瘤状突起呈尖突状，侧面的 2 个瘤状突起圆钝。腹部的鳃呈单棒状。

生境：幼虫以植物叶片筑巢，筒巢粗糙，在清洁山地溪流的缓流处栖息。

分布：常见于珲春河、密江河、图们江干流。

● *Lenarchus* 属

Lenarchus fuscostramineus

形态特征：腹部盐类质上皮细胞在背面、腹面及背侧面。有用植物片做的圆筒巢。腹部气管鳃多有分支，为8根或以上。

生境：栖息在山地溪流缓流处的落叶堆中。

分布：常见于珲春河。

● *Nothopsyche* Banks 属

Nothopsyche ruficollis

形态特征：腹部气管鳃有分支；腹部气管鳃有4支，没有5支以上的情况出现；腹部盐类质上皮仅存在于腹面；长圆形盐类质上皮位于腹部腹面第2~8节。

生境：栖息于平地的小河及缓流的溪流当中。

分布：常见于珲春河、图们江干流。

● 伪突沼石蛾属 *Pseudostenophylax*

Pseudostenophylax sp.

形态特征：腹部腹面第2~7节有盐类质上皮细胞。腹部第4节侧面有鳃，后肢腿节外侧面有5根以上的长刺毛，用砂砾做筒巢。

生境：在清洁山地溪流的缓流处栖息。

分布：常见于珲春河、密江河、嘎呀河、布尔哈通河、海兰河。

● 沼石蛾属 *Limnephilus*

1. *Limnephilus fuscovittaatus*

形态特征：腹部气管鳃分为3支，腹部背面无盐类质上皮细胞，筒巢使用不同材料形成各种形状。

生境：在清洁山地溪流的缓流处栖息。

分布：常见于珲春河。

2. *Limnephilus* sp.1

形态特征：腹部气管鳃分为3支，腹部背面无盐类质上皮细胞，筒巢使用不同材料形成各种形状。

生境：在清洁山地溪流的缓流处栖息。

分布：常见于珲春河。

3. *Limnephilus* sp. LB

形态特征：腹部气管鳃分为3支，腹部背面无盐类质上皮细胞，筒巢使用不同材料形成各种形状。

生境：在清洁山地溪流的缓流处栖息。

分布：常见于珲春河、图们江干流。

● 内石蛾属 *Nemotaulius*

埃莫内石蛾 *Nemotaulius admorsus*

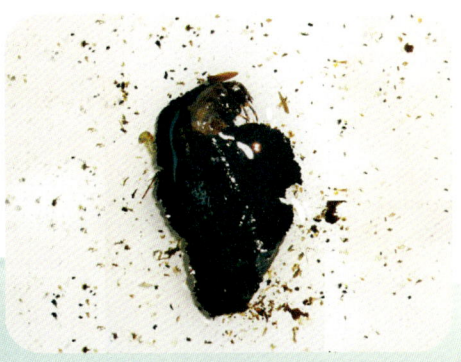

形态特征：幼虫体长约 21mm。头部背面黑色条纹明显。中胸背板 sa1 处具 1 根刚毛。腹部第 1 节背面和侧面各具 1 个瘤状突起。

生境：在清洁山地溪流的缓流处栖息。

分布：常见于珲春河。

原石蛾科 / Rhyacophilidae

喜马原石蛾属 *Himalopsyche*

Himalopsyche sp.

形态特征：大型种幼虫末龄幼虫体长 15~37mm。胸部及腹部体节具有簇状气管鳃，虫室附着在大型石块上，捕食各类水生昆虫。

生境：在清洁山地溪流的缓流处栖息。

分布：常见于珲春河、密江河。

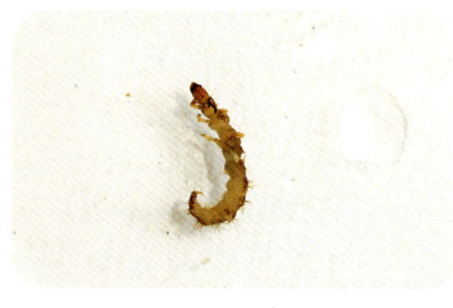

● 原石蛾属 *Rhyacophila*

1. *Rhyacophila hokkaidensis*

形态特征：前肢不太变形，有气管鳃，头部和前胸背板的底色呈暗褐色至黄褐色，沿前胸背板的缝合线排列褐色点；头部和前胸背板的黄褐色部和黄色部颜色比较模糊。

生境：栖息于平地的小河及缓流的溪流中。

分布：常见于珲春河、密江河。

2. *Rhyacophila lezeyi*

形态特征：有气管鳃，头部与前胸背板底色呈黄色，有许多褐色斑纹与点纹。前胸背部后半部中央颜色变暗，沿蜕裂线有淡色点纹分布。

生境：幼虫在山地溪流细流中分布。

分布：常见于珲春河、密江河、图们江干流。

3. 短头原石蛾 *Rhyacophila brevicephala*

形态特征：幼虫体长 14mm。头黄色，长宽约相等，散在褐色斑纹。前胸黄褐色，后缘黑色。中后胸膜质，中胸以下及腹部灰紫褐色。前足褐色，中后足黄色。臀足爪无齿。

生境：幼虫行自由生活，在山地清洁河流、溪流的石质河床急流处栖息。

分布：常见于珲春河、嘎呀河。

4. 黑头原石蛾 *Rhyacophila nigrocephala*

形态特征：幼虫体长 18mm，长筒形。头长为头宽的 1.5 倍，黑褐色，无斑。前足黑褐色，中后足黄色。中后胸及腹部背面紫褐色。臀足侧板有一深褐色棱纹，爪的端部具一小齿。

生境：幼虫行自由生活，在山地清洁河流、溪流的石质河床中栖息。

分布：常见于珲春河、嘎呀河、海兰河。

5. 突异原石蛾 *Rhyacophila lata*

形态特征：幼虫体长 16~20mm。头显著长，头背、前胸背板及前足深褐色。前足胫节末端内侧有一矩状突起。中、后足黄色，腹部各节具细长毛，无鳃。臀足爪的内缘无齿。

生境：幼虫行自由生活，在山地清洁河流、溪流的石质河床中栖息。

分布：常见于珲春河、密江河、图们江干流、嘎呀河、布尔哈通河、海兰河、红旗河。

6. 隐缩原石蛾 *Rhyacophila retracta*

形态特征：幼虫体长 15mm。头短，呈棕红色至黄色，头部背面具明显"V"形深棕色纹。前胸短，背板红黄色，中部及两侧有浅棕色区域。腹部各体节侧缘具 2 个指状鳃。臀足短小，爪向内弯曲，内缘具相连的 3 个齿。

生境：幼虫行自由生活，在山地清洁河流、溪流的石质河床中栖息。

分布：常见于珲春河、密江河、嘎呀河、图们江干流。

鳞石蛾科 / Lepidostomatidae

● 条鳞石蛾属 Goerodes

日本条鳞石蛾 Goerodes japonicas（Tsuda）

形态特征：幼虫体长 6mm。头褐色，背面具散在淡色斑。前胸骨质化、红褐色，具淡色斑纹。中胸端部骨质化，后胸膜质。腹部第 2~7 节具鳃，第 3~6 节具 2 对鳃。前足小，中后足细长。臀足 2 节，爪具 2 个背钩。

生境：幼虫以方形植物叶片筑成方形筒巢栖息，巢长约 10mm。生活在山地清洁河流、溪流等高氧环境中。

分布：常见于珲春河、密江河。

长角石蛾科 / Leptoceridae

● Oecetis 属

Oecetis sp.

形态特征：幼虫小颚须伸长，上唇背面大多有 2 个刺毛，有发达的大颚，是捕食者。

生境：在河流中下游缓流部栖息。

分布：常见于珲春河、密江河、图们江干流、嘎呀河、布尔哈通河。

● Ceraclea 属

津氏突长角石蛾 Ceraclea tsudai Akagi

形态特征：幼虫体长约 15mm。头黄褐色。中胸背板两侧具 1 对弯曲的黑色条纹。后胸膜质，显著比中胸前部宽大。后足显著长于前足和中足。腹部无鳃。臀足背面无棘刺。

生境：幼虫在以各种砂粒筑成腹面弯曲的盾形筒巢中栖息。生活在山地清洁河流、溪流等高氧环境中。

分布：常见于嘎呀河。

● 长角石蛾属 *Mystacides*

Mystacides sp.

形态特征：幼虫体长约25mm。头深褐色，眼周围黄色。前胸、中胸背板具深褐色斑纹，后胸膜质，无刚毛。后足无游泳毛，胫节分2节。腹部第1节具3个显著的瘤状突起，背突起端部尖。腹部无鳃。

生境：幼虫以小砂粒筑成圆筒状巢，外面添加若干小植物茎。在山地清洁河流中栖息。

分布：常见于珲春河、密江河、图们江干流。

舌石蛾科 / Glossosomatidae

● 舌石蛾属 *Glossosoma*

Glossosoma sp.

形态特征：幼虫体长6mm。头部深褐色，前胸背板骨质化、深褐色，中胸、后胸背板膜质，淡褐色。前胸背板前缘具1列长刚毛，前缘1/3处最宽。3对足等长且健壮。腹部无鳃，无侧毛线及突起。第9腹节背面具骨质化小板。臀足爪具2个背钩。

生境：幼虫以粗砂粒筑成鞍形、可移动巢。在山地清洁河流、溪流中栖息。

分布：常见于珲春河、密江河、图们江干流、嘎呀河、布尔哈通河、海兰河。

石蛾科 / Phryganeidae

趋石蛾属 *Sembis*

黑白趋石蛾 *Sembis melaleuca*

形态特征：体型中至大型。头部条纹色深，触角短。中胸背板 sa1 骨片上各具 1 条纵向的深色条纹，sa1 骨片距离接近正中线；前胸腹板中央有一角状突起；后胸膜质，sa3 着生一丛刚毛。前足梳状结构发育良好，显著存在。腹部第 9 节背面有骨化的背片。巢由叶片纵向排列而成。

生境：在山溪流水中附着于植物上生活。

分布：常见于珲春河、密江河、图们江干流、嘎呀河、红旗河。

短石蛾科 / Brachycentridae

● 短石蛾属 *Brachycentrus*

1. *Brachycentrus americanus*

形态特征：幼虫前中胸背面有甲壳素板覆盖，后胸有小甲壳素板。腹部第 1 节背面没有侧方隆起。第 1 腹节背面中央有 1 对长刺毛，腹部有单一棒状或者分支的鳃，腹部第 5 节、第 6 节背面无鳃。有正方规则重叠角锥形的筒巢。

生境：幼虫在山地溪流中的石块上生存。

分布：常见于珲春河、密江河。

2. *Brachycentrus* sp.BA

形态特征：幼虫前中胸背面有甲壳素板覆盖，后胸有小甲壳素板。腹部第 1 节背面没有侧方隆起。腹部有单一棒状或者分支的鳃。有正方规则重叠角锥形的筒巢。

生境：幼虫在山地溪流中的石块上生存。

分布：常见于珲春河、密江河。

3. *Brachycentrus* sp.BC

形态特征：幼虫前中胸背面有甲壳素板覆盖，后胸有小甲壳素板。腹部第1节背面没有侧方隆起。第1腹节背面中央有2对长刺毛，腹部有单一棒状或者分支的鳃。有正方规则重叠角锥形的筒巢。

生境：幼虫在山地溪流中的石块上生存。

分布：常见于布尔哈通河。

弓石蛾科 / Arctopsychidae

● 弓石蛾属 *Arctopsyche*

Arctopsyche sp.

形态特征：头部腹面的咽板、两侧颊板完全分离，幼虫大型。头部腹面咽板接近倒三角，腹部背面的楔状细毛较细。各腹节的 sa2、sa3 的位置无长毛束。

生境：栖息于平地的小河及缓流的溪流当中。

分布：常见于珲春河、密江河、图们江干流、嘎呀河、布尔哈通河、海兰河。

齿角石蛾科 / Odontoceridae

● 裸齿角石蛾属 *Psilotreta*

木曾裸齿角石蛾 *Psilotreta kisoensis*

形态特征：幼虫体长14mm，身体呈圆筒形，头部黄色，头部中央及两侧各具1条黑褐色条纹。前胸、中胸背面中线两侧具平行的黑褐色条纹。后胸背面中央具1块长方形褐斑，两侧各具1块肾形褐斑。第1腹节瘤状突起不明显。腹部第2~7节具气管鳃。

生境：幼虫在清洁河流水体砾石下用砂砾建成长圆弧形巢室，巢长 16mm。

分布：常见于珲春河、密江河、图们江干流、嘎呀河。

细翅石蛾科 / Molannidae

形态特征：幼虫体长 6~12mm，背腹扁平，中胸背板弱甲壳素板化，后胸膜质，具有小甲壳素板。后肢比前肢显著长，腹部气管鳃是单一棒状或者有 2~4 个分支。

生境：栖息于平地的小河及缓流的溪流当中。

分布：常见于珲春河、密江河、图们江干流。

乌石蛾科 / Uenoidae

● ***Neophylax* 属**

Neophylax sp.

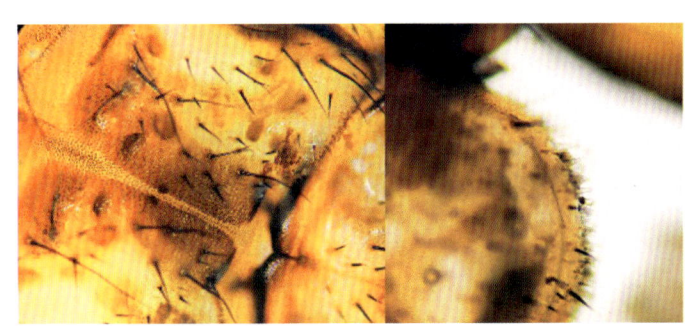

形态特征：幼虫腹部具单一棒状气管鳃，巢室为稍扁平砂质筒巢，巢两翼附着稍大石块。

生境：栖息于平地的小河及缓流的溪流当中。

分布：常见于珲春河、密江河、图们江干流。

鱼类

七鳃鳗目 Petromyzontiformes

七鳃鳗科 / Petromyzonidae

● 七鳃鳗属 *Lampetra* Gray

1. 东北七鳃鳗 *Lampetra morii*

形态特征：全长为体高的 12.3~19.8 倍，为头长的 4.0~6.2 倍，为背鳍前长的 1.8~2.1 倍。头长为吻长的 2.5~3.7 倍，为眼径的 11.0~17.3 倍，为眼间距的 5.1~7.4 倍。最后鳃孔至臀鳍起点的肌节有 63~74 个。

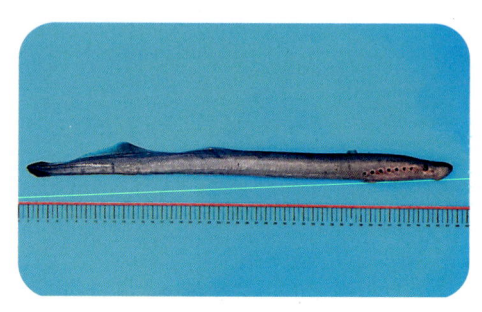

有外侧唇齿，齿尖向内弯曲似鸟喙；内侧唇齿每侧 3 枚，双齿尖，中齿最大。两背鳍不相连，鳍较低；第 2 背鳍上缘不呈等腰三角形，略显波浪状。体鳗形，体表裸露无鳞。侧线不发达。

生境与习性：生活于有微流、砂质底的山区河流。白天钻入砂或石砾中，夜晚出来觅食。冬季钻入淤泥中越冬。终生生活在纯淡水中。

分布：常见于图们江干流、密江河。

2. 日本七鳃鳗 *Lampetra japonica*

形态特征：体长为体高的 13.2~21.7 倍，为头长的 8.8~10.6 倍，为背鳍前距的 1.8~2.1 倍，为前背鳍基底长的 6.3~8.6 倍，为后背鳍基底长的 3.6~4.5 倍。头长为吻长的 1.4~1.5 倍，为眼径的 6.1~8.0 倍，为眼间距的 2.4~3.2 倍。

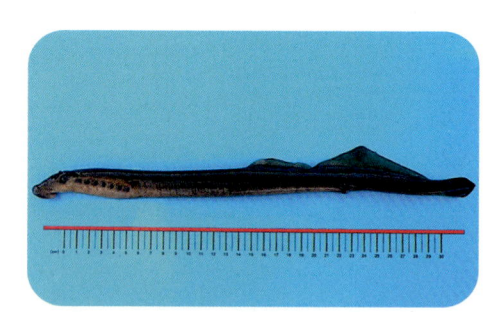

体呈圆筒形，细长，后半部稍侧扁，裸露无鳞。无胸鳍和腹鳍。体色青绿或灰褐色，腹部色浅。两背鳍不相连，第 1 背鳍较矮，第 2 背鳍较第 1 背鳍长而高，呈三角形。

生境与习性：为降海洄游性物种。幼体以藻类等为食，日间隐于砂中，夜间觅食。成体在海中营寄生生活，溯河洄游期在淡水中几乎不摄食。

分布：常见于图们江干流、珲春河。

3. 雷氏七鳃鳗 *Lampetra reissneri*

形态特征：全长为体高的 15.1~20.8 倍，为头长的 4.3~5.2 倍，为背鳍前长的 2.0~2.1 倍。头长为吻长的 2.7~3.2 倍，为眼径的 8.0~11.6 倍，为眼间距的 4.8~7.0 倍。最后鳃孔至臀鳍起点的肌节有 60~69 个。

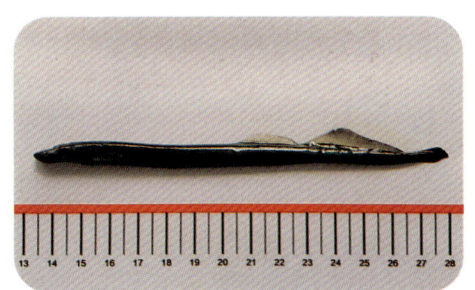

体鳗形，尾部侧扁。体表裸露无鳞。无偶鳍。背鳍 2 个，相连，鳍较高，呈弧状。内侧唇齿每侧 3 枚，齿端有 2 尖；无外侧唇齿。背鳍、臀鳍和尾鳍相连。

生境与习性：生活在有缓流、砂砾底的溪流中。白天钻入砂中或藏在石板下，夜出觅食。

分布：常见于图们江上中游。

鲟形目 Acipenseriformes

鲟科 / Acipenseridae

● **鲟属** *Acipenser* Linnaeus

施氏鲟 *Acipenser schrenckii*

形态特征：体长为体高的 6.4~7.2 倍，为头长的 3.4~4.5 倍，为尾柄长的 15.6~15.9 倍，为尾柄高的 22.7~26.0 倍。头长为吻长的 2.1~3.2 倍，为眼径的 7.9~18.6 倍，为眼间距的 2.4~3.3 倍。尾柄长为尾柄高的 1.4~1.7 倍。其头长、吻长和尾柄长随着鱼体的生长而缩小。

体长，梭形。头呈楔形，背面粗糙。吻较短，前端尖细。口下位，横裂，口唇呈莲花形。口能伸出呈管状。吻腹面具须 2 对。吻下面须的基部有 7 粒疣状突起，故名七粒浮子。眼小，鼻孔、鳃孔均大。左右鳃膜不相连，但与峡部相连。背鳍后位。尾鳍歪形，上叶特别发达。体具 5 列骨板，每个骨板上均有锐利的棘。

体无鳞。鳃耙排列紧密，呈薄片状。鳔大，一室。体背及体侧青灰色或黑褐色，腹部白色；鳍青灰色，边缘白色。

生境与习性：河道定居的大型鱼类，喜栖于砂砾底质的河道里，在水底层游动觅食，成体很少进入浅水区。

分布：常见于图们江下游。

鲑形目 Salmoniformes

鲑亚目 Salmonoide

鲑科 / Salmonidae

● 麻哈鱼属 *Oncorhynchus* Suckley

1. 马苏大麻哈鱼（陆封型）*Oncorhynchus masou*

形态特征：背鳍 10~14，臀鳍 12~14，胸鳍 12~15，腹鳍 8~10，侧线鳞 124~137。鳃耙 17~21。幽门垂 36~61。椎骨 62~63。

体长为体高的 3.1~3.8 倍，为头长的 3.8~4.7 倍。头长为吻长的 3.0~3.3 倍，为眼径的 3.7~4.2 倍，为眼间距的 2.2~3.2 倍，为尾柄长的 1.1~1.5 倍，为尾柄高的 2.3~2.9 倍。

背鳍起点距吻端比距尾鳍基部稍近，脂鳍大；背鳍有黑色斑块，尾鳍有黑色小斑点。

生境与习性：马苏大麻哈鱼喜栖居冷水区。群体中雄性较多。在淡水中生活周期的延长、淡水型的存在以及雄性鱼体的多次成熟都显示出物种在系统发生上的古老性。

分布：常见于密江河、珲春河、红旗河、布尔哈通河。

2. 大麻哈鱼 *Oncorhynchus keta*

形态特征：背鳍 9~11，臀鳍 13~15，胸鳍 16~17，腹鳍 9~13，侧线鳞 132~149。鳃耙 17~28。幽门垂 124~243。椎骨 60~69。

体长为体高的 3.8~4.1 倍，为头长的 3.7~3.9 倍。头长为吻长的 2.4~2.9 倍，为眼径的 8.2~8.5 倍，为眼间距的 2.6~2.8 倍，为尾柄高的 3.3~3.8 倍。

体长形侧扁，肩部隆起直至背鳍基部。背鳍起点距吻端与距尾鳍基部的距离相等，脂鳍小，位于背后部。臀鳍位于脂鳍下方。尾鳍浅叉形。

生境与习性：大麻哈鱼具有江里生、海里长，又回到原出生河流产卵繁殖的特性，是名贵的大型经济鱼类，体大肥壮。

分布：常见于图们江干流、密江河、珲春河。

● 红点鲑属 *Salvelinus* Nilsson

花羔红点鲑 *Salvelinus malma*

形态特征：背鳍 9~12，臀鳍 8~10，胸鳍 12~14，腹鳍 8~9。纵列侧线鳞 220~251，侧线有孔鳞 118~141。鳃耙 21~23。幽门垂 19~30。椎骨 61~67。

体长为体高的 4.1~4.8 倍，为头长的 4.1~4.8 倍。头长为吻长的 3.9~4.2 倍，为眼径的 4.0~4.7 倍，为眼间距的 2.0~3.4 倍，为尾柄长的 1.0~1.4 倍，为尾柄高的 2.1~2.8 倍。

体延长、稍侧扁。上颌骨向后延至眼的后缘之后。背鳍起点前于腹鳍，较近于吻端。脂鳍大，位于臀鳍之后的上方。胸鳍小，不达腹鳍。尾鳍叉状。

生境与习性：以食底栖动物及落入水面的昆虫等为主。食性广且贪食，有时跳出水面掠食。

分布：常见于图们江上中游、珲春河。

细鳞鱼属 *Brachymystax* Günther

细鳞鲑 *Brachymystax lenok*

形态特征： 背鳍10~12，臀鳍9~10，胸鳍13~16，腹鳍8~10。侧线鳞133~155。鳃耙18~20。幽门盲囊51~68。

体长为体高的3.6~4.2倍，为头长的3.5~4.5倍，为尾柄长的7.0~10.3倍，为尾柄高的9.0~10.5倍。头长为吻长的3.2~4.8倍，为眼径的3.8~4.9倍，为眼间距的2.8~3.5倍，为眼后头长的1.7~2.1倍。

背鳍起点距吻端较距尾鳍基为近。臀鳍起点约位于腹鳍基至尾鳍基的中点。脂鳍小，位置较后，与臀鳍相对。背部黑褐色，腹侧黄褐色，腹部银白。

生境与习性： 为冷水性鱼类。生活于水温低、水质清澈的江河溪流里。在江河支流的深水处或大江中越冬，解冻时向上游做产卵洞游。肉食性，摄食鱼类、蛙和喇蛄等。

分布： 常见于图们江上中游、珲春河。

胡瓜鱼目 Osmeriformes

香鱼科 / Plecoglossidae

香鱼属 *Plecoglossus* Temminck *et* Schlegel

香鱼 *Plecoglossus altivelis*

有洄游型和陆封型之分。

洄游型香鱼：

形态特征： 背鳍9~11，臀鳍14~15，胸鳍13，腹鳍7。侧线鳞66~67。

体长为体高的3.7~4.7倍，为头长的4.4~5.1倍，为眼后头长的8.6~11.3倍，为尾柄长的7.3~9.1倍，为尾柄高的11.3~13.2倍。头长为吻长的2.5~3.1倍，为眼径的5.5~7.6倍。

体细长而侧扁。背鳍起点在腹鳍基之前；其后方有一小脂鳍，与臀鳍末端相对。臀鳍位于肛门后缘。胸鳍远不达腹鳍。腹鳍腹位，起点在背鳍起点后下方。尾鳍叉形。

生境与习性：每年秋季在江河中产卵，当年孵出的幼鱼入海越冬，翌年春季上溯河中肥育。在海中以浮游动物为食，进入江河后以板状齿和吻钩刮食岩石上的附着生物，主要是硅藻和部分蓝藻、绿藻。

陆封型香鱼：

形态特征：体长为体高的 4.3~6.5 倍，为头长的 3.9~4.3 倍，为眼后头长的 8.4~9.5 倍，为尾柄长的 6.7~9.3 倍，为尾柄高的 11.1~14.7 倍。头长为吻长的 2.8~3.6 倍，为眼径的 4.0~5.2 倍。

生境与习性：喜生活在流水和石砾底处，亦在开阔水域表层集群游动。摄食枝角类、轮虫、硅藻、绿藻和蓝藻。

分布：常见于密江河、珲春河。

胡瓜鱼科 / Osmeridae

● 公鱼属 *Hypomesus* Gill

池沼公鱼 *Hypomesus olidus*

形态特征：背鳍 7~9，臀鳍 13~16，胸鳍 10~12，腹鳍 7~8。侧线鳞 7~15，纵列鳞 55~60。鳃耙 28~36。脊椎骨 54~59。

体长为体高的 4.7~7.2 倍，为头长的 3.6~4.7 倍，为尾部长的 3.1~3.8 倍。头长为吻长的 2.8~5.0 倍，为眼径的 2.8~4.6 倍，为眼间距的 3.0~6.0 倍，为臀鳍最长鳍条长的 1.6~2.1 倍。尾柄长为尾柄高的 1.0~1.7 倍。胸鳍最长鳍条长为胸鳍基部至腹鳍基部长的 0.4~0.8 倍。

体侧扁，下颌稍长于上颌。体被薄而圆的鳞，侧线不完整。脂鳍基部长小于眼径。腹鳍起点位于背鳍起点的下方或稍前方。

生境与习性：生活在纯淡水或河口附近，喜栖息在砂砾底质的水域。以水生昆虫幼虫、枝角类和桡足类等为食。

分布：常见于图们江下游、密江河。

鳗鲡目 Anguilliformes

鳗鲡科 / Anguillidae

● **鳗鲡属** *Anguilla*

鳗鲡 *Anguilla japonica*

形态特征：体长为体高的14.4~35.8倍，为头长的7.8~10.0倍。头长为吻长的4.7~6.8倍，为眼径的10.0~17.0倍，为眼间距的4.3~9.0倍，为胸鳍长的2.4~4.3倍。

体细长如蛇，前部圆筒状，后部稍侧扁。头长而尖，其长约等于或大于（多数）背鳍起点至臀鳍

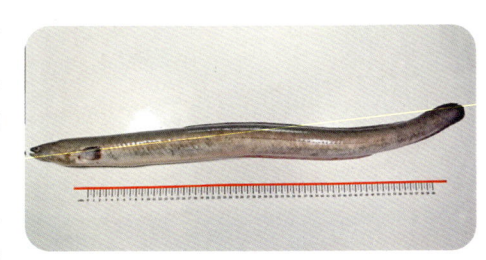

起点间的水平距离，吻短，稍平扁。眼很小，位于口角的上方，口较大，前位，下颌稍长于上颌。上、下颌及犁骨均具细齿。唇厚，肉质。鳃孔小，位于胸鳍基部下方。鳞小，细长，埋于皮下，呈席纹状排列。侧线发达。体上多黏液。背鳍和臀鳍低而长，后端均与尾鳍相连。胸鳍短而圆，位于体侧正中。无腹鳍。尾鳍短，圆形，稍尖。

体上半部灰黑色，腹部白色。

生境与习性：鳗鲡是一种降河性洄游鱼类。每年春季幼鳗（又称鳗线）成群自海入河口，在河口生活一段时间后逆流而上，进入江河的干流、支流及与其相通的附属水体中，有的可达上游。昼伏夜出，在淡水中肥育成长。对环境的适应能力很强，在缺氧时可行皮肤呼吸，即使离水时间稍长也不会死亡。以动物性食料为主，如小鱼、虾、蚯蚓、水生昆虫和甲壳动物等，也食动物尸体，性腺在淡水中不能正常发育，甚至连精巢和卵巢也难以区别，降河洄游入海后，性腺才逐渐发育成熟。

分布：常见于布尔哈通河、图们江中下游。

鲤形目 Cypriniformes

鲤科 / Cyprinidae

鮈亚科 / Danioninae

● 马口鱼属 *Opsariichthys* Bleeker

马口鱼 *Opsariichthys bidens*

形态特征：背鳍6~8，臀鳍7~10，胸鳍11~15，腹鳍7~8。侧线鳞 $44\sim50\frac{8\sim11}{3\sim4-V}$，背鳍前鳞17~20，围尾柄鳞14~19。鳃耙9~13。

体长为体高的3.6~5.1倍，为头长的3.2~4.3倍。头长为吻长的2.5~3.5倍，为眼径的3.7~6.9倍，为眼间距的2.5~4.3倍，为尾柄长的1.6~2.9倍，为尾柄高的2.4~3.5倍。体高为尾柄高的2.1~2.8倍。

体长，侧扁，腹部圆。肛门位于臀鳍前。鳞中等大，圆形。侧线完全，在腹部向下弯曲，入后延至尾柄正中。背鳍起点与腹鳍基相对。胸鳍尖，不达腹鳍。腹鳍较圆，不达臀鳍。尾鳍深叉形，上、下叶末端尖。

生境与习性：生活于溪流或静水中，主要以小鱼为食，也食水生昆虫等，为小型凶猛性鱼类。生殖期为6月。生长速度较慢，一般河流中个体较小。

分布：常见于图们江上中游、下游及密江河、珲春河、嘎呀河。

雅罗鱼亚科 / Leueiscinae

● 雅罗鱼属 *Leuciscus* Cuvier

1. 瓦氏雅罗鱼 *Leuciscus waleckii*

形态特征：体长164~370mm。体侧扁、肥厚，腹部圆。头小，体高大于头长。口端位，口裂倾斜。侧线完全，前部略向下弯呈弧形。背鳍前鳞21~28。

鳞中等大小，基部放射脊明显。背鳍起点略后于腹鳍起点。臀鳍位于背鳍的后下方，起点至腹鳍基部较至尾鳍基部为近。

生境与习性：瓦氏雅罗鱼为淡水中小型鱼类，喜流性耐低温，适应能力强，繁殖力高，杂食性。

分布：常见于图们江下游、珲春河。

2. 图们雅罗鱼 *Leuciscus tumensis*

形态特征：背鳍6~7，臀鳍7~9。侧线鳞45~50。鳃耙6~10。下咽齿2行，2.5-5.2。

头长为体长的24.5%~27%，体高为体长的20.5%~24%，尾柄长为体长的20%~28%，尾柄高为体长的9.7%~10%，吻长为头长的26%~34.5%，眼径为头长的20%~26%。

体形与瓦氏雅罗鱼相似。主要区别是鳞大；头长，体矮，头长大于体高；吻长。

生境与习性：常年生活在河道中，一般不进入泡沼，平时在哨口下游的稳流处活动，冬季在深汀越冬。

分布：常见于图们江下游、珲春河。

● 三块鱼属 *Tribolodon* Sauvage

三块鱼 *Tribolodon brandtii*

形态特征：体长305~378mm。体侧扁，腹部圆。头长为吻长的2.8~4.2倍。侧线完全，侧线鳞78~89。背鳍前鳞37~44。

背鳍起点与腹鳍起点相对。臀鳍位于背鳍的后下方，起点至腹鳍基部较至尾鳍基部为近。尾鳍分叉较浅，不过尾鳍长的一半。下咽齿2行。

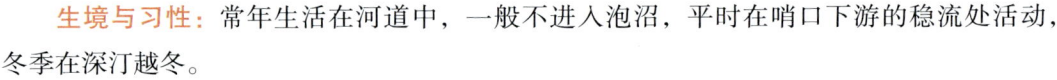

生境与习性：为海淡水洄游鱼类，溯河到淡水中产卵。在淡水中活动于中上层，喜清流水，杂食性。产卵后部分亲体死亡，部分降海生活，也有的留在淡水中，冬天入海或在江河深处越冬。幼鱼秋后降海。

分布：常见于图们江下游。

● 大吻鱥属 *Phynchocypris* Günther

1. 图们大吻鱥 *Phynchocypris phoxinu*

形态特征：体长 38~68mm。体长，稍侧扁，背部略呈弧形，腹部圆。尾柄细长，尾柄长为尾柄高的 3.0~3.3 倍，尾柄长一般大于头长。侧线鳞 76~80。

侧线不完全，至多伸达臀鳍起点。体侧自头部至尾鳍有 10 条黑色横斑，列成纵行。背鳍起点位于体中部偏前。臀鳍起点与背鳍基部末端相对或稍后。胸鳍后伸不达腹鳍起点。腹鳍位于背鳍前下方，后伸不达肛门。尾鳍分叉较深，上下叶约等长。

生境与习性：生活于水温低、清流水的山涧溪流。图们鱥属于小型冷水鱼，是天然冷水性肉食鱼类的摄食对象，是水生动物食物链的组成部分。

分布：常见于图们江干流、红旗河、密江河、珲春河、嘎呀河、布尔哈通河。

2. 湖大吻鱥 *Phynchocypris percnurus*

形态特征：背鳍 7，臀鳍 7，胸鳍 13~15，腹鳍 6~7。侧线鳞 63~78。鳃耙 8~9。脊椎骨 4+36~38。

体长为体高的 3.4~3.7 倍，为头长的 3.7~4.8 倍，为尾柄长的 4.5~6.1 倍，为尾柄高的 7.9~9.2 倍。头长为吻长的 3.3~4.6 倍，为眼径的 3.5~5.2 倍，为眼间距的 2.1~2.7 倍。

背鳍短小，末端圆。腹鳍短，臀鳍位于背鳍基部之后，其起点距腹鳍基较至尾鳍基为近。腹鳍短，其起点位于背鳍基部之前，距胸鳍与距臀鳍起点相等。鳞小，埋于皮下，胸、腹部均有鳞。侧线完全，但有时中断。体背正中线从颈后至尾基有 1 条黑色条纹，体侧有许多不规则的黑色斑点。尾鳍浅叉状。

生境与习性：集群生活于江河附近静水水体或稳流有水草处，以藻类或植物碎屑为食，也食浮游动物。

分布：常见于图们江干流、红旗河、密江河、珲春河、嘎呀河、布尔哈通河。

3. 拉氏大吻鱥 *Phynchocypris lagowskii*

形态特征：背鳍 7，臀鳍 6~7，胸鳍 10~17，腹鳍 6~8。侧线鳞 71~111。鳃耙 8~9。脊椎骨 4+38。

体长为体高的 3.9~5.2 倍，为头长的 3.6~4.4 倍，为尾柄长的 3.8~7.6 倍，为尾柄高的 8.1~10.6 倍。头长为吻长的 2.9~4.1 倍，为眼径的 3.9~5.8 倍，为眼间距的 2.7~3.4 倍。

背鳍起点在眼前缘与尾基间距的中点。臀鳍后缘平切，起点在背鳍基之后。胸鳍短圆，末端伸达胸、腹鳍间距的中点。腹鳍起点距吻端与距尾鳍基相等。尾鳍浅叉形，两叶末端圆。

生境：喜栖于清冷流水。

分布：常见于图们江上中游及下游、密江河、珲春河、石头河、嘎呀河、布尔哈通河。

4. 尖头大吻鱥 *Phynchocypris oxycephalus*

形态特征：背鳍 7，臀鳍 7。侧线鳞 86~97。咽齿 2.4~5.2。鳃耙 8~10。椎骨 4+40。

体长为体高的 3.9~4.8 倍，为头长的 3.0~4.3 倍。头长为头宽的 1.5~2.0 倍，为吻长的 3.0~3.8 倍，为口裂宽的 2.7~3.7 倍，为口裂长的 3.5~5.3 倍，为唇后沟前端间距的 4.9~6.4 倍，为眼径的 4.6~6.3 倍，为眼间距的 2.4~3.2 倍，为眼后头长的

1.7~2.4 倍，为尾柄长的 0.9~1.3 倍，为尾柄高的 1.8~2.5 倍。尾柄长为尾柄高的 1.7~2.3 倍。

肛门紧靠臀鳍起点前。背鳍起点距尾鳍基较距吻端为近，外缘圆。臀鳍圆，起点紧位于背鳍基之后的下方。胸鳍椭圆形。

生境与习性：一般喜栖于江河岸边水草或柳树根下。杂食性，主要食物有昆虫、藻类、植物根、芽、果实等。产卵期为 5 月下旬至 6 月。

分布：常见于图们江干流、红旗河、密江河、珲春河、嘎呀河、布尔哈通河。

鲌亚科 / Culterinae

● 䱗属 *Hemiculter* Bleeker

䱗 *Hemiculter leucisculus*

形态特征：背鳍 7，臀鳍 11~14，胸鳍 12~13，腹鳍 7~8。侧线鳞 $49\sim56\frac{8-9}{2-V}$。下咽齿 3 行，2.4.5-5.4.2。鳃耙 17~20。

体长为体高的 3.5~4.8 倍，为头长的 3.6~5.3 倍，为眼后头长的 8.1~10.1 倍，为尾柄长的 6.3~8.9 倍，为尾柄高的 9.4~12.1 倍。头长为吻长的 3.4~4.4 倍，为眼径的 3.8~5.2 倍，为眼间距的 2.8~4.7 倍。

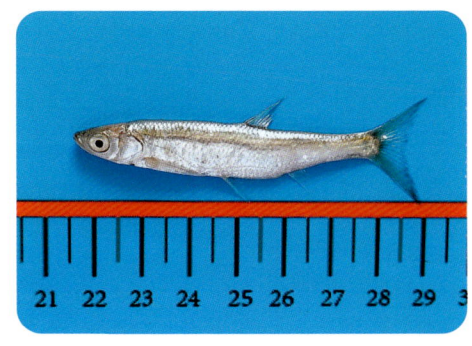

体侧扁而长。腹棱完全，自胸鳍基部至肛门。背鳍起点在腹鳍之后，距尾鳍基较距吻端为近，有光滑的硬刺。臀鳍起点在背鳍之后。胸鳍不达腹鳍基部。腹鳍起点在背鳍之前下方，不达肛门。尾鳍深叉形。下叶略长于上叶。

生境与习性：生活于流水或静水的上层，常在沿岸集群。冬季在深水中越冬。为杂食性鱼类，主要摄食枝角类和水生植物。

分布：常见于图们江干流、嘎呀河。

● 鲂属 *Parabramis*

鲂 *Parabramis pekinensis*

形态特征：体长为体高的 2.5~3.0 倍，为头长的 3.7~5.6 倍，为尾柄长的 9.0~10.0 倍。头长为吻长的 3.6~4.1 倍，为眼径的 3.5~4.8 倍，为眼间距的 2.2~2.9 倍。尾柄长为尾柄高的 0.7~0.9 倍。

体呈长梭形，甚侧扁，背部窄，腹部自胸鳍基下方至肛门有腹棱，尾柄宽短。头小，侧扁，略尖。吻短，吻长大于或等于眼径。口端位，口裂小而斜，上下颌约等长。眼中大，位于头侧，眼间宽，圆凸。鳃盖膜与峡部相连。鳞中大。侧线平直。

背鳍位于腹鳍基之后上方，末根不分枝鳍条为硬刺，刺长一般大于头长。臀鳍基部长，起点与背鳍基部末端相对。胸鳍一般不伸达腹鳍起点。腹鳍位于背鳍的前下方，后伸不达肛门。尾鳍深分叉，下叶略长于上叶。

生境与习性：生活于江河湖库静水或流水中，一般游动于中下层摄食。

分布：常见于图们江下游。

● 鲌属 *Culter* Basilewsky

翘嘴鲌 *Culter alburnus*

形态特征：体长210~745mm，最长可达1100mm以上。体长为体高的3.8~4.6倍。臀鳍分支鳍条21~24。

体长，侧扁，头背部平直，头后背部隆起。侧线前部浅弧形，后部平直。背鳍末根不分支，鳍条为光滑的硬刺。腹棱不完全，存在于腹鳍与肛门之间。

生境与习性：生活于水体中上层，喜在敞水区游动，行动敏捷，善跳跃，通常在水流缓慢的浅水区及水生植物丛生处捕食。

分布：常见于图们江下游。

鳑亚科 / Acheilognathinae

● 鳑鲏属 *Rhodeus Agassiz*

黑龙江鳑鲏 *Rhodeus sericeus*

形态特征：背鳍8~11，臀鳍8~11，胸鳍9~12，腹鳍5~7。纵列鳞32~37，横列鳞9~12。下咽齿1行，5-5。鳃耙8~12。脊椎骨4+28~30。

体长为体高的2.7~3.1倍，为头长的3.4~4.2倍，为尾柄长的4.3~6.1倍。头长为吻长的3.5~4.8倍，为眼径的2.8~3.4倍，为眼间距的2.4~2.8倍。尾柄长为尾柄高的1.3~1.9倍。

体侧扁，椭圆形。背鳍起点位于相对的腹鳍基

之后。臀鳍起点位于背鳍中点的下方。胸鳍不达或达到腹鳍基。腹鳍不达或达到臀鳍基。尾鳍叉形。

生境与习性：栖息于水草繁茂的缓流或静水中，以植物为食。

分布：常见于图们江干流。

● 鳑属 *Aceilognathus* Bleeker

1. 兴凯鳑 *Acheilognathus chankaensis*

形态特征：背鳍 11~17，臀鳍 10~13，胸鳍 10~16，腹鳍 7~8。侧线鳞 33~38。鳃耙 8~23。咽齿 1 行，5–5。脊椎骨 4+31~34。

体长为体高的 2.3~2.9 倍，为头长的 3.8~4.9 倍，为尾柄长的 4.6~6.4 倍。头长为吻长的 3.2~5.0 倍，为眼径的 2.8~3.6 倍，为眼间距的 2.3~3.3 倍。尾柄长为尾柄高的 1.1~1.8 倍。

体侧扁，长纺锤形。鳞较大。侧线完全且平直。背鳍和臀鳍具硬刺。背鳍起点位于体长的中点或稍后方。臀鳍起点位于背鳍基部中间的正下方。胸鳍不达腹鳍基。腹鳍达臀鳍基部。尾鳍叉形。

生境与习性：栖息于静水或缓流水域，植食性，于水的中下层活动。

分布：常见于图们江干流、嘎呀河。

2. 宽鳍鳑 *Acheilognathus macropterus*

形态特征：体长为体高的 2.0~2.3 倍，为头长的 3.8~4.5 倍，为尾柄长的 5.8~6.7 倍。头长为吻长的 2.9~3.9 倍，为眼径的 2.9~3.5 倍，为眼间距的 2.4~2.6 倍。尾柄长为尾柄高的 1.1~1.4 倍。

体侧扁，呈卵圆形。背鳍和臀鳍具硬刺。背鳍起点位于体长的中点。臀鳍起点位于背鳍基部中间下方。胸鳍不达腹鳍。腹鳍不达臀鳍。尾鳍叉形。

生境与习性：栖息于水草丛生处，以植物碎屑、藻类为食。

分布：常见于图们江干流。

鮈亚科 / Gobioninae

● 麦穗鱼属 *Pseudorasbora* Bleeker

麦穗鱼 *Pseudorasbora parva*

形态特征：背鳍 7，臀鳍 6，胸鳍 13~14，腹鳍 7。侧线鳞 $35\sim38\frac{5.5}{4-V}$，背鳍前鳞 13~15，

围尾柄鳞 14。下咽齿 1 行，5-5。鳃耙 6~8。

背鳍无硬刺，起点距吻端较距尾鳍基为近。臀鳍起点距腹鳍起点较距尾鳍基为近。腹鳍起点与背鳍起点相对。尾鳍叉形。

生境与习性：生活于池塘、湖泊、沟渠中。小型鱼类。生殖期较长，主要为 5—6 月。主要摄食枝角类、桡足类，也食摇蚊幼虫和硅藻等底栖生物。

分布：常见于图们江干流、珲春河、嘎呀河、布尔哈通河。

● 中鮈属 *Mesogobio* Banarescu *et* Nalbant

图们江中鮈 *Mesogobio tumenensis*

形态特征：体长为体高的 4.5~5.4 倍，为头长的 3.9~4.5 倍，为尾柄长的 4.6~5.2 倍，为尾柄高的 9.9~12 倍。头长为吻长的 1.9~2.4 倍，为眼径的 4.2~6.9 倍，为眼间距的 3.5~4.0 倍，为尾柄长的 1.0~1.2 倍，为尾柄高的 2.3~2.8 倍。尾柄长为尾柄高的 2.0~2.3 倍。

背鳍起点距吻端较距尾鳍基为近，外缘浅凹。臀鳍起点位于背鳍基后部的下方，外缘浅凹。胸鳍圆。腹鳍起点在背鳍起点之后的下方，长圆形。腹鳍腋部有腋鳞。尾鳍叉形，下叶末端较上叶圆。

生境与习性：一般喜生活在底质为砂或石砾的清水处，冬季聚集在深水处越冬，春天到浅水处觅食。杂食性，食藻类及水生无脊椎动物，亦有鱼卵和砂石。

分布：常见于密江河、珲春河。

● 鮈属 *Gobio* Cuvier

1. 大头鮈 *Gobio macrocephalus*

形态特征：体长 59~155mm。体长为头长的 3.3~3.8 倍，尾柄长为尾柄高的 1.8~2.1 倍；侧线鳞 40~42。

体长，稍侧扁，头后背部隆起，腹部圆。胸部在胸鳍之前裸露无鳞，前腹部鳞隐于皮下。背鳍起

点距吻端约与距尾柄正中相等。胸鳍末端不达腹鳍起点，胸鳍向后可达胸鳍基部至腹鳍起点间距的后 1/4~1/3 处。腹鳍起点位于背鳍起点的后下方，后伸超过肛门。肛门位于腹鳍基部与臀鳍间的中点或稍近后者。

生境与习性： 生活于江河、水库、泡沼中砾石底质的清水处。冬季在深水处过冬，春季在浅水处觅食。

分布： 常见于图们江上中游、珲春河、布尔哈通河。

2. 犬首鮈 *Gobio cynocephalus*

形态特征： 体长为体高的 4.8~5.3 倍，为头长的 3.8~4.2 倍，为尾柄长的 4.6~5.6 倍。头长为吻长的 2.1~2.5 倍，为眼径的 4.0~5.8 倍，为眼间距的 3.6~5.1 倍。尾柄长为尾柄高的 2.4~3.2 倍。

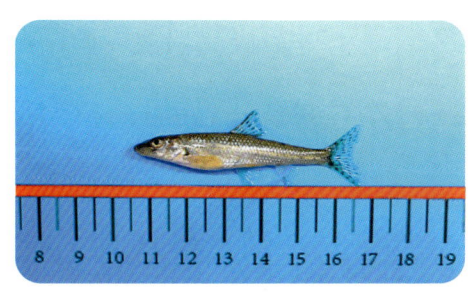

体长，稍侧扁，背部在背鳍起点前稍隆起，腹部圆或平坦。头长，近锥形，吻长大于眼后头长，鼻孔前方处凹陷。口下位，弧形。唇无乳突，结构简单。唇后沟中断。须 1 对，位于口角，较长，末端可达眼后缘下方。眼侧上位，眼前缘稍隆起。胸部在胸鳍基部之前裸露。侧线完全，平直。

背鳍无硬刺，其起点距吻端较至尾鳍基部为近，约与至尾柄的中点相等。胸鳍末端不达腹鳍起点。腹鳍向后伸超过肛门。肛门位于腹鳍基部与臀鳍起点的中点。臀鳍起点距腹鳍基部较距尾鳍基部为近。尾鳍分叉，上下叶等长。

头背暗黑色，体背灰黑色，腹部灰白色。背部正中具 7~8 个不太明显的黑斑，体侧中轴具 8~9 个黑色大斑点。背鳍和尾鳍上有若干由小黑点组成的条纹，其他各鳍灰白色。

生境与习性： 底栖小型鱼类，喜栖于江河有流水的环境中。

分布： 常见于图们江上中游、珲春河、布尔哈通河。

● 棒花鱼属 *Abbottina* Jordan *et* Fowler

棒花鱼 *Abbottina rivularis*（Basilewsky）

形态特征： 背鳍 7，臀鳍 5，胸鳍 11~12，腹鳍 7。侧线鳞 $37\text{~}39\dfrac{5.5}{3.5\text{-}V}$，背鳍前鳞 12~13，围尾柄鳞 14。咽齿 1 行，5-5。鳃耙 6~8。

体长为体高的 4.3~6.2 倍，为头长的 3.4~3.9 倍。头长为吻长的 2.0~2.6 倍，为眼径的 4.0~5.3 倍，为眼间距的 3.8~4.6 倍。尾柄长为尾柄高的 1.2~2.0 倍。

鳞中大，胸鳍基前方裸露无鳞。侧线完全，平直。背鳍无硬刺，起点距吻端较距尾鳍基为近；背缘圆凸。臀鳍短，起点距腹鳍基与距尾鳍基约相等。胸鳍末端不达腹鳍。腹鳍起点位于背鳍起点的稍后下方，约与背鳍第4~5鳍条相对。尾鳍叉形。

生境与习性：为生活于水体中、下层的小型鱼类，喜栖息于具砂砾底质的水体中。生殖期在5—6月。主要摄食枝角类、桡足类，也食摇蚊幼虫和藻类（硅藻、绿藻、裸藻）。

分布：常见于图们江下游、珲春河、嘎呀河、布尔哈通河。

鲤亚科 / Cyprininae

● 鲤属 *Cyprinus* Linnaeus

鲤 *Cyprinus carpio*

形态特征：体长为体高的2.5~3.6倍，为头长的3.3~4.7倍，为背鳍基底长的2.2~2.7倍。头长为吻长的2.5~3.8倍，为眼径的4.8~7.4倍，为眼间距的1.9~2.9倍，为尾柄长的1.4~2.9倍，为尾柄高的1.5~2.5倍。尾柄长为尾柄高的0.7~1.3倍。

背鳍起点在腹鳍之前。臀鳍起点与背鳍倒数第4~5根分枝鳍条相对，末端不达或达到尾鳍基部。胸鳍末端圆，不达或达到腹鳍基部。腹鳍末端不达尾鳍基部。尾鳍叉形，上下叶较圆。

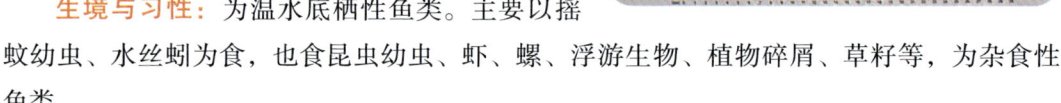

生境与习性：为温水底栖性鱼类。主要以摇蚊幼虫、水丝蚓为食，也食昆虫幼虫、虾、螺、浮游生物、植物碎屑、草籽等，为杂食性鱼类。

分布：常见于图们江干流。

● 鲫属 *Carassius* Jarocki

鲫 *Carassius auratus*

形态特征：体长为体高的2.3~3.1倍，为头长的2.9~4.3倍，为尾柄长的6.2~9.4倍，为尾柄高的5.4~7.5倍。头长为吻长的3.4~5.8倍，为眼径的3.1~5.2倍，为眼间距的1.9~2.7倍，为眼后头长的1.5~2.1倍。尾柄长为尾柄高的0.6~1.1倍。

肛门位于臀鳍起点之前。背鳍起点距吻端较距尾鳍基部为近。臀鳍起点距尾鳍基部较距腹鳍基为近。胸鳍末端圆，不达或达到腹鳍基部。腹鳍与背鳍相对，不达尾鳍基部。尾鳍浅叉形，上、下叶末端圆钝。

生境与习性：为水体中、下层鱼类。杂食性，主要以植物碎屑、浮游生物为食。

分布：常见于图们江干流、密江河、珲春河、嘎呀河、布尔哈通河。

鲢亚科 / Hypophthalmichthyinae

● 鲢属 *Hypophth almichthys* Bleeker

鲢 *Hypophthalmichthys molitrix*

形态特征：背鳍7，臀鳍12~13，胸鳍16~18，腹鳍7。侧线鳞 $100\sim149\frac{15-28}{10-16-V}$。下咽齿1行，4-4。

体长为体高的3.3~3.9倍，为头长的3.3~3.8倍。头长为吻长的6.5~7.9倍，为眼径的9.1~10.7倍，为眼间距的1.8~2.3倍。尾柄长为尾柄高的1.2~1.5倍。

背鳍较短，无硬刺，起点距尾鳍基较距吻端为近。臀鳍中等长，三角形，起点在背鳍基部后下方。胸鳍长，末端可伸达腹鳍基部。腹鳍较短，末端不达臀鳍。尾鳍深叉状。

生境与习性：生活于水体上层。平时栖息于江河干流及附属水体中；冬季成熟个体在江河附属水体深处越冬。幼鱼吃轮虫、少量低等甲壳动物和藻类；成鱼以食浮游植物为主。

分布：常见于图们江干流。

● 鳙属 *Aristichthys*

鳙 *Aristichys nobilis*

形态特征：体长为体高的2.7~3.7倍，为头长的2.5~3.9倍，为尾柄长的5.2~7.6倍，为尾柄高的7.7~11.6倍。头长为吻长的3.0~4.2倍，为眼径的3.6~7.7倍，为眼间距的1.8~3.0倍，为头宽的1.4~1.9倍。尾柄长为尾柄高的1.3~1.9倍。

体侧扁，较高，腹部在腹鳍基部之前较圆，其

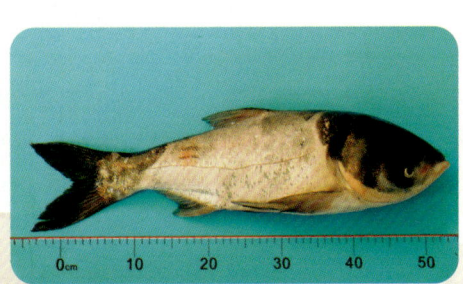

后部至肛门前有狭窄的腹棱。头极大，前部宽阔，头长大于体高。吻短而圆钝。口大，端位，口裂向上倾斜，下颌稍突出，口角可达眼前缘垂直线之下，上唇中间部分很厚。无须。眼小，位于头前侧中轴的下方；眼间宽阔而隆起。鼻孔近眼缘的上方。下咽齿平扁，表面光滑。鳃耙数目很多，呈页状，排列极为紧密，但不连合。具发达的螺旋形鳃上器。鳞小。侧线完全，在胸鳍末端上方弯向腹侧，向后延伸至尾柄正中。背鳍基部短，起点在体后半部，位于腹鳍起点之后，其第1~3根分枝鳍条较长。胸鳍长，末端远超过腹鳍基部。腹鳍末端可达或稍超过肛门，但不达臀鳍。肛门位于臀鳍前方。臀鳍起点距腹鳍基较距尾鳍基为近。尾鳍深分叉，两叶约等大，末端尖。背部及体侧上半部微黑，有许多不规则的黑色斑点；腹部灰白色。各鳍呈灰色，上有许多黑色小斑点。

生境与习性：生活于水体中上层，于江河有流处产浮性卵。产卵后大多数个体进入江河附属湖泊摄食育肥，冬季到深水区过冬。幼鱼一般喜栖于沿岸湾汊处摄食。

分布：常见于图们江下游。

鳅科 / Cobitidae

条鳅亚科 / Noemacheilinae

● 须鳅属 *Barbatula* Linck

北方须鳅 *Barbatula toni*

形态特征：背鳍5~8，臀鳍4~6，胸鳍8~12，腹鳍7~9。鳃耙11~13。脊椎骨4+38~40。

体长为体高的5.6~7.6倍，为头长的3.8~5.3倍，为尾柄长的5.3~8.2倍，为尾柄高的9.0~13.4倍。头长为吻长的2.0~2.8倍，为眼径的4.9~9.2倍，为眼间距的3.2~4.7倍，为眼后头长的2.1~2.7倍。

背鳍起点距吻端比距尾鳍基为远。臀鳍起点距腹鳍起点与至尾鳍基的距离相近。胸鳍较大，扇形，后伸达胸、腹鳍间距中点之后。腹鳍起点与背鳍起点相对，向后伸达腹、臀鳍距的中点。尾鳍截形或内凹。

生境与习性：栖居在砂石底清冷水中。以摄食甲壳动物和昆虫幼虫为主，属杂食性鱼类。

分布：常见于图们江上中游及下游、密江河、珲春河、石头河、嘎呀河、布尔哈通河。

● 北鳅属 *Lefua* Eerzenstein

北鳅 *Lefua costata*

形态特征：背鳍6~7，臀鳍5~6。鳃耙10~14。椎骨34~35。

体长为体高的5.2~6.4倍，为头长的4.2~5.0倍。头长为吻长的2.6~3.5倍，为眼径的6.7~7.6倍，为眼间距的2.7~3.8倍。尾柄长为尾柄高的1.2~1.6倍。

肛门接近臀鳍。尾柄上下有明显的隆起。

生境与习性：北鳅喜生活在水浅、水草丛生的河汊、沟渠、泡子、水坑内。杂食性，以水生昆虫及其幼虫、丝状藻类、硅藻、绿藻以及水草碎片为食。

分布：常见于嘎呀河、布尔哈通河。

花鳅亚科 / Cobitinae

● 花鳅属 *Cobitis* Linnaeus

花鳅 *Cobitis taenia*

形态特征：背鳍7，臀鳍5，侧线不完全。

头长为体长的18.1%，体高为体长的17.5%，吻长为体长的8.7%，眼径为体长的3.2%，尾柄长为体长的16.6%，尾柄高为体长的8.7%。

背鳍无硬刺，起点略居体正中。胸鳍小，腹鳍在背鳍起点之后。肛门近于臀鳍。尾鳍为截形。

生境与习性：花鳅属于底层鱼类，喜在缓流、水质较肥的水域里生活。以藻类、底栖生物和植物碎屑为食。

分布：常见于密江河、珲春河、图们江上中游、嘎呀河、布尔哈通河。

● 泥鳅属 *Misgurnus* Lacépède

泥鳅 *Misgurnus anguillicaudatus*

形态特征：背鳍5~7，臀鳍5~6，胸鳍7~11，腹鳍5~6。纵列鳞130~165。第一鳃弓内侧鳃耙15~18。脊椎骨4+41~43。

体长为体高的 5.6~8.2 倍，为头长的 4.8~7.5 倍，为尾柄长的 4.8~7.1 倍，为尾柄高的 6.8~9.6 倍。头长为吻长的 2.2~2.9 倍，为眼径的 6.2~7.8 倍，为眼间距的 3.1~5.5 倍，为眼后头长的 1.9~2.3 倍。尾柄长为尾柄高的 1.1~2.2 倍。背鳍前距占体长的 52.4%~71.5%。臀鳍起点至尾鳍基的距离为腹、臀鳍距的 1.4~2.0 倍。

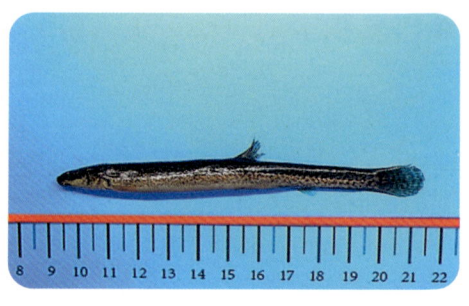

背鳍无硬刺。胸鳍小；腹鳍起点位于背鳍第 2~4 根分枝鳍条之下。尾鳍圆形。鳞小，埋于皮下。

生境与习性：喜栖居于富有植物碎屑的淤泥底质处。以植物碎屑、小型甲壳动物、水蚯蚓、昆虫幼虫等为食，也取食腐殖泥渣。

分布：常见于密江河、珲春河、图们江干流、嘎呀河、布尔哈通河。

鲇形目 Siluriformes

鲿科 / Bagridae

● 黄颡鱼属 *Pelteobagrus* Bleeker

黄颡鱼 *Pelteobagrus fulvidraco*

形态特征：背鳍 6~7，臀鳍 16~23，胸鳍 5~7，腹鳍 5。鳃耙 15~16。脊椎骨 4+34。

体长为体高的 3.0~4.6 倍，为头长的 2.8~4.1 倍，为尾柄长的 7.6~12.2 倍，为尾柄高的 7.1~11.0 倍。头长为吻长的 2.8~3.9 倍，为眼径的 4.0~7.0 倍，为眼间距的 1.9~2.2 倍，为眼后头长的 1.8~2.2 倍。

背鳍硬刺后缘具锯齿，背鳍起点至吻端的距离约与至脂鳍基部中点距离相等。臀鳍起点约与脂鳍起点相对，但脂鳍短于臀鳍，后端游离。胸鳍近三角形，硬刺强大，前后缘均具锯齿。腹鳍起点约位于体之中点，距吻端与距尾基相等。尾鳍深叉形。

生境与习性：营底栖生活。食性较广，幼鱼主要食物为浮游动物；成鱼以昆虫幼虫、蚌、螺、植物碎屑及小型鱼类为食。

分布：常见于图们江下游。

鲇科 / Siluridae

● 鲇属 *Silurus* Linnaeus

鲇 *Silurus asotus*

形态特征：背鳍4~6，臀鳍68~91，胸鳍10~13，腹鳍8~14。鳃耙9~13。脊椎骨60~63。第2~4脊椎骨相连。

体长为体高的2.8~6.8倍，为头长的3.6~5.8倍，为上颌须长的2.8~5.0倍，为下颌须长的8.6~19.1倍，为尾柄高的10.2~21倍，为肠长的1.2~1.4倍。头长为吻长的3.0~4.7倍，为眼径的6.7~10.3倍，为眼间距的1.7~2.2倍。体高为尾柄高的2.8~3.6倍。

胸鳍棘前缘有明显的锯齿。尾鳍上、下叶等长，微凹。

生境与习性：喜在缓静水域中生活，主要栖息在江河的中、下游和水库、湖泊、泡沼中。为肉食性的底层鱼类。

分布：常见于图们江上中游及下游、密江河、珲春河、嘎呀河、布尔哈通河。

刺鱼目 Gasterosteiformes

刺鱼科 / Gasterosteidae

● 多刺鱼属 *Pungitius* Coste

中华多刺鱼 *Pungitius sinensis*

形态特征：背鳍10~11，臀鳍8~9，胸鳍10~11，腹鳍I-0~2。侧线骨板32~36。鳃耙9。脊椎骨31~34。

体长为体高的 4.7~6.0 倍，为头长的 3.2~4.0 倍。头长为吻长的 3.0~4.3 倍，为眼径的 3.0~4.3 倍，为眼间距的 3.9~4.8 倍。尾柄长为尾柄高的 3.5~6.1 倍。眼径为第一背鳍棘长的 1.1~1.6 倍。

背鳍 2 个，第一背鳍有分离的鳍棘 10~11 枚，呈"之"字形交错排列，最长棘约为第二背鳍鳍条长的 1/2；第二背鳍起点在臀鳍之前。胸鳍大，末端超过腹鳍基部。腹鳍有一鳍棘。尾鳍略凹。

生境与习性：生活在与江河相通的稳水水域或泡沼中。以水生昆虫幼虫和浮游动物为饵。

分布：常见于图们江下游、密江河、珲春河、嘎呀河、布尔哈通河。

鲉形目 Scorpaeniformes

杜父鱼科 / Cottidae

● 杜父鱼属 *Cottus* Linnaeus

1. 杂色杜父鱼 *Cottus Poecilopus*

形态特征：体长 61~118mm。体延长，头部平扁。棘棱细弱，埋于皮下。眼位高，眼间距小。口端位，口裂大，呈马蹄状，上具细齿数行。前鳃盖骨上无棘。项部无皮棱。体无鳞。侧线不完全，通常不达第二背鳍后端下方。胸侧具棘突丛。背鳍鳍棘部短于鳍条部。胸鳍宽圆。腹鳍胸位，较小。尾鳍截形。

生境与习性：喜低温的底层鱼类，生活于砾石底质和有清流水的山溪或江河支流中。

分布：常见于密江河、珲春河。

2. 克氏杜父鱼 *Cottus zerskii*

形态特征：体长为体高的4.6~6.4倍，为头长的2.8~3.1倍，头长为吻长的3.0~3.9倍，为眼径的7.2~13.2倍，为眼间距的6.0~7.3倍。尾柄长为尾柄高的1.1~2.0倍。

体长，头部扁平而宽大。眼顶位，眼间距小。口端位，口裂大，下颌长于上颌，上下颌、犁骨有绒毛状齿带。前鳃盖骨后缘有一个刺状突起。鳃膜与峡部相连。体无鳞且光滑无小刺。侧线伸达尾鳍基底。背鳍2个。臀鳍与第二背鳍同形且相对。胸鳍宽大。腹鳍小，胸位。尾鳍后缘浅弧形。体呈黄褐色，具有不规则的黑斑点，体侧有4~5个大的黑斑块。

生境与习性：喜栖于具有砾石底质的山区河溪里，喜低温、清流水的底栖性鱼类。

分布：常见于图们江干流、红旗河、密江河、珲春河。

鲈形目 Perciformes

鲻科 / Mugil Linnaeus

● 鲻属 *Mugil* Linnaeus

鲻 *Mugil cephalus*

形态特征：背鳍8，臀鳍8，胸鳍16，腹鳍5。纵列鳞38~40。鳃耙58~62+83~90。

体长为体高的4.8~5.6倍，为头长的4.0~4.3倍。头长为吻长的4.4~4.8倍，为眼径的4.0~4.4倍，为眼间距的2.0~2.2倍。尾柄长为尾柄高的2.0~2.1倍。

第一背鳍基部两侧各有一尖长三角形鳞；胸鳍基部上缘有一长圆形鳞；腹鳍外侧及两腹鳍间各有一尖长三角形鳞。无侧线。背鳍2个。第一背鳍起点距吻端稍近于距尾鳍基部，第一鳍棘最长；前三鳍棘粗，互相靠近，末鳍棘细短。第二背鳍起点距第一背鳍起点和距尾鳍基部约相等。臀鳍起点稍前于第二背鳍起点。胸鳍高位。腹鳍相距近。尾鳍叉形。

生境与习性：系沿海及河口水域常见的经济鱼类。游动敏捷，夏季能跃出水面 1m。

分布：常见于图们江下游。

塘鳢科 / Eleotridae

● 鲈塘鳢属 *Perccottus* Dybowski

鲈塘鳢 *Perccottus glenii*

形态特征：背鳍 11~13，臀鳍 9~10。纵列鳞 36~38。鳃耙 11~12。椎骨 29~30。

体长为体高的 3.3~3.9 倍，为头长的 2.3~2.8 倍。头长为吻长的 3.1~3.8 倍，为眼径的 5.1~7.3 倍，为眼间距的 4.2~5.7 倍。尾柄长为尾柄高的 1.6~2.1 倍。

背鳍 2 个，不连接，第一背鳍起点至吻端的距离小于至尾鳍基的距离。腹鳍小，胸位。尾鳍后缘圆形。

生境与习性：喜栖息在江河小支流静水处，尤其是水草丛生的泡子里，能适应水体某种程度的缺氧状况。主要以水生昆虫及其幼虫、小虾等为食，较大个体也食小鱼。

分布：常见于布尔哈通河。

裸头虾虎鱼科 / Gobiidae

● 裸头虾虎鱼属 *Chaenogobius* Gill

尾纹长颌虾虎鱼 *Chaenogobius annularis*

形态特征：背鳍 9~11，臀鳍 8~10。纵列鳞 61~67。鳃耙 9~11。椎骨 32~33。

体长为体高的 5.2~6.6 倍，为头长的 2.9~3.2 倍。头长为吻长的 3.0~3.8 倍，为眼径的 5.6~6.8 倍，为眼间距的 4.8~5.8 倍。尾柄长为尾柄高的 1.8~2.2 倍。

两背鳍分离，第一背鳍低于第二背鳍，第二背鳍起点在臀鳍起点之前。胸鳍低。腹鳍愈合为一，

椭圆形。尾鳍圆形。

生境与习性：底栖性鱼类，喜栖于水草丛生和砾石底质处。

分布：常见于图们江下游、珲春河。

● 克丽虾虎鱼属 *Cheoea* Jordan *et* Snyder

黄带长颌虾虎鱼 *Chloea laevis*

形态特征：背鳍 10~11，臀鳍 9~10，胸鳍 18~21，腹鳍 5。纵列鳞 61~68，横列鳞 18~22。鳃耙 3+8~9。

体长为体高的 4.9~6.3 倍，为头长的 3.1~3.7 倍。头长为吻长的 3.6~4.5 倍，为眼径的 4.2~5.4 倍，为眼间距的 6.9~8.7 倍。尾柄长为尾柄高的 2.2~2.8 倍。

背鳍 2 个，相距较近，第一背鳍平放时，达到或稍超过第二背鳍起点；第二背鳍起点距吻端大于至尾鳍基的距离。臀鳍起点在第二背鳍第 2~3 鳍条下方。尾鳍圆形。

生境与习性：为小型底层鱼类。以枝角类、蓝藻、绿藻、裸藻、轮虫等为食。

分布：常见于珲春河、嘎呀河。

鳢科 / Channidae

● 鳢属 *Qphiocephalus* Bloch

乌鳢 *Channa argus*

形态特征：体长为体高的 4.8~6.3 倍，为头长的 2.8~3.3 倍。头长为吻长的 5.1~7.0 倍，为眼径的 7.4~16.6 倍，为眼间距的 4.8~5.7 倍。尾柄长为尾柄高的 0.4~0.6 倍。

背鳍基和臀鳍基长，无鳍棘。腹鳍小，位于胸鳍之后。尾鳍圆形。

生境与习性：生活于水草丛生、淤泥底质或混浊的浅水水域中。以鲫、鮈、鳑鲏等小型鱼类为食。

分布：常见于图们江下游。

鲀形目 Tetraodontiformes

鲀科 / Tetraodontidae

● 东方鲀属 *Takifugu* Abe

黄鳍东方鲀 *Takifugu xanthopterus*

形态特征：体长为体高的3.2~4.0倍，为头长的3.0~3.4倍。头长为吻长的2.3~2.5倍，为眼径的4.8~5.5倍，为眼间距的1.5~1.8倍。尾柄长为尾柄高的2.3~2.5倍。

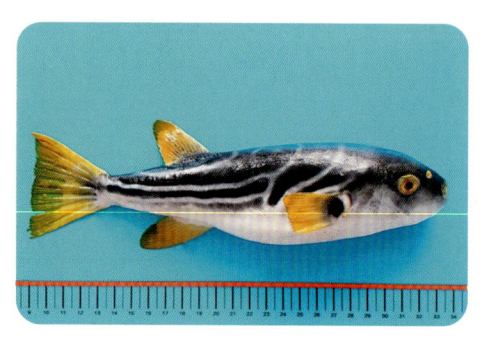

体亚圆筒形，前部粗圆，向后渐狭小；尾柄锥状，后端侧扁。体侧下缘皮褶发达。头中大，头高大于头宽，头长小于鳃孔至背端起点的距离。吻圆钝，吻长稍小于眼后头长。眼小高侧位；眼间距宽平。鼻孔每侧2个，紧位于鼻瓣内外侧；鼻瓣呈卵圆状突起。口小，前位。上、下颌各具2枚齿板，中央缝显著。唇发达，下唇较长，两端向上弯曲。螺孔侧立，位于胸鳍基底前方。鳃膜白色。背鳍1个，位于体后部的肛门上方。臀鳍与背鳍同形，起点在背鳍基底中部下方。尾鳍后缘截形或稍凹。

体背侧蓝黑色，两侧下部艳黄色，腹部白色。背侧具4条弧形黑色宽带，第一条和第二条宽带连成椭圆形环状，最后两条宽带与背缘平行，伸达尾端基。各鳍黄色。背鳍基底有一椭圆形大黑斑。胸鳍基底内外侧各具一黑斑。

生境与习性：生活于近海底层，常栖息于河口区，也可进入江河淡水中，幼鱼栖于咸淡水中。

分布：常见于图们江下游。

两栖动物

有尾目 Caudata

是终身有尾的两栖动物，一共有8科60余属350多种，幼体与成体形态上差别不大，主要包括蝾螈、小鲵和大鲵。多有完全的前肢和后肢，大小近一致。无鼓膜或外耳开口。齿位于犁骨和颌骨。身体没有鳞片或尖锐的爪。通常行体内受精。

小鲵科 / Hynobiidae

全变态（个别种有童体型），除爪鲵属外，多数有肺，睾丸不分叶，肛腺一对，体外受精。前颌骨鼻突短，左右鼻骨在中线相触，有间颌骨。四肢较发达，指4，趾5或4（爪鲵属4趾），皮肤光滑无疣粒，有或无唇褶，有眼睑和颈褶；体侧有肋沟；有前额骨和泪骨；无额鳞弧，有翼骨，仅肥鲵属的翼骨与上颌骨相连接，犁腭骨或短或长；犁骨齿短或呈"U"形；多数种的中耳有耳盖骨，耳柱骨抵向椭圆囊；隅骨不与前关节骨合并；肩胛提肌与耳盖骨相连；舌弧长，上舌软骨和角舌软骨合并，基端与基舌骨连接；鳃弧2对；第一上鳃软骨与第一角鳃软骨愈合成一软骨片；有第二上鳃骨。椎体双凹型，尾椎有完整的髓弓，棘突低平，肋骨末端无钩突。有"Y"形前趾软骨，脊神经从椎间孔伸出，仅在后段尾椎者由髓弓伸出。雄鲵泄殖腔壁无乳突，雌鲵无储精囊。

● 小鲵属 Hynobius

皮肤光滑；头部扁平呈卵圆形；无唇褶，有眼睑；犁骨齿位于犁骨后缘，内枝长于外枝，呈"U"形；有颈褶；躯干圆柱状或略扁，体侧有肋沟13条左右；有肺；指4、趾5；尾基较圆，向后逐渐侧扁。

东北小鲵 *Hynobius leechii*

形态特征：眼后角至颈侧有一细沟，下方隆起成明显的颈褶；犁骨齿列后端达眼球中部，呈"U"形。体侧有肋沟11~13条。雄鲵肛裂呈"Y"形，前端有一向后的突起；雌鲵肛裂成纵缝状。

生境：腐殖质较多的、较浅的林间微流水坑塘，只栖居于河流中上游，且数量不多。

分布：密江河、珲春河、嘎呀河及布尔哈通河的上游。

无尾目 Anura

成体基本无尾,卵一般产于水中,孵化成蝌蚪,用鳃呼吸,经过变态,成体主要用肺呼吸,但多数皮肤也有部分呼吸功能。主要包括两类动物:蛙和蟾蜍。成体体形宽而短,头部略呈三角形;颈部不明显,躯干宽短;四肢发达,前肢短,后肢长,跗部自成1节,趾间一般有蹼。皮肤一般光滑湿润,有的皮肤上有疣粒或瘰粒,其上有角质刺或无,或头顶皮肤骨质化;全无小鳞。皮肤与皮下肌肉之间有一些大淋巴囊。口大,舌后端多游离,可翻出摄食。下眼睑连有透明的瞬膜。下颌无齿,上颌一般有细齿。中耳多完备,鼓膜显著或隐于皮下或无。大多数种类有明显的第二性征,如雄性有声囊,前肢粗壮,有婚垫或婚刺,其他部位有角质刺,有较明显的大腺体等。

铃蟾科 / Bombinatoridae

● 铃蟾属 *Bombina*

较原始的无尾类。肩带弧胸型;椎体后凹型。舌呈圆盘状。蝌蚪为有角齿腹孔型。背面皮肤极粗糙。瞳孔心形或圆形。腹面颜色极为醒目,橘红或橘黄与黑色相间,掌、跖部橘红色。多栖息于山溪、沼泽及其附近。在繁殖季节进入水塘或泥坑。成蟾行动迟缓,多爬行。当受惊扰或遇敌害攻击时,将头和四肢向背面翘起,显露出醒目斑块,做假死状。

东方铃蟾 *Bombina orientalis*

形态特征:背部颜色多变,腹面为黑色与朱红色或橘黄色的花斑,掌蹠及大腿腹面也有。雄性前肢较粗壮,前臂内侧、内掌突及内侧3指基部有黑色细刺状婚垫;无声囊和雄性线。雄性趾间为全蹼,雌性的蹼缺刻较深。

生境:常栖居于林间沼泽、坑塘,繁殖期选择草多的小水体,偶尔发现于稻田和河流下游的低海拔区。

分布:常见于图们江各支流的中上游。

蟾蜍科 / Bufonidae

● 蟾蜍属 *Bufo*

皮肤多粗糙具瘰疣，有耳后腺。上颌无齿，舌长椭圆形。具明显的毕德氏器（Bidder's organ）。

中华蟾蜍 *Bufo gargarizans*

形态特征：皮肤粗糙，全身布满大小不等的圆形瘰疣。头顶部两侧有大而长的耳后腺1个。雄蟾前肢内侧3指（趾）有黑色婚垫，无声囊。腹面不光滑，乳黄色，有棕色或黑色的细花斑。

生境：喜欢植被较多、湿度大的河岸，农田发现频次也较高，在背阴的干旱土洞、石堆中也偶有发现。

分布：图们江流域均有分布。

雨蛙科 / Hylidae

● 雨蛙属 *Hyla*

上腭有齿，有趾有蹼；舌长，可以自由活动；四肢有吸盘，使得它们能够攀爬。

东北雨蛙 *Hyla ussuriensis*

形态特征：趾端也有具横沟的吸盘；颞褶明显；腕部有横沟；内跖褶棱状。体背面翠绿色，体侧及腹面呈白色，体背面、体侧及四肢背面均无任何斑点或深色斑纹。雄蛙咽部色黑，具单咽下外声囊及雄性线，有白色婚垫。

生境：喜欢分布在低山的山间稻田附近，偶见于植被繁茂的沼泽边缘的植物上。

分布：图们江干流下游、密江河、珲春河、嘎呀河均有分布。

姬蛙科 / Microhylidds

● 狭口蛙属 *Kaloula*

口小，腭部横置的二肤棱明显。皮肤厚且富有腺体，适合生活在较干旱的区域。

北方狭口蛙 *Kaloula borealis*

形态特征：背具小疣，腹平滑，肛孔多小疣。颜色变异大，头后常有波状宽横纹；背部及四肢上部常有不规则棕黑色斑点，体侧及后肢内侧有深浅相间的网状纹。其后肢有发达的内跖突。雄性有单咽下外声囊，咽喉部黑色。

生境：喜陆栖，故善于挖土钻穴，活动于较浅的小坑塘，在湿度较大的傍晚和清晨活动。

分布：图们江流域均有分布，但不常见。

蛙科 / Ranidae

● 蛙属 *Rana*

皮肤光滑。上颌有齿，且有犁齿；舌端分叉，可自由活动；肩带固胸型；椎体既有前凹型又有后凹型，为参差型椎体；荐椎横突柱状；指趾末端两骨节间没有间介软骨。

东北林蛙 *Rana dybowskii*

形态特征：体色因生境而多变，鼓膜部位有黑褐色三角形斑。雌蛙体侧及肛部小疣为朱红色或红黄色；胯部及股部前内侧为黄绿色；雄蛙有内声囊，体后部无大疣体，腹面色斑少。

生境：喜居于平原及低山较开阔地带的水塘、水坑、沼泽、水沟和稻田等静水域附近，有季节性的垂直移动。

分布：主要分布于图们江各级支流的中上游。

黑龙江林蛙 *Rana amurensis*

形态特征：鼓膜部位有黑褐色三角形斑。雄蛙无声囊，体、后肢背面、后腹部密布大疣体。雌蛙皮肤更为粗糙，色泽鲜艳，红棕色或黄棕色，背侧褶外侧及背疣周围黑色斑纹或斑点显著。

生境：与东北林蛙类似，但海拔一般略高，见于山区植被较好的湿润环境中，在森林、灌丛、草地以及湖泊、水塘、沼泽中活动。

分布：密江河、珲春河、嘎呀河上游。

● 腺蛙属 *Glandirana*

鼻骨小，内缘间距宽，与蝶筛骨相接，与额顶骨分离。肩胸骨基部不分叉，上胸软骨小；中胸骨长，近端略粗，剑胸软骨后端分叉。第8椎体双凹椎，典型的参差型脊柱；肩带固胸型，肩胸骨基部正中央缺刻或深或浅。指、趾末端微呈吸盘状；趾端有马蹄形横沟或不显；指端多无横沟；趾具半蹼，无背侧褶；体背面有间断纵条和满布细小疣粒；腹面光滑；皮下满布黄色颗粒腺，腋内侧和股后远端腺体密集成团。

东北粗皮蛙 *Glandirana emeljanovi*

形态特征：皮肤十分粗糙，体背部有多行长形疣，断续排成纵行，其间有小疣粒，疣粒上均密布浅黄色微小颗粒；体背青灰色并杂有黑斑，体背面和体侧为浅黄色；体腹面灰色；四肢有3~4条黑横纹，趾蹼上有黑色云斑。

生境：中低海拔的小型静水水体分布较多，偶尔也进入小型河流的缓流区活动，喜欢藏于岸边。

分布：密江河、珲春河、布尔哈通河下游。

● 侧褶蛙属 *Pelophylax*

体色多变，但均有侧褶，多数个体背部有中央纵线。背侧褶宽厚，胫背面有多条由痣粒连缀成的纵肤棱，无跗褶。

黑斑侧褶蛙 *Pelophylax nigromaculatus*

形态特征：背侧褶明显，体侧有长疣或痣粒，腹面光滑。体背颜色多样，杂黑斑，背侧褶金黄色、浅棕色或黄绿色。前臂常有棕黑横纹 2~3 条，股、胫部各有 3~4 条，股后侧有酱色云斑。

生境：分布于坑塘、稻田、水渠等小型静水水体，对水质要求不高，有较强的适应性。

分布：图们江流域。

爬行动物

有鳞目 Squamata

体表满被角质鳞片，一般无骨板，身体多为长形。前后肢发达或退化。体内受精，雄性有一对由泄殖腔壁向外翻出的囊状交配器，称半阴茎。有鳞目现存9000余种，是种类最多样化的爬行动物类群。包括蜥蜴和蛇，其中蜥蜴5700余种，蛇3400余种。

蜥蜴科 / Lacertian

一般种类四肢发达，指、趾5枚，末端有爪，适于爬行和挖掘。少数种类四肢退化或缺失，具长尾。有肩带及胸骨，眼睑可动，舌扁平形，能伸缩，但无舌鞘。

● 麻蜥属 Eremias

一般体长不超过100mm。吻窄，吻棱不显。头顶大鳞对称排列，鼓膜大而裸露，背部全为粒鳞，腹鳞比背鳞大，近方形，向腹中线呈斜行排列。肩前方两侧至腹面有一明显的肤褶形成的领围，领围游离缘为较大的鳞片。指、趾下面被棱鳞，股腹面有股孔。

山地麻蜥 Eremias brenchleyi

形态特征：背部褐色；体侧各有2列黑缘的浅色眼斑或由此联成的白色纵纹，近背列始于顶鳞后缘，到达尾背两侧，腹列起自眼及上唇后方，沿腰部伸至后肢基前；背上和斑纹之间有被黑色横纹相连的白色圆斑；腹面黄白色。

生境：喜干燥的、环境复杂的石质阳坡，偶尔在公路边缘活动。

分布：珲春河中游。

● 草蜥属 Takydromus

头顶具对称排列的大鳞，背部起棱大鳞排成纵行，腹部大鳞近方形。体细长，尾为体长的2倍以上。

1. 黑龙江草蜥 Takydromus amurensis

形态特征：背、腹和两侧颜色明显不同，体背棕褐色，体侧黑褐色，腹部灰白色。背和体侧相交

处，由于不同颜色的相互嵌入，形成2条明显的波齿状花纹，从颈后一直延伸至尾端。尾鳞排列成环且起棱，鳞片的棱都向后尖出。

生境：丘陵、平原和山区的茂密草丛中或矮灌木林间，常选择利于躲藏、逃避的复杂地形活动。

分布：密江河、布尔哈通河。

2. 白条草蜥 *Takydromus wolteri*

形态特征：背侧从顶鳞后缘开始至尾部1/3~1/4处，有2条白色纵纹，每条由一行完整的鳞片和该行鳞片左右相邻的各半个鳞片所组成。体侧左右也各有一条较狭的白色纵纹。尾鳞为强起棱的矩形大鳞，纵行成棱线，横行成环状。

生境：多栖息于荒山灌丛、杂木林边缘、山坡、田地等处。

分布：图们江中上游。

游蛇科 / Colubridae

头背面覆盖大而对称的鳞片，背鳞覆瓦状排列成行；腹鳞横展宽大。上颌骨不能竖立，其上生有细齿；少数种类为后沟牙类毒蛇，即最后2~4个细齿形成较大而有纵沟的沟牙。形态和习性多样性丰富，树栖、穴居、水栖或半水栖。卵生。游蛇科有近300属约1400种，约占现存蛇类的2/3，是蛇亚目的最大科。

● 锦蛇属 *Elaphe*

游蛇科的大属，大中型蛇类，背鳞中段19~27行，平滑或起微棱。眶后鳞一般2枚。由于分类手段的变革，原广义锦蛇属被划分为十几个属，属内分类关系极其复杂。

1. 白条锦蛇 *Elaphe dione*

形态特征：枕背深色纵纹大且明显。体色变异很大，体背具4条深色纵纹，位于脊侧和体侧，纵纹上常连缀较多更深颜色的近圆形斑。深色纵纹间色浅，看似"白条"。眼后具一条镶黑边的深褐色纵纹斜向口角。

生境：生活于平原或低海拔山区，栖于田野、

坟堆、草坡、林区、河边及农田，是区域类最常见的锦蛇。

分布：图们江全域均有分布。

2. 棕黑锦蛇 *Elaphe schrenckii*

形态特征：头背黑色，头侧、腹黄色，上、下唇鳞后半部黑色。体、尾背面棕黑色，自颈至尾具黄色横斑，占 1~2 个鳞列，两横斑间隔 9~10 个鳞列。体、尾腹面乳黄色杂有黑色斑，部分个体腹面几乎全黑。

生境：适应性强，喜低山、植被条件好的堤坝、农田、森林边缘等，尤其喜欢建筑物附近的区域。

分布：图们江全域均有分布。

3. 赤峰锦蛇 *Elaphe anomala*

形态特征：体前段横斑色浅或不明显，体后段及尾背具黄色横斑，占 2~4 个鳞列，两横斑间隔 4~6 个鳞列。体、尾腹面浅黄色或鹅黄色，散布略呈方形的黑褐色小斑。

生境：与棕黑锦蛇的生境相似，但数量较少。

分布：密江河。

● 腹链蛇属 *Hebius*

均为无毒蛇，体背有一到多条各色纵带，腹鳞两侧具黑色短斑纹，前后连成腹链。喜栖居于山区各种水体及其附近湿地，活动于湖边、河边、秧田及水沟边或潮湿山区灌丛草地中。

东亚腹链蛇 *Hebius vibakar*

形态特征：头背绿褐色，头腹白色，上、下唇鳞黄白色，鳞缘具不规则黑斑。体、尾背面红褐色，背鳞中央 3~4 行鳞片橄榄绿色；腹面乳黄色，腹鳞两侧具黑色短斑纹，前后连缀成腹链，链纹外侧腹鳞淡红色。

生境：分布于溪流周围的岩石、倒木堆、岸带植物丛中，善于游泳，有时候在水边游走。

分布：密江河、珲春河中上游。

● 颈槽蛇属 *Rhabdophis*

种类繁多，体色多样，具颈槽和颈腺，属于达氏腺毒蛇。遭遇危险时，许多颈槽蛇会立起颈部，低头并将头部顶向对方，同时由颈部分泌出颈腺储存的毒液，这种毒液可通过黏膜和血液进入动物体内，造成麻痹等轻重不一的症状。属内的部分种类，也有致人死亡的案例。

虎斑颈槽蛇 *Rhabdophis tigrinus*

形态特征：达氏腺毒蛇，其口腔内的达氏腺和颈背的颈腺的分泌物有毒。颈背正中 2 行背鳞间具 1 个纵行浅凹槽，受到刺激后，颈腺会分泌黄白色液体。体前侧斑纹两色间隔，似虎斑，故名"虎斑颈槽蛇"。

生境：因其多以两栖类为食，常分布于近水的草丛或乱石堆，干旱的坡地偶有发现。

分布：图们江全域均有分布。

蝰科 / Viperidae

头大而略扁，三角形，颈细而明显；蝮亚科种类鼻眼间有颊窝，是热感受器，可用来测知周围温血动物的准确位置，蝰和白头蝰无热感器；上颌短而略高，前端着生一对长而弯曲的管状毒牙和几对后备毒牙，张口时能竖立，闭口时倒卧于口腔背部，为血循毒毒蛇。头被为大而对称鳞片或全为小细鳞。体粗壮或粗细适中。尾短；响尾蛇末端具有一串角质环，为多次蜕皮后的残存物，遇敌或急剧活动时迅速摆动，可达 40~60 次/s，能长时间发出响声。

● 亚洲蝮属 *Gloydius*

体型粗短，且体色丰富多变。吻棱明显，尾短，具管牙，有颊窝。对环境适应能力强，广泛分布于东亚各地，个别种类分布可达欧洲。地理分布、眉纹的颜色、体色、体背斑点颜色和闭合程度均是其重要的分类依据。

1. 短尾蝮 *Gloydius brevicaudus*

形态特征：管牙类毒蛇。体粗尾短。头略呈三角形，与颈区分明显。头侧具黑色眉纹。身体两侧各具 1 行大圆斑，其在脊部交错或并列，少数融合。体侧近腹面具不规则深色斑，略呈星状。

尾腹后段黄色，尖端偏黑。

生境：喜在低山地区、道路旁的裸岩附近活动，偶尔进入草丛。

分布：密江河。

2. 乌苏里蝮 *Gloydius ussuriensis*

形态特征：中小型管牙类毒蛇。体粗尾短，头呈三角形。头侧具1条黑色或黑褐色眉纹，上、下缘镶白色或黄白色边。通身两侧各具1行大圆斑，圆斑边缘色深，中间色浅，近腹侧常不闭合，形似马蹄。

生境：多见于区域内中低海拔的灌丛、森林边缘、乱石堆或杂草中。

分布：珲春河、嘎呀河、布尔哈通河。

3. 岩栖蝮 *Gloydius saxatilis*

形态特征：管牙类毒蛇，上颌骨具管牙，有颊窝。背面黄褐色或砂黄色，有多数宽大的暗褐色或近黑褐色横纹；腹面黄白色或灰黑色，无明显斑纹。贯穿眼前后的黑色"眉"纹较宽，上下缘均不镶浅色边，故曾称"黑眉蝮"。

生境：典型栖息地是石山阳坡，也见于森林边缘或溪流沿岸。

分布：图们江流域均有分布。

大型植物

● 槐叶苹属 *Salvinia*

槐叶苹 *Salvinia natans*

形态特征：浮水植物。茎细长，密被褐色多细胞短毛。叶3片轮生，沿茎排成三列，上侧两列浮水，具短柄，叶片长圆形至椭圆形，长5~12mm，宽5~6mm，基部圆形或近心形，钝圆头，全缘，叶脉羽状，叶表面绿色，密布簇生束状短毛的乳头状突起，背面灰褐色，密被短毛，下侧一列叶细裂成须状假根。孢子囊果近圆形，4~8簇生于沉水叶基部，单性，有短柄。

生境：生于水田、水泡子、沟塘或静水溪河内。

分布：珲春河、密江河、嘎呀河。

● 泽泻属 *Alisma*

1. 草泽泻 *Alisma gramineum*

形态特征：水生或沼泽生草本。叶基生，有鞘。花两性或杂性，轮生总状或圆锥花序；花被片6枚，排成2轮，外轮花被片萼片状，绿色，宿存，内轮花被片花瓣状；雄蕊6枚；心皮多数，离生，1室，胚珠1枚，着生于子房基部。瘦果。种子无胚乳。花两性。叶披针形或长圆状披针形。

生境：生于湖边、水塘、沼泽、沟边及湿地。

分布：广泛分布于图们江流域。

2. 泽泻 *Alisma plantago-aquatica*

形态特征：水生或沼泽生草本。叶基生，有鞘。花两性或杂性，轮生总状或圆锥花序；花被片6枚，排成2轮，外轮花被片萼片状，绿色，宿存，内轮花被片花瓣状；雄蕊6枚；心皮多数，离生，1室，胚珠1枚，着生于子房基部。瘦果。种子无胚乳。花两性。叶卵形或椭圆形，稀广卵形。

生境：生于湖泊、河湾、溪流、水塘的浅水带，沼泽、沟渠及低洼湿地也有生长。

分布：珲春河、嘎呀河。

3. 野慈姑 *Sagittaria trifolia*

形态特征：多年生水生或沼生草本。根状茎横走，较粗壮，挺水叶箭形；叶柄基部渐宽，鞘状，边缘膜质，具横脉，或不明显。花序总状或圆锥状，具花多轮，单性；花被片反折，外轮花被片椭圆形或广卵形，内轮花被片白色或淡黄色，雌花通常1~3轮，花梗短粗，心皮多数；雄花多轮，花梗斜举，雄蕊多数。瘦果两侧压扁，倒卵形，具翅；果喙短，自腹侧斜上。种子褐色。

生境：生于湖泊、池塘、沼泽、沟渠、水田等水域。

分布：嘎呀河、珲春河。

4. 水鳖 *Hydrocharis dubia*

形态特征：多年生漂浮水草，具匍匐茎。叶近圆心形，浮水面，背面常有气室，但伸出水面后，消失，有长柄。花单性，白色，雄花2~3朵生于佛焰苞内；雄蕊6~9枚，仅3~6枚能育；雌花单生，常有6枚，退化雄蕊，子房下位，6室。果实肉质，近球形。

生境：生于静水池沼中。

分布：嘎呀河。

5. 菹草 *Potamogeton crispus*

形态特征：多年生沉水草本，具近圆柱形的根茎。茎稍扁，多分枝，近基部常匍匐地面，于节处生出疏或稍密的须根。叶条形，无柄，长3~8cm，宽3~10mm，先端钝圆，基部约1mm

与托叶合生，但不形成叶鞘，叶缘多少呈浅波状，具疏或稍密的细锯齿；穗状花序顶生，具花 2~4 轮；花序梗棒状，较茎细；花小，被片 4 枚，淡绿色，雌蕊 4 枚，基部合生。果实卵形，长约 3.5mm，果喙长可达 2mm。

生境：生于池塘、水沟、水稻田、灌渠及缓流河水中，水体多呈微酸至中性。

分布：密江河、海兰河、红旗河。

● 眼子菜属 *Potamogeton*

1. 异叶眼子菜 *Potamogeton heterophyllus*

形态特征：多年生水生草本。植株常略带红色，根茎发达。茎圆柱形，长 5~200cm，径 1.5~2mm，上部常有分枝。通常有浮水叶与沉水叶之分，浮水叶椭圆形至宽披针形，长约 8cm，宽约 2cm，具柄；沉水叶较宽，有明显的叶片，长约 15cm，宽 1.5~2.5cm，先端圆或钝，全缘；叶脉多条，平行；托叶草质。穗状花序顶生，长 6~15cm，开花时伸出水面；花被片 4 枚，黄绿色；雌蕊 4 枚，离生。果实倒卵形，长约 2.5mm。

生境：池沼、沟塘等静水体，水体中性至微碱性。

分布：布尔哈通河、海兰河。

2. 浮叶眼子菜 *Potamogeton natans*

形态特征：多年生水生草本植物。根茎发达，白色，分枝，茎圆柱形，多分枝，节处生有须根。浮水叶革质，卵形至矩圆状卵形，有时为卵状椭圆形，长 4~9cm，宽 2.5~5cm，具长柄；沉水叶质厚，叶柄状，呈半圆柱状的线形，先端较钝，长 10~20cm，宽 2~3mm，具不明显的 3~5 脉；常早落；托叶近无色。穗状花序顶生，具花多轮，开花时伸出水面。花小，绿色，肾形至近圆形；雌蕊 4 枚，果实倒卵形，果长 4~5mm，宽 2.5~3.5mm；果的背脊有鸡冠状突起，喙细长。

生境：湖泊、沟塘等静水或缓流中，水体多呈微酸性。

分布：嘎呀河。

3. 小浮叶眼子菜 *Potamogeton vaseyi*

形态特征：多年生水生草本植物。根茎发达，白色，分枝，茎圆柱形，多分枝，节处生有须根。浮水叶小形，通常长不及4cm，宽不及2cm，长圆形或披针形。果无鸡冠状突起；喙较短。

生境：湖泊、沟塘等静水或缓流中。

分布：红旗河。

4. 篦齿眼子菜 *Stuckenia pectinata*

形态特征：多年生，有细线状根状茎。茎的下部较粗，直径约为3mm，上部呈叉状密分枝。叶条形，长2~10cm，宽0.5~1mm，先端急尖，全缘；托叶与叶柄合生成鞘；穗状花序腋生于茎顶。小坚果斜阔卵形，长3~3.5mm，背部有脊或近圆形。叶脉3条，平行。穗状花序顶生，具花4~7轮，间断排列；花被片4枚，圆形或宽卵形；雌蕊4枚。果实倒卵形，长3.5~5mm，宽2.2~3mm，顶端斜生长喙，背部钝圆。

生境：生于湖边、水塘、沼泽、沟边及湿地。

分布：嘎呀河。

5. 菖蒲 *Acorus calamus*

形态特征：多年生草本，具芳香气味。根状茎匍匐，肉质，多分枝。叶基生，剑状线形，长70~100cm，2列，中下部叶鞘套褶状，近革质。花序梗基生，三棱形，长40~50cm，佛焰苞与叶同型；肉穗花序圆柱状，直立或斜生，长5~7cm，径0.5~1cm，无柄，黄绿色，花两性，花被片6枚，先端平截而内弯；雄蕊6枚，花丝线形，略超出花被片；子房长圆柱形。浆果熟时红色。

生境：生于湖边、水塘、沼泽、沟边及湿地。

分布：图们江干流、珲春河、嘎呀河。

6. 荆三棱 *Bolboschoenus yagara*

形态特征：根状茎粗而长，呈匍匐状，顶端生球状块茎，常从块茎又生匍匐根状茎。秆高大粗壮，高 70~150cm，锐三棱形，平滑，基部膨大，具秆生叶。叶扁平，线形，宽 5~10mm，稍坚挺，上部叶片边缘粗糙，叶鞘很长。叶状苞片 3~4 枚；长侧枝聚伞花序，具 3~8 个辐射枝，每辐射枝具 1~3 小穗，具多数花；鳞片密复瓦状排列，外面被短柔毛，顶端具芒，芒长 2~3mm；雄蕊 3 枚；花柱细长，柱头 3 个。小坚果倒卵形，三棱形，黄白色。

生境：生于湖、河浅水中。

分布：海兰河。

● **薹草属** *Carex*

1. 莎薹草 *Carex bohemica*

形态特征：秆丛生，直立，三棱形，基部具无叶片的鞘，枝先出叶已退化不存在。果实具喙。根状茎短。秆丛生，高 25~40cm，宽 2mm，扁三棱形，平滑。叶短于秆，宽 2~4mm，平张，柔软，淡绿色。苞片叶状，下部 3 枚长于花序数倍。小穗无柄，多数，为雌雄顺序。卵状长圆形，果囊长圆状披针形，平凸状，长约 1cm，膜质，黄绿色或锈黄色。小坚果平凸状，紧包于果囊中，基部具短柄，长约 2mm；花柱基部稍膨大，柱头 2 个。

生境：生于河边沙地、湿地或沼泽旁。

分布：嘎呀河、密江河。

2. 二籽薹草 *Carex disperma*

形态特征：根状茎长而匍匐或具地下匍匐枝。枝先出叶已退化不存在，秆散生；秆高 30~50cm，锐三棱形，细弱，上部粗糙，叶短于秆，宽 1~1.5mm，平张，柔软，鲜绿色。小穗无柄为雄雌顺序。果囊稍长于鳞片，椭圆形，双凸状，长 2.5~3mm，宽约 1.5mm，革质，褐色，有光泽，两面具多条脉，下部具海绵状组织，基部近圆形，具短柄，顶端急缩成短喙，喙缘平滑，喙口微凹。小坚果紧包于果囊中，平凸状，稀三棱形；花柱基部不膨大，柱头2个。

生境：生于沼泽和林下湿地。

分布：布尔哈通河、海兰河。

3. 黑水薹草 *Carex drymophila*

形态特征：多年生草本；秆较高，可达100cm，较粗壮，叶较宽，5~8mm，背面通常被疏柔毛。果囊顶端及喙边缘具糙毛。枝先出叶存在呈鞘状；小坚果三棱形，具小穗柄，叶及叶鞘具横隔；果囊喙口质硬，2齿；柱头3个。

生境：生于湖、河岸边潮湿处或沼泽地、草甸。

分布：红旗河、密江河、珲春河。

4. 溪水薹草 *Carex forficula*

形态特征：根状茎短，形成踏头。秆紧密丛生，高40~90cm，三棱形，粗糙，基部叶鞘无叶片，黄褐色，稍有光泽，明显细裂成网状。枝先出叶存在呈鞘状；小坚果紧包于果囊中，平凸状或双凹状，常具小穗柄。卵形或宽倒卵形，近双凸状，基部宽楔形，长2~2.5mm；花柱基部不膨大，柱头2个。

生境：生于林下、溪边或潮湿处。

分布：密江河、珲春河。

5. 湿薹草 *Carex humida*

形态特征：根状茎具长的地下匍匐茎。枝先出叶存在呈鞘状；秆密丛生，高50~70cm，钝三棱形，下部平滑，上部稍粗糙，基部具红褐色无叶片的鞘，老叶鞘常细裂呈网状。叶短于秆，宽4~6mm，平张，边缘稍外卷，具小横隔脉，无毛或疏被柔毛，具较长的叶鞘，上部的叶鞘有的被疏柔毛。小坚果三棱形；具小穗柄；果囊喙口质硬，2齿或2深裂，基部具短柄；花柱基部不增粗，柱头2个。

生境：生于沼泽地、沟谷等水边湿地。

分布：广泛分布于图们江流域。

6. 尖嘴薹草 *Carex leiorhyncha*

形态特征：多年生草本植物，根状茎短，枝先出叶已退化不存在。秆丛生，高 20~70cm，三棱形，上部粗糙。基部叶鞘无叶片，褐色，疏松抱茎，腹面膜质，具横皱纹，顶端截形；叶片线形，扁平，与秆等长或短于秆，宽 3~5mm，两面密生褐色斑点。苞片刚毛状，长于小穗，花序最下部者较长，长 2~5cm，上部者较短约 1cm；小穗无柄，雄雌顺序；小坚果平凸状，疏松包于果囊中，果囊边缘无翅。花柱基部不膨大，柱头 2 个。

生境：生于山坡草地、林缘、湿地或路旁。

分布：嘎呀河、红旗河。

7. 乌拉草 *Carex meyeriana*

形态特征：多年生草本。根状茎短，形成踏头。枝先出叶存在呈鞘状；常具小穗柄。秆紧密丛生，高 20~50cm，宽 1~1.5mm，纤细，三棱形，坚硬。叶短于或近等长于秆，刚毛状，向内对折，质硬，边缘粗糙，叶及叶鞘无横隔。小坚果紧包于果囊中，果囊喙口膜质状，全缘或微二齿裂。小坚果三棱形，褐色，长 1.5~2mm，具短柄，顶端圆形；花柱基部不膨大，柱头 3 个。

生境：生于沼泽。

分布：图们江干流、红旗河。

8. 翼果薹草 *Carex neurocarpa*

形态特征：根状茎短，秆丛生，枝先出叶已退化不存在。全株密生锈色点线，高 15~100cm，宽约 2mm，粗壮，扁钝三棱形，平滑，基部叶鞘无叶片，淡黄锈色。果囊长于鳞片，卵形或宽卵形，长 2.5~4mm，稍扁，膜质，密生锈色点线，两面具多条细脉，无毛，中以上边缘具宽而微波状不整齐的翅，锈黄色，上部通常具锈色点线，基部近圆形，里面具海绵状组织，有短柄，顶端急缩成喙，喙口 2 齿裂。小坚果卵形或椭圆形，平凸状，长约 1mm；小穗为雄雌顺序，无柄；花柱基部不膨大，柱头 2 个。

生境：生于湿地或草丛中。

分布：广泛分布于图们江流域。

9. 大穗薹草 *Carex rhynchophysa*

形态特征：多年生草本，枝先出叶存在呈鞘状；秆高 0.6~1m，粗壮，三棱形，下部平滑，上部稍粗糙，基部叶鞘棕色或稍带红棕色；植株或果囊无毛，但有时果囊边缘粗糙。叶及叶鞘具横隔；雌花鳞片长圆状披针形，长约 4.2mm，先端急尖，无短尖，膜质，淡棕或淡黄褐色，上部边缘白色半透明，具中脉；果囊成熟时平展，圆卵形或宽卵形，很鼓胀，长 6.5~7mm，膜质，黄绿色，稍有光泽，无毛，多脉，具短柄，喙稍长，质硬，喙口具 2 齿；小坚果疏松地包于果囊中，三棱形，长约 2mm，具短柄；花柱细长，常多回扭曲，基部不增粗；具小穗柄。

生境：生于湖边、水塘、沼泽、沟边及湿地。

分布：红旗河。

● 莎草属 *Cyperus*

1. 高秆莎草 *Cyperus exaltatus*

形态特征：多年生草本，根状茎短，具许多须根。秆粗壮，高 100~150cm，钝三棱形，平滑，基部生较多叶。叶几与秆等长，宽 6~10mm，边缘粗糙；叶鞘长，紫褐色。叶状苞片 3~6 枚，下面几枚较花序长；长侧枝聚伞花序复出或多次复出；具多数小穗，近于 2 列，小穗轴具狭翅，翅线形，白色透明；鳞片稍密地复瓦状排列，卵形、倒卵形，长约 1.5mm，背面具龙骨状突起；雄蕊 3 枚，花药线形，药隔突出于花药顶端；花柱细长，柱头 3 个。小坚果倒卵形或椭圆形，三棱形，长不及鳞片的 1/2，光滑。

生境：生长于阴湿多水的地方。

分布：海兰河。

2. 头状穗莎草 *Cyperus glomeratus*

形态特征：一年生草本植物，具须根，无根状茎。秆散生，粗壮，高 50~95cm，钝三棱形，平滑，基部稍膨大，具少数叶。叶短于秆，宽 4~8mm，边缘不粗糙；叶鞘长，红棕色。叶状苞片 3~4 枚，较花序长，边缘粗糙；复出长侧枝聚伞花序，具 3~8 个辐射枝，辐射枝长短不等，最长达 12cm。穗状花序无总花梗，具极多数小穗；小穗多列，排列极密，线状披针形或线形，稍扁平；小穗轴具白色透明的翅；雄蕊 3 枚，花药短，长圆形，药隔突出于花药顶端；花柱长，柱头 3 个，较短。小坚果长圆形，三棱形，长为鳞片的 1/2，灰色，具明显的网纹。

生境：多生长于水边沙土上或路旁阴湿的草丛中。

分布：广泛分布于图们江流域。

3. 牛毛毡 *Eleocharis yokoscensis*

形态特征：匍匐根状茎非常细。秆多数，细如毫发，密丛生如牛毛毡，高 2~12cm。叶鳞片状，具鞘，鞘微红色，膜质，管状，高 5~15mm。小穗卵形，顶端钝，长 3mm，宽 2mm，淡紫色，只有几朵花，所有鳞片全有花；鳞片膜质；柱头 3 个。小坚果狭长圆形，无棱，呈浑圆状，顶端缢缩；花柱基稍膨大呈短尖状，直径约为小坚果宽的 1/3。

生境：多半生长在水田中、池塘边或湿黏土中。

分布：布尔哈通河。

● 藨草属 *Scirpus*

1. 东方藨草 *Scirpus orientalis*

形态特征：植株具匍匐枝，秆粗壮；株高 80~120cm，直径 7~12mm，靠近花序部分为三棱形；叶等长或短于花序，宽 0.5~1.5cm，叶片边缘和背面中肋常有锯齿，叶鞘和叶片背面有隆起横脉；苞片禾叶状，2~4 枚，下面 1~2 枚长于花序；多次复出长侧枝聚伞

花序，顶生，辐射枝多数，长达 10cm，辐射枝和小穗柄上部粗糙；小穗暗绿色，单生或 2~3 聚合；雄蕊 3 枚，花药线状长圆形，长约 1mm，药隔稍突出；花柱中等长，柱头 3 个；小坚果倒卵形或宽倒卵形，扁三棱形，淡黄色。

生境：生于水边、山上阴湿处、山沟浅水中。

分布：广泛分布于图们江流域。

2. 球穗薹草 *Scirpus wichurae*

形态特征：植株丛生无匍匐枝。秆高 10~50cm，三棱形，平滑，中部以上生叶。叶扁平，线形，稍坚挺，宽 1~4mm，在秆上部的叶长于秆或等长于秆，边缘和背面中肋上不粗糙或稍粗糙。苞片禾叶状，2~3 枚，长于花序；花序顶生；小穗卵形，具多数花。鳞片长圆状卵形，膜质，外面微被短毛，顶端有缺刻，背面具 1 条中肋，延伸出顶端成芒；雄蕊 3 枚，花药线状长圆形，药隔突出部分较长；花柱细长，柱头 2 个。小坚果宽倒卵形，双凸状，长约 2.5mm，黄白色，成熟时呈深褐色，具光泽。

生境：生长在山路旁、阴湿草丛中、沼地、溪旁、山脚空旷处。

分布：珲春河、密江河。

3. 水葱 *Scirpus validus*

形态特征：多年生草本植物，匍匐根状茎粗壮，匍匐，具许多须根。叶片线形，长 1.5~11cm。苞片似秆之延长；花序假侧生；小穗单生或 2~3 个簇生于辐射枝顶端，卵形或长

圆形，顶端急尖或钝圆，具多数花；鳞片椭圆形或宽卵形，顶端稍凹，具短尖，膜质；雄蕊 3 枚，花药线形，药隔突出；花柱中等长，柱头 2 个，罕 3 个，长于花柱。小坚果倒卵形或椭圆形，双凸状，少有三棱形，长约 2mm。

生境：生长在湖边或浅水塘中。

分布：广泛分布于图们江流域。

4. 玉蝉花 *Iris ensata*

形态特征：多年生草本植物，植株基部围有叶鞘残留的纤维。根状茎粗壮，斜伸，外包有棕褐色叶鞘残留的纤维；须根绳索状，灰白色，有皱缩的横纹。叶条形，长 30~80cm，宽 0.5~1.2cm，顶端渐尖或长渐尖，基部鞘状，两面中脉明显。花茎圆柱形，实心，有 1~3 枚茎生叶；苞片 3 枚，近革质，披针形，内包含有 2 朵花；花深紫色，直径 9~10cm；花药紫色，较花丝长；花柱分枝扁平，紫色，略呈拱形弯曲，子房圆柱形。蒴果长椭圆形，顶端有短喙，6 条肋明显，成熟时自顶端向下开裂至 1/3 处；种子棕褐色，扁平，半圆形，边缘呈翅状。

生境：生于沼泽地或河岸的水湿地。

分布：密江河、珲春河。

● 雨久花属 *Monochoria*

1. 雨久花 *Monochoria korsakowii*

形态特征：植株高 30~60cm，茎及根状茎较粗壮，茎下部及根状茎粗 4~11mm；叶通常呈广卵状心形、心形或广卵形，基部通常呈心形，稀近圆形，长 5~10cm，宽 3~10cm；圆锥花序或少为总状花序，通常具 7 至 10 余朵花，有时多达 30 余朵。

生境：生于池塘、湖沼靠岸的浅水处和稻田中。

分布：海兰河、布尔哈通河。

2. 鸭舌草 *Monochoria vaginalis*

形态特征：植株高 15~40cm，茎及根状茎较细弱，粗 1~3mm；叶呈卵状披针形、披针形、广披针形或三角状卵形，基部通常呈圆形或广心形，长 3~7cm，宽 0.3~3cm；总状花序具 1~6 朵花。

生境：生于稻田、沟旁、浅水池塘等水湿处。

分布：嘎呀河。

● 灯心草属 *Juncus*

1. 小灯心草 *Juncus bufonius*

形态特征：一年生草本，高 4~20cm，茎丛生，细弱，直立或斜升，有时稍下弯，基部常红褐色。叶基生和茎生；茎生叶常 1 枚；叶片线形，扁平，长 1~13cm，宽约 1mm，顶端尖；叶鞘具膜质边缘，无叶耳。花序呈二歧聚伞状，或排列成圆锥状，生于茎顶，花序分枝细弱而微弯；花药长圆形，淡黄色；花丝丝状；雌蕊具短花柱；柱头 3 个，外向弯曲。蒴果三棱状椭圆形，黄褐色，长 3~4mm，顶端稍钝，3 室。种子椭圆形，两端细尖，黄褐色，有纵纹。花常闭花受精。花期 5—7 月，果期 6—9 月。

生境：生于湿草地、湖岸、河边、沼泽地。

分布：嘎呀河。

2. 灯心草 *Juncus effusus*

形态特征：多年生草本植物，高 27~91cm，有时更高；根状茎粗壮横走，具黄褐色稍粗的须根。茎丛生，直立，圆柱形，淡绿色，具纵条纹，直径 1.5~3mm，茎内充满白色的髓心。叶全部为低出叶，呈鞘状或鳞片状，包围在茎的基部，长 1~22cm，基部红褐色至黑褐色；叶片退化为刺芒状。聚伞花序假侧生，含多花，排列紧密或疏散；总苞片圆柱形，生于顶端，似茎的延伸，直立，长 5~28cm，顶端尖锐；小苞片 2 枚，宽卵形，膜质，顶端尖；花淡绿色；花被片线状披针形，种子卵状长圆形，黄褐色。

生境：河边、池旁、水沟、稻田旁、草地及沼泽湿处。

分布：广泛分布于图们江流域。

3. 洮南灯心草 *Juncus taonanensis*

形态特征：多年生草本，高 5~20cm；根状茎横走，具黄褐色须根。茎丛生，直立，圆柱形，稍压扁。叶基生和茎生；基生叶 3~4 枚，茎生叶 1~2 枚，线形，扁平，长 6~20cm，宽约 1mm，顶端针状；叶鞘松弛抱茎，边缘膜质，向上渐狭；叶耳圆钝。聚伞花序顶生，有 3~26 朵花；花单生；叶状总苞片与花序近等长；小苞片常 2 枚卵形，膜质，顶端钝圆，黄绿色；蒴果长圆状卵形，长约 3mm，比花被片短，顶端稍钝，淡褐色，有光泽。种子椭圆形，暗红色。花期 6—8 月，果期 7—9 月。

生境：生于河边、塘边湿地或湿草甸。

分布：嘎呀河。

4. 浮萍 *Lemna minor*

形态特征：飘浮植物。叶状体对称，表面绿色，背面浅黄色或绿白色或常为紫色，呈近圆形、倒卵形或倒卵状椭圆形，全缘，长 1.5~5mm，宽 2~3mm，上面稍凸起或沿中线隆起，脉 3 条，不明显，背面垂生丝状根 1 条，根白色，长 3~4cm，根冠钝头，根鞘无翅。叶状体背面一侧具囊，新叶

状体于囊内形成浮出,以极短的细柄与母体相连,随后脱落。雌花具弯生胚珠 1 枚,果实无翅,近陀螺状,种子具凸出的胚乳并具 12~15 条纵肋。

生境:生于水田、池沼或其他静水水域。

分布:广泛分布于图们江流域。

5. 茵草 Beckmannia syzigachne

形态特征:一年生草本植物,高 15~90cm,叶片扁平,长 5~30cm,宽 3~10mm;圆锥花序长 10~30cm,颖草质,边缘质薄,白色,背部灰绿色,具淡色的横纹;颖果黄褐色,长圆形,长约 1.5mm,花果期 4—10 月。

生境:生于湿地、水沟边及浅的流水中。

分布:广泛分布于图们江流域。

● 甜茅属 Glyceria

1. 水甜茅 Glyceria maxima

形态特征:多年生植物,具匍匐细根茎。秆单生、疏丛,直立,粗壮,高 20~50cm,径 1~2mm,具 3~5 节。叶鞘闭合近口部,微粗糙;基部者有时撕裂,长于节间,上部者短于节间;叶舌纸质,长约 1mm,先端具不规则齿裂;叶片扁平或边缘内卷,灰绿色,基部有淡褐色三角形斑点,长 7~10cm,宽 1.5~2.5mm,颖果黑褐色,长约 1.5mm,具长腹沟。圆锥花序每节具 4~10 个分枝。

生境:生于河滩地及水沟边。

分布:嘎呀河。

2. 狭叶甜茅 Glyceria spiculosa

形态特征:多年生,具长而粗的根茎,节处密生须根。秆单生或基部分枝呈疏丛,直立,高 50~120cm,径 2.5~7mm,具 9~12 节。叶鞘闭合,无毛,具横脉纹,上部短于节间;叶舌透明膜质,顶端钝圆,叶片坚硬,扁平或常纵卷,长 20~30cm,宽 3~5mm,稍带灰色,上面及边缘稍粗糙,下面光滑。圆锥花序大型,花期稍紧缩,成熟时伸展,长 15~25cm,每节具 3~4 个分枝;颖膜质,披针形,顶端尖;外稃草质,长圆状披针形;雄蕊 3 枚,花药黄色或带紫色,长 1~2mm。

生境:生于草甸、湿地、湖泊及沼泽地。

分布:海兰河。

3. 芦苇 Phragmites australis

形态特征:多年生;秆高 1~3m,径 1~4cm,具 20 多节,最长节间位于下部第 4~6 节,长 20~40cm,节下被腊粉;叶鞘下部短于上部,长于节间;叶舌边缘密生一圈长约 1mm 的纤毛,两侧缘毛长 3~5mm,易脱落;叶片长 30cm,宽 2cm;圆锥花序长 20~40cm,宽约 10cm,分枝多数,着生稠密下垂的小穗;小穗柄长 2~4mm,无毛;小穗长约 1.2cm,具 4 花;颖具 3 脉,第一颖长 4mm;第二颖长约 7mm;内稃长约 3mm,两脊粗糙;颖果长约 1.5mm。

生境:生于江河湖泽、池塘沟渠沿岸和低湿地。

分布:广泛分布于图们江流域。

4. 菰 Zizania latifolia

形态特征:多年生,具匍匐根茎;须根粗壮;秆高 1~2m,径约 1cm,多节,基部节生不定根;叶鞘长于节间,肥厚,有小横脉;叶舌膜质,长约 1.5cm,顶端尖;叶片长 50~90cm,宽 1.5~3cm;雄小穗长 1~1.5cm,两侧扁,着生花序下部或分枝上部,带紫色,外稃具 5 脉,先端渐尖具小尖头,内稃具 3 脉,中脉成脊,具毛,花药长 0.5~1cm;雌小穗圆筒形,长 1.8~2.5cm,宽 1.5~2mm;颖果圆柱形,长约 1.2cm,胚小形,为果体的 1/8。

生境:生于湖边、水塘、沼泽及湿地。

分布:嘎呀河。

● 香蒲属 Typha

1. 水烛 Typha angustifolia

形态特征:多年生,水生或沼生草本。根状茎乳黄色、灰黄色,先端白色。地上茎直

立，粗壮，高 1.5~2.5m。叶片长 54~120cm，宽 0.4~0.9cm；雌雄花序相距 2.5~6.9cm；雄花序轴具褐色扁柔毛，单出，或分叉；叶状苞片 1~3 枚，花后脱落；雌花序长 15~30cm，基部具 1 枚叶状苞片，通常比叶片宽，花后脱落；雄花由 3 枚雄蕊合生，有时 2 枚或 4 枚，花药长约 2mm，长距圆形，花粉粉单体，近球形、卵形或三角形，小坚果长椭圆形，长约 1.5mm，具褐色斑点，纵裂。种子深褐色，长 1~1.2mm。

生境：生于湖泊、河流、池塘浅水处及沼泽、沟渠。

分布：广泛分布于图们江流域。

2. 小香蒲 *Typha minima*

形态特征：多年生沼生或水生草本。根状茎姜黄色或黄褐色，先端乳白色。地上茎直立，细弱、矮小，高 16~65cm。叶通常基生，鞘状，无叶片，如叶片存在，长 15~40cm，宽 1~2mm，短于花葶，叶鞘边缘膜质，叶耳向上伸展，长 0.5~1cm。雌雄花序远离，雄花序长 3~8cm，花序轴无毛，基部具 1 枚叶状苞片，长 4~6cm，宽 4~6mm，花后脱落；雌花序长 1.6~4.5cm，叶状苞片明显宽于叶片。雄花无被，雄蕊通常 1 枚单

生，有时 2~3 枚合生，基部具短柄，长约 0.5mm，向下渐宽，花药长 1.5mm；雌花具小苞片；小坚果椭圆形，纵裂，果皮膜质。种子黄褐色，椭圆形。

生境：生于池塘、水泡子、水沟边浅水处，也常见于一些水体干枯后的湿地及低洼处。

分布：嘎呀河。

3. 香蒲 *Typha orientalis*

形态特征：多年生水生或沼生草本。根状茎乳白色。地上茎粗壮，向上渐细，高 1.3~2m。叶片条形，长 40~70cm，宽 0.4~0.9cm，光滑无毛，上部扁平，下部腹面微凹，雌雄花序紧密连接；雄花序长 2.7~9.2cm，花序轴具白色弯曲柔毛，自基部向上具 1~3 枚叶状苞片，花后脱落；雌花序长 4.5~15.2cm，基部具 1 枚叶状苞片，花后脱落；雄花通常由 3 枚雄蕊组成，有时 2 枚或 4 枚雄蕊合生，花药长约 3mm，2 室，条形，花粉粒单体，花丝很短，基部合生成短柄；雌花无小苞片。小坚果椭圆形至长椭圆形；果皮具长形褐色斑点。种子褐色，微弯。花果期 5—8 月。

生境：生于湖泊、池塘、沟渠、沼泽及河流缓流带。

分布：珲春河、嘎呀河、海兰河。

4. 疣草 *Murdannia keisak*

形态特征：多年生草本，具长而横走的根状茎。根状茎具叶鞘，节间长约 6cm，节上具细长须状根。茎肉质，下部匍匐，节上生根，上部上升，通常多分枝，长达 40cm，节间长 8cm；叶片竹叶形，平展或稍折叠，长 2~6cm，宽 5~8mm，顶端渐尖而头钝。花序通常仅有单朵花，顶生并兼腋生，花较大；萼片绿色，狭长圆形，浅舟状，无毛，果期宿存；花瓣粉红色、紫红色或蓝紫色，倒卵圆形，稍长于萼片；花丝密生长须毛。蒴果狭长，两端几乎渐尖至急尖；种子灰色，稍扁。

生境：生于湿地。

分布：布尔哈通河、海兰河。

5. 水生酸模 *Rumex aquaticus*

形态特征：多年生草本；茎直立，高 30~120cm，通常上部分枝，具沟槽；基生叶长圆状卵形或卵形，长 10~30cm，宽 4~13cm，顶端尖，基部心形，边缘波状，两面无毛或下面沿叶脉具乳头状突起；叶柄与叶片近等长，无毛或具乳头状突起；茎生叶较小，长圆形或宽披针形，托叶鞘膜质，易破裂；花序圆锥状，狭窄，分枝近直

立；花两性；花梗纤细，丝状，中下部具关节，关节果时不明显；外花被片长圆形，内花被卵形；瘦果椭圆形，两端尖，具3锐棱，长3~4mm，褐色，有光泽。

生境：生于山谷水边、沟边湿地。

分布：红旗河。

● 蓼属 *Persicaria*

1. 两栖蓼 *Persicaria amphibia*

形态特征：多年生草本，水生茎漂浮，全株无毛，节部生根；叶浮于水面，长圆形或椭圆形，长5~12cm，基部近心形；叶柄长0.5~3cm，托叶鞘长1~1.5cm，无缘毛；陆生茎高达60cm，不分枝或基部分枝；叶披针形或长圆状披针形，长6~14cm，先端尖，基部近圆，两面被平伏硬毛，具缘毛；叶柄长3~5mm，托叶鞘长1.5~2cm，疏被长硬毛，具缘毛；穗状花序长2~4cm；苞片漏斗状；花被5深裂，淡红色或白色，花被片长椭圆形；雄蕊5枚；花柱2个，较花被长；瘦果近球形，扁平，双凸，包于宿存花被内。

生境：生于湖泊边缘的浅水中，沟边及田边湿地。

分布：嘎呀河、红旗河。

2. 红蓼 *Persicaria orientalis*

形态特征：一年生草本；高达2m；茎直立，粗壮，上部多分枝，密被长柔毛；叶宽卵形或宽椭圆形，长10~20cm，先端渐尖，基部圆或近心形，微下延，两面密被柔毛，叶脉被长柔毛；叶柄长2~12cm，密被长柔毛，托叶鞘长1~2cm，被长柔毛；穗状花序长3~7cm，微下垂，数个花序组成圆锥状；苞片宽漏斗状，草质，绿色，被柔毛；花梗较苞片长；花被5深裂，淡红色或白色，花被片椭圆形，长3~4mm；雄蕊7枚，较花被长；花

柱2个；瘦果近球形，扁平，双凹，径3~3.5mm，包于宿存花被内。

生境：生于沟边湿地、村边路旁。

分布：嘎呀河。

3. 水芹 *Oenanthe javanica*

形态特征：多年生草本；高达80cm；茎直立或基部匍匐，下部节生根；基生叶柄基部具鞘；叶三角形，一至二回羽裂，小裂片卵形或菱状披针形，有不整齐锯齿；复伞形花序顶生，花序梗长2~16cm，无总苞片；伞辐6~16，长1~3cm，小总苞片2~8片，线形；伞形花序有10~25朵花；萼齿长约0.6mm；果近四角状椭圆形或筒状长圆形，侧棱较背棱和中棱隆起，木栓质。

生境：多生于浅水低洼地方或池沼、水沟旁。

分布：广泛分布于图们江流域。

4. 泽芹 *Sium suave*

形态特征：植株高达1.2m；有成束纺锤根和须根；叶长圆形或卵形，长6~25cm，宽7~10cm，一回羽裂，羽片3~9对，无柄，披针形或线形，长1~4cm，宽0.3~1.5cm，有锯齿；花序顶生和侧生，花序梗较粗，长3~10cm，总苞片6~10片，披针形或线形，外折；伞辐10~20，长1.5~3cm，小总苞片线状披针形，全缘；花白色，花梗长3~5mm；萼齿细小；果卵形，长2~3mm，果棱厚。

生境：生于沼泽、湿草甸子、溪边、水边较潮湿处。

分布：嘎呀河。

5. 圆苞紫菀 *Aster maackii*

形态特征：多年生草本，根状茎粗壮，茎直立，高 40~85cm；全部叶纸质，两面被密或疏的短糙毛；头状花序径 3.5~4.5cm，花序梗长 2~8cm，顶端有长圆形或卵圆形苞叶；瘦果倒卵圆形，长 2mm，宽 1mm，两面或一面有肋，被短密毛。花果期 7—10 月。

生境：生于阴湿坡地、杂木林缘、积水草地和沼泽地。

分布：红旗河、海兰河。

6. 柳叶鬼针草 *Bidens cernua*

形态特征：一年生草本，高 10~90cm，茎直立，近圆柱形，叶对生，极少轮生，通常无柄，不分裂，披针形至条状披针形，长 3~14cm，宽 5~30mm；头状花序单生茎、枝端，连同总苞片直径达 4cm，高 6~12mm；瘦果狭楔形，长 5~6.5mm，具 4 棱，棱上有倒刺毛，顶端芒刺 4 枚，长 2~3mm，有倒刺毛。

生境：多生于草甸及沼泽边缘，有时沉生于水中。

分布：红旗河、布尔哈通河。

7. 龙江风毛菊 *Saussurea amurensis*

形态特征：多年生草本；茎被蛛丝毛或几无毛，有叶基沿茎下延的窄翼；基生叶宽披针形、长宽圆形或卵形，长 20~30cm，基部渐窄，具长柄；边缘疏生细齿，下部与中部茎生叶披针形或绒状披针形，有细齿，基部渐窄成短柄；上部叶线状披针形或线形，全缘，无柄；叶上面无毛，下面密被白色蛛丝状棉毛；头状花序排成紧密伞房状；小花粉紫色；瘦果圆柱状，长 3mm；冠毛 2 层。

生境：生于沼泽化草甸及草甸。

分布：红旗河。

8. 蹄叶橐吾 *Ligularia fischeri*

形态特征：多年生草本；茎上部被黄褐色柔毛；丛生叶与茎下部叶肾形，长10~30cm，宽13~40cm，基部心形，边缘具锯齿，两面光滑，叶脉掌状，叶柄长18~59cm，基部具鞘；茎中上部叶较小，具短柄，鞘膨大，全缘；总状花序长25~75cm；头状花序辐射状；苞片卵形或卵状披针形，下部者长达6cm，边缘有齿；小苞片窄披针形或线形丝状；总苞钟形，长0.7~2cm，径0.5~1.4cm，总苞片8~9片，2层，长圆形，先端尖，背部光滑，内层具膜质边缘。

生境：生于水边、草甸、山坡、灌丛中、林缘及林下。

分布：嘎呀河、红旗河。

9. 水马齿 *Callitriche palustris*

形态特征：一年生草本；高达40cm；茎纤细，多分枝；叶对生，在茎顶常密集排列成莲座状，浮于水面，倒卵形或倒卵状匙形，长4~6mm，先端圆或微钝，基部渐窄，两面疏生褐色细小斑点，叶脉3条；沉于水中的茎生叶匙形或线形，长0.6~1.2cm；花单性同株，单生叶腋，为2个膜质小苞片所托；花丝长2~4mm；子房倒卵状，长过于宽；果倒卵状椭圆形，长1~1.5mm，宽约1mm，仅上部边缘具窄翅。

生境：生于溪流、沼泽或湿地。

分布：嘎呀河。

10. 金鱼藻 *Ceratophyllum demersum*

形态特征：多年生沉水草本；茎长40~150cm，平滑，具分枝。叶4~12轮生，1~2次二叉状分歧，裂片丝状，或丝状条形，长1.5~2cm，宽0.1~0.5mm，先端带白色软骨质，边缘仅一侧有数细齿。花直径约2mm；苞片9~12片，条形，长

1.5~2mm，浅绿色，透明，先端有3齿及带紫色毛；雄蕊10~16枚，微密集；子房卵形，花柱钻状。坚果宽椭圆形，长4~5mm，宽约2mm，黑色，平滑，边缘无翅，有3刺，顶生刺长8~10mm，先端具钩，基部2刺向下斜伸，长4~7mm，先端渐细成刺状。花期6—7月，果期8—10月。

生境：生于池塘、河沟。

分布：珲春河、嘎呀河。

11. 长叶水毛茛 *Batrachium kauffmanii*

形态特征：较大的沉水草本，全株都无毛，叶片和叶柄较长。茎在节上生根，分枝，长达50cm以上。叶有柄；叶片轮廓扇形，长3~6cm，4~5回3裂，末回裂片细，毛发状，长0.8~2.5cm，深绿色，在水外收拢。花直径0.8~1cm；花梗长3~6cm，无毛；萼片卵形，长约3mm，边缘膜质，常反折；花瓣倒卵状椭圆形，长4~6mm，有5~9条脉，基部有爪，蜜槽呈点状；雄蕊10余枚，花药长约0.5mm；瘦果卵圆形，无毛。

生境：生于水中。

分布：嘎呀河、密江河、红旗河。

12. 驴蹄草 *Caltha palustris*

形态特征：多年生草本，全株无毛；茎高达48cm，实心；基生叶3~7枚；叶草质或近纸质，近圆形、圆肾形或心形，长2.5~5cm，宽3~9cm，基部深心形，密生三角形小牙齿；叶柄长7~24cm；苞片三角状心形，具牙齿；花梗长2~10cm；萼片5个，黄色，倒卵形或窄倒卵形，长1~1.8cm；雄蕊长4.5~7mm；心皮7~12枚，无柄；蓇葖长约1cm；种子窄卵圆形，长1.5~2mm，黑色，有光泽。

生境：生于山谷溪边或湿草甸。

分布：广泛分布于图们江流域。

13. 红花金丝桃 *Triadenum japonicum*

形态特征：多年生草本；高 15~50cm；茎直立，圆柱形，通常红色，不分枝或少分枝；叶无柄，叶片长圆状披针形至长圆形，长 2~5cm，宽 1~1.7cm，稍抱茎，边缘全缘而内卷，上面绿色，下面淡绿色，全面散布透明腺点，中脉在下面明显，侧脉每边约 4 条；萼片卵状披针形，先端钝形，全面有透明腺条，直立；花瓣粉红色，狭倒卵形，先端圆形，基部渐狭，仅顶端有少数透明腺点；蒴果长圆锥形；种子黑褐色，短圆柱形，表面有细蜂窝纹。

生境：生于丘陵、草甸湿地及沼泽地。

分布：红旗河。

14. 圆叶茅膏菜 *Drosera rotundifolia*

形态特征：多年生草本；茎短小；叶基生，莲座状排列，圆形或扁圆形，长 3~9mm，边缘具长头状粘腺毛，上面腺毛较短，下面常无毛；叶柄长 1~6cm；托叶膜质，长约 6mm；聚伞花序花葶状，1~2 条，常有分叉，长 8.5~21cm，具 3~8 朵花；苞片小，不裂，线形或钻形；花梗长 1~3mm；花萼 5 裂，下部合生；花瓣 5 瓣，白色，匙形，长 5~6mm；雄蕊 5 枚；子房椭圆形，花柱 3~4 个；蒴果 3~4 瓣裂；种子多数，椭圆形，外种皮囊状、疏松，向两端延伸。

生境：生于山地湿草丛中。

分布：红旗河。

15. 地笋 *Lycopus lucidus*

形态特征：多年生草本，高达 70cm；茎常不分枝，无毛或节稍紫红色，疏被微硬毛；地下匍匐茎肥大，具鳞叶；叶长圆状披针形，长 4~8cm，先端渐尖，基部楔形，具粗牙齿状尖齿，两面无毛，下面被腺点；叶柄极短或近无；轮伞花序球形，径 1.2~1.5cm；花萼长 3mm，被腺点，内面无毛，萼齿 5 枚，披针状三角形，长约 2mm，刺尖，具小缘毛；花冠白色；小坚果倒卵球状四边形，背面平，腹面具棱，被腺点。

生境：生于沼泽地、水边、沟边等潮湿处。

分布：广泛分布于图们江流域。

16. 毛水苏 *Stachys baicalensis*

形态特征：多年生草本；高达 1m；茎棱及节密被倒向及平展糙硬毛，余无毛；叶长圆状线形，长 4~11cm，先端稍尖，基部圆，具圆齿状，上面疏被糙硬毛，下面沿脉被糙硬毛，余无毛叶柄长不及 2mm；轮伞花序具 6 花，组成上部密集下部疏散的穗状花序；花梗长约 1mm，被糙硬毛；花萼钟形，沿脉及齿缘密被白色长柔毛状糙硬毛，内面无毛；花冠淡紫或紫色；小坚果褐色，卵球形，无毛。

生境：生于湿草地及河岸上。

分布：珲春河、嘎呀河。

● **狸藻属** *Lentibulariaceae*

1. 异枝狸藻 *Utricularia intermedia*

形态特征：水生草本；无明显的假根；匍匐枝细长，具分枝，无毛；绿色枝具发育叶器，悬浮或飘浮，通常无捕虫囊；无色枝的叶器退化，半固着于泥中，具捕虫囊；叶器多数，末回裂片具 5~12 根小刚毛，秋季于匍匐枝及其分枝的顶端产生冬芽，冬芽球形；捕虫囊卵圆形，生于无色枝的退化叶上；花序直立，中上部具 2~5 朵多少疏离的花，无毛；花序梗圆柱状，具 1~2 个鳞片；苞片与鳞片同形；无小苞片；花梗丝状；花冠黄色，

长 0.9~1.3cm，喉凸隆起并形成浅囊；距细圆锥状，长大于宽；花丝线形，药室汇合；子房球形，花柱短。

生境：生于沼泽地和池塘中。

分布：红旗河。

2. 狸藻 *Utricularia vulgaris*

形态特征：水生草本；匍匐枝圆柱形，节部长 0.3~0.8cm，分枝多叶器多数，互生，2 裂达基部；捕虫囊通常多数，斜卵球状，侧生于叶器裂片上；花序直立，中上部具 3~10 朵疏离的花，无毛；花序梗圆柱状，具 1~4 个鳞片；苞片与鳞片同形，基部耳状；无小苞片；花梗丝状；花萼 2 裂达基部，裂片近相等；花冠黄色，下唇边缘反曲，喉凸隆起呈浅囊状；距筒状，仅在远轴的内面

散生腺毛；花丝线形；子房球形，花柱稍短于子房，无毛。

生境：生于湖泊、池塘、沼泽及水田中。

分布：海兰河。

3. 北水苦荬 Veronica anagallis-aquatica

形态特征：多年生（稀为一年生）草本，通常全株无毛。茎直立或基部倾斜，高 1m；叶无柄，上部的半抱茎，椭圆形或长卵形，稀卵状长圆形或披针形，长 2~10cm，全缘或有疏小锯齿；稀花序轴、花梗、花萼和蒴果上有少数腺毛；蒴果近圆形，长宽近相等，几与宿存花萼等长，顶端圆钝而微凹，宿存花柱长 1.5~2mm。

生境：生于水边及沼地。

分布：广泛分布于图们江流域。

4. 野苏子 Pedicularis grandiflora

形态特征：高大草本可达 1m 以上，常多分枝，全株无毛。根成丛，稍肉质；茎粗壮，中空，有条纹及棱角。叶互生；基生叶早枯，茎生叶柄长达 7cm，叶卵状长圆形，长达 23cm，二回羽状全裂，裂片披针形，羽状深裂或全裂，有具白色胼胝粗齿；花序长总状，花稀疏；苞片近三角形，不显著；花冠紫色，上唇镰刀状，无齿，下唇稍较短，不开展，3 裂，裂片圆卵形；雄蕊药室有长刺尖，花丝无毛。蒴果卵圆形。

生境：生于水泽和草甸中。

分布：红旗河。

5. 茶菱 Trapella sinensis

形态特征：多年生水生草本；根状茎横走；茎绿色；叶对生，上面无毛，下面淡紫色；沉水叶三角状圆形或心形；长 1.5~3cm，先端钝尖，基部浅心形；叶柄长 1.5cm；花单生叶腋，在茎上部叶腋的多为闭锁花；花梗长 1~3cm，花后增长；萼齿 5 枚，长约 2mm，宿存；花冠淡红色，裂片 5 片，圆形，薄膜质，具细脉纹；花丝长约 1cm，

花药 2 室，极叉开，纵裂；子房下室有 2 胚珠；蒴果窄长，不开裂，有 1 颗种子，顶端有锐尖的 3 长 2 短的钩状附属物，其中长的附属物可达 7cm，短的附属物长 0.5~2cm。

生境：生于池塘或湖泊中。

分布：嘎呀河。

6. 格菱 *Trapa pseudoincisa*

形态特征：一年生浮水水生草本；茎细弱分枝，浮水叶互生，聚生茎顶，呈莲座状菱盘，主茎和分枝茎的浮水叶极相似，叶质薄，近三角状菱形或宽菱形，长 1.5~4.5cm，上面深亮绿色，下面绿色，沿脉疏被灰褐色短毛，余近无毛或无毛，脉间有棕色斑块，中上部具缺刻状牙齿，基部楔形；叶柄中上部膨大；花小，单生叶腋；萼筒 4 裂，裂片长圆状披针形，沿脊被毛；花瓣 4 瓣，白色；雄蕊 4 枚，花丝纤细；子房半下位，花盘鸡冠状。

坚果三角形，具 2 圆形肩刺角，高 1.5cm（果喙除外），被淡棕色短毛，角平伸或稍斜上举，角间端宽 3~4.5cm，刺角先端具倒刺，无腰角，有丘状突起物，果喙明显，果颈高 3~4mm，径约 3mm，果冠不明显。

生境：生于湖泊或旧河床中。

分布：海兰河、布尔哈通河。

7. 千屈菜 *Lythrum salicaria*

形态特征：多年生草本；高约 1m；根茎粗壮；叶对生或 3 片轮生，披针形或宽披针形，长 4~6cm，宽 0.8~1.5cm，先端钝或短尖，基部圆或心形，有时稍抱茎，无柄聚伞花序，簇生，花梗及花序梗甚短，花枝似一大型穗状花序，苞片宽披针形或三角状卵形。

生境：生于河岸、湖畔、溪沟边和潮湿草地。

分布：珲春河、布尔哈通河、海兰河。

8. 睡菜 *Menyanthes trifoliata*

形态特征：多年生沼生草本；根茎长，匍匐状；叶基生，三出复叶，伸出水面；花葶由根茎顶端鳞叶内抽出；总状花序，具多花；花 5 数；柩萼长 4~5mm，裂至近基部，萼筒短，裂片卵形，先端钝；花冠白色，筒形，长 1.4~1.7cm，上部内面被长流苏状毛，深裂，冠筒稍短于裂片，裂片椭圆状披针形，长 0.7~1cm，雄蕊生于冠筒中部；子房室，无柄，长 3~4mm，花柱线形，连柱头长 6~7mm；蒴果球形，长 6~7mm；种子膨胀，平滑。

生境：生于沼泽中，成群落生长。

分布：红旗河、海兰河、嘎呀河。

9. 荇菜 *Nymphoides peltata*

形态特征：多年生水生草本；茎圆柱形，多分枝，密生褐色斑点；上部叶对生，下部叶互生，叶片飘浮，近革质，圆形或卵圆形，直径1.5~8cm，基部心形，全缘，有不明显的掌状叶脉，下面紫褐色；花常多数，簇生节上，5数；花萼分裂近基部，裂片椭圆形或椭圆状披针形；花冠金黄色，冠筒短，喉部具5束长柔毛，裂片宽倒卵形；蒴果无柄，椭圆形，种子大，褐色，椭圆形。

生境：生于池塘或不甚流动的河溪中。

分布：嘎呀河。

10. 球尾花 *Lysimachia thyrsiflora*

形态特征：多年生草本；茎直立，高30~80cm，上部被褐色柔毛；叶对生；无柄，稀具短柄；叶披针形或长圆状披针形，长5~16cm，先端锐尖或渐尖，基部耳状半抱茎或钝，上面无毛，下面沿中脉被疏毛，两面均有黑色腺点；总状花序腋生，密花，成球状或短穗形，被柔毛；苞片线状钻形；花冠黄色，长5~6cm，6裂，裂片近分离，线形，有黑色腺点；雄蕊伸出花冠，花丝基部合生成极浅的环贴生花冠基部，花药长圆形，背着，纵裂；蒴果近球形，径约2.5mm。

生境：生于水甸和湿草地上，常成小片生长。

分布：广泛分布于图们江流域。

11. 蔓金腰 *Chrysosplenium flagelliferum*

形态特征：多年生草本，高12~19cm，丛生；鞭匐枝出自基生叶之腋部，其叶互生，近肾形，边缘具5~8个钝齿，腹面被柔毛，顶生者较大。茎无毛。基生叶具柄，叶片肾形至圆状肾形。聚伞花序；花序分枝无毛；苞叶阔卵形、倒卵形至扁圆形；蒴果长约3mm，先端近平截而微凹，2果瓣近等大，喙长约0.7mm；种子黑褐色，椭球形，具极少微柔毛，有光泽。

生境：生于林下阴湿处或溪边。

分布：密江河、珲春河。

12. 小果红莓苔子 *Vaccinium microcarpum*

形态特征：常绿半灌木，高5~10cm；茎纤细，有细长匍匐的走茎。分枝少，直立上升，直径约0.5mm，幼枝淡褐色，被微柔毛，老枝暗褐色，无毛，茎皮成条状剥离。叶散生，叶片革质，卵形或椭圆形，通常至基部变宽，顶端锐尖，基部钝圆，边缘反卷，全缘，表面深绿色，背面带灰白色，两面无毛，中脉在表面下陷，在背面隆起，侧脉和网脉在两面不显；叶柄极短，长不超过1mm，幼时被微柔毛。花1~2朵生于枝顶；浆果球形，直径约6mm，红色。

生境：生于落叶松林下或苔藓植物生长的水湿台地，植株下部埋在苔藓植物中，仅上部露出。

分布：红旗河。

附录

图们江流域水生生物多样性物种分布表

中文名	拉丁名	图们江干流上游	图们江干流中游	图们江干流下游	珲春河	密江河	嘎呀河	布尔哈通河	海兰河	红旗河	国家重点保护野生动植物名录
藻类（Algae）											
蓝藻门											
蓝藻纲	Cyanophyceae										
色球藻目	Chroococcales										
色球藻科	Chroococcaceae										
色球藻属	*Chroococcus*										
小色球藻	*Chroococcus minor*				☉		☉	☉			
微小色球藻	*Chroococcus minutus*				☉		☉	☉			
平裂藻科	Merismopediaceae										
平裂藻属	*Merismopedia*										
点状平裂藻	*Merismopedia punctata*				☉		☉				
颤藻目	Oscillatoriales										
颤藻科	Oscillatoriaceae										
颤藻属	*Oscillatoria*										
小颤藻	*Oscillatoria tenuis*	☉		☉	☉	☉	☉	☉	☉	☉	
巨颤藻	*O. princeps*				☉			☉			
泥污颤藻	*O. limosa*	☉									
阿氏颤藻	*O. agard*				☉						
鞘丝藻属	*Lyngbya*										
湖泊鞘丝藻	*Lyngbya limnetica*			☉	☉		☉				
马氏鞘丝藻	*L. martensiana*				☉						
席藻科	Phormidiaceae										
席藻属	*Phormidium*										
小席藻	*Phormidium tenus*	☉	☉	☉		☉	☉	☉	☉		
念珠藻目	Nostocales										
鱼腥藻亚科	Anabaenoideae										
束丝藻属	*Aphanizomenon*										
水华束丝藻	*Aphanizomenon flos-aquae*				☉	☉		☉			
鱼腥藻属	*Anabaena*										
固氮鱼腥藻	*Anabaena azotica*				☉						
卷曲鱼腥藻	*A. circinalis*									☉	
类颤藻鱼腥藻	*A. oscillarioides*	☉	☉								

续表

中文名	拉丁名	图们江干流上游	图们江干流中游	图们江干流下游	珲春河	密江河	嘎呀河	布尔哈通河	海兰河	红旗河	国家重点保护野生动植物名录
多产鱼腥藻	A. fertilissima						⊙				
隐藻门											
隐藻纲	Crptophyceae										
隐鞭藻科	Crptophytomonadaceae										
隐藻属	Cryptomonas										
卵形隐藻	Cryptomons ovata	⊙	⊙		⊙			⊙	⊙		
啮蚀隐藻	C. erosa		⊙		⊙	⊙		⊙			
黄藻门											
黄丝藻目	Tribonemtales										
黄丝藻科	Tribonemataceae										
黄丝藻属	Tribonema										
小型黄丝藻	Tribonema minus	⊙	⊙	⊙							
硅藻门											
中心藻纲	Centricae										
圆筛藻目	Coscinodiscales										
圆筛藻科	Coscinodiscaceae										
直链藻属	Melosira										
变异直链藻	Melosira varians	⊙	⊙	⊙	⊙	⊙	⊙	⊙	⊙	⊙	
沟链藻属	Aulacoseira										
颗粒沟链藻	Aulacoseira granulata		⊙	⊙	⊙	⊙		⊙	⊙		
颗粒直链藻极狭变种	A. granulate var. angustissima	⊙	⊙					⊙	⊙		
小环藻属	Cyclotella										
梅尼小环藻	Cyclotella meneghiniana	⊙	⊙	⊙	⊙			⊙	⊙		
具星小环藻	C. stelligera				⊙		⊙				
羽纹藻纲	Pennatae										
无壳缝目	Araphidiales										
脆杆藻科	Fragilariaceae										
平板藻属	Tebellaria										
窗格平板藻	Tebellaria fenestrata				⊙						
绒毛平板藻	T. flocculosa		⊙								
等片藻属	Diatoma										
普通等片藻	Diatoma vulgare	⊙	⊙	⊙	⊙		⊙	⊙	⊙		
冬生等片藻	D. hiemale	⊙	⊙	⊙	⊙	⊙			⊙		
双头等片藻	D. anceps	⊙			⊙						

续表

中文名	拉丁名	图们江干流上游	图们江干流中游	图们江干流下游	珲春河	密江河	嘎呀河	布尔哈通河	海兰河	红旗河	国家重点保护野生动植物名录
扇形藻属	*Meridium*										
环状扇形藻	*Meridium circulare*	⊙	⊙		⊙	⊙	⊙	⊙	⊙	⊙	
环状扇形藻缢缩变种	*M. circulare* var. *constricta*	⊙	⊙		⊙					⊙	
脆杆藻属	*Fragilaria*										
弧形脆杆藻	*Fragilaria arcus*	⊙	⊙	⊙	⊙	⊙					
弧形脆杆藻线形变种	*F. arcus* var. *linearis*	⊙				⊙					
弧形脆杆藻两尖变种	*P. arcus* var. *amphioxys*	⊙			⊙						
钝脆杆藻	*F. capucina*	⊙	⊙	⊙	⊙		⊙	⊙	⊙	⊙	
钝脆杆藻中狭变种	*F. capucina* var. *mesolepta*	⊙					⊙				
沃切里脆杆藻	*F. vaucheriae*	⊙	⊙			⊙				⊙	
沃切里脆杆藻小头端变种	*F. vaucheriae* var. *capitellata*									⊙	
中型脆杆藻	*F. intermedia*	⊙	⊙	⊙	⊙	⊙		⊙	⊙	⊙	
变绿脆杆藻	*F. virescens*					⊙				⊙	
短线脆杆藻	*F. brevistriata*	⊙	⊙								
尖脆杆藻	*F. acus*		⊙	⊙	⊙	⊙		⊙		⊙	
尖脆杆藻极狭变种	*F. acus* var. *angustissima*	⊙						⊙			
尖脆杆藻放射变种	*S. acus* var. *radians*	⊙						⊙			
肘状脆杆藻	*F. ulna*	⊙	⊙	⊙	⊙			⊙		⊙	
肘状脆杆藻丹麦变种	*F. ulna* var. *Danica*		⊙								
肘状脆杆藻凹入变种	*F. ulua* var. *impressa*	⊙	⊙								
肘状脆杆藻尖喙变种	*F. ulna* var. *oxyrhynchus*		⊙		⊙			⊙			
肘状脆杆藻缢缩变种	*F. ulna* var. *constracta*	⊙								⊙	
肘状脆杆藻二头变种	*F. ulna* var. *biceps*							⊙			
爆裂脆杆藻	*F. rumpens*	⊙	⊙							⊙	
美小脆杆藻	*F. pulchella*	⊙			⊙						
平片脆杆藻	*F. tabulate*	⊙	⊙			⊙					
拟壳缝目	Raphidionales										
短缝藻科	Eunotiaceae										
短缝藻属	*Eunotia*										
笓形短缝藻	*E. pectinalia*					⊙					
岩壁短缝藻	*E. praerupta*	⊙									
纳格短缝藻	*E. valida*	⊙									
双壳缝目	Biraphidinales										

续表

中文名	拉丁名	图们江干流上游	图们江干流中游	图们江干流下游	珲春河	密江河	嘎呀河	布尔哈通河	海兰河	红旗河	国家重点保护野生动植物名录
舟形藻科	Naviculaceae										
布纹藻属	Gyrosigma										
库津布纹藻	Gyrosigma kuetzingii							⊙	⊙		
锉刀布纹藻	G. acuminatum		⊙	⊙				⊙			
尖布纹藻	G. acuminatum		⊙	⊙				⊙			
渐狭布纹藻	G. attenuatum	⊙									
双壁藻属	Diploneis										
椭圆双壁藻	Diploneis elliptica				⊙			⊙			
辐节藻属	Stauroneis										
双头辐节藻	Stauroneis anceps	⊙	⊙	⊙							
舟形藻属	Navicula										
短小舟形藻	Navicula exigua	⊙	⊙	⊙	⊙	⊙		⊙	⊙	⊙	
显喙舟形藻	N. perrostrata	⊙	⊙	⊙	⊙			⊙			
燕麦舟形藻	N. avenacea	⊙	⊙	⊙	⊙			⊙			
隐头舟形藻	N. cryptocephala	⊙	⊙			⊙					
隐头舟形藻中型变种	N. cryptocephala var. intermedia		⊙							⊙	
半裸舟形藻	N. seminulum	⊙									
放射舟形藻	N. radiosa	⊙	⊙		⊙			⊙			
近半裸舟形藻	N. subseminulum	⊙	⊙	⊙							
披针形舟形藻	N. lanceolata	⊙	⊙			⊙		⊙			
急尖舟形藻赫里保变种	N. cuspidate var. heribaudii		⊙		⊙						
瞳孔舟形藻	N. pupula				⊙			⊙	⊙		
沙德舟形藻	N. schadei		⊙								
群生舟形藻	N. gregaria		⊙								
喙头舟形藻	N. rhynchocephala		⊙		⊙			⊙	⊙		
淡绿舟形藻	N. viridula	⊙	⊙	⊙						⊙	
淡绿舟形藻头端变型	N. viridula f.capitata		⊙								
系带舟形藻	N. cincta	⊙						⊙	⊙		
卡里舟形藻	N. cari		⊙					⊙			
卡里舟形藻窄变种	N. cari var.angusta							⊙	⊙		
简单舟形藻	N. simples	⊙	⊙	⊙	⊙	⊙		⊙	⊙	⊙	
羽纹藻属	Pinnularia										
中狭羽纹藻	Pinnularia mesolepta							⊙	⊙		
近太阳羽纹藻	P. subsolaris	⊙									

续表

中文名	拉丁名	图们江干流上游	图们江干流中游	图们江干流下游	珲春河	密江河	嘎呀河	布尔哈通河	海兰河	红旗河	国家重点保护野生动植物名录
仰光羽纹藻	*P. rangoonensis*	◉			◉	◉				◉	
微绿羽纹藻	*P. virdis*			◉							
布列毕松羽纹藻	*P. brebissonii*		◉						◉		
波缘羽纹藻	*P. undulata*									◉	
桥弯藻科	Cymbellaceae										
桥弯藻属	*Cymbella*										
胡斯特桥弯藻	*Cymbella hustedtii*	◉	◉		◉	◉	◉			◉	
膨大桥弯藻	*C. turgida*	◉	◉		◉	◉	◉	◉	◉	◉	
膨胀桥弯藻	*C. tumida*	◉		◉		◉			◉		
弧形桥弯藻	*C. arcus*		◉					◉			
近缘桥弯藻	*C. affinis*				◉	◉					
拉普兰桥弯藻	*C. lapponica*					◉					
北方桥弯藻	*C. borealis*		◉								
偏肿桥弯藻	*C. ventricose*				◉	◉	◉		◉		
偏肿桥弯藻半环变种	*C. ventricosa* var. *simicircularis*	◉								◉	
切断桥弯藻	*C. excise*					◉	◉				
弯曲桥弯藻	*C. sinuate*	◉		◉		◉					
微细桥弯藻	*C. parva*									◉	
箱型桥弯藻	*C. cistula*	◉				◉		◉			
小桥弯藻	*C. pusilla*	◉	◉	◉		◉		◉	◉		
新月形桥弯藻	*C. parua*	◉	◉	◉	◉						
胀大桥弯藻	*C. turgidula*			◉	◉		◉				
肿大桥弯藻	*C. tumidula*	◉	◉		◉					◉	
舟形桥弯藻	*C. naviculiforms*		◉		◉						
小头桥弯藻	*C. microcephala*									◉	
急尖桥弯藻	*C. cuspidate*				◉						
高山桥弯藻	*C. alpina*				◉						
珠峰桥弯藻	*C. jolmolungnensis*		◉							◉	
异极藻科	Gomphonema										
异极藻属	*Gomphonema*										
扁鼻异极藻	*Gomphonema simus*	◉	◉	◉	◉					◉	
缠结异极藻	*G. intricatum*	◉		◉		◉		◉		◉	
缠结异极藻矮小变种	*G. intricatum* var. *pumila*				◉						
缠结异极藻二叉变种	*G. intricatum* var. *dichotoma*	◉	◉							◉	

290

续表

中文名	拉丁名	图们江干流上游	图们江干流中游	图们江干流下游	珲春河	密江河	嘎呀河	布尔哈通河	海兰河	红旗河	国家重点保护野生动植物名录
缠结异极藻二叉形变种	*G. intricatum* var. *dichotomifromis*	⊙				⊙					
橄榄绿色异极藻	*G. olivaceum*		⊙		⊙	⊙	⊙			⊙	
赫迪异极藻	*G. hedinii*		⊙	⊙	⊙						
近棒形异极藻	*G. subclavatum*	⊙	⊙			⊙				⊙	
具球异极藻	*G. sphaerorum*					⊙				⊙	
小型异极藻	*G. parvulum*	⊙	⊙	⊙		⊙		⊙		⊙	
小型异极藻近椭圆变种	*G. parvulum* var. *subellipticum*	⊙	⊙		⊙	⊙		⊙		⊙	
小型异极藻具领变种	*G. parvulum* var. *lagenula*	⊙	⊙	⊙						⊙	
窄异极藻	*G. angustatum*	⊙	⊙	⊙						⊙	
短纹异极藻	*G. abbreviatum*		⊙							⊙	
塔形异极藻	*G. turris*			⊙	⊙						
缢缩异极藻粗壮变种	*G. constrictum* var. *robusta*	⊙				⊙					
缢缩异极藻膨大变种	*G. constrictum* var. *turgidum*			⊙	⊙		⊙			⊙	
尖细异极藻	*G. acuminatum*			⊙	⊙						
山地异极藻近棒状变种	*G. montanum* var. *subclavatum*				⊙						
纤细异极藻	*G. gracile*	⊙			⊙						
双楔藻属	*Didymosphenia*										
双生双楔藻	*Didymosphenia geminata*				⊙	⊙	⊙				
单壳缝目	Monoraphidales										
曲壳藻科	Achnanthaceae										
弯楔藻属	*Rhoicosphenia*										
弯形弯楔藻	*Rhoicosphenia curvat*	⊙	⊙							⊙	
卵形藻属	*Cocconeis*										
扁圆卵形藻	*Cocconeis placentula*	⊙	⊙	⊙	⊙			⊙		⊙	
扁圆卵形藻线形变种	*C. placentula* var. *lineate*	⊙	⊙	⊙	⊙					⊙	
曲壳藻属	*Achnanthes*										
披针形曲壳藻	*Achnanthes lanceolata*	⊙	⊙	⊙	⊙			⊙		⊙	
披针形曲壳藻偏肿变型	*A. lanceolata* f. *ventricosa*	⊙			⊙						
披针形曲壳藻头端变型	*A. lanceolata* f.*capitata*	⊙	⊙								
短小曲壳藻	*A. exigua*	⊙	⊙	⊙	⊙		⊙			⊙	
短小曲壳藻异壳变种	*A. exigua* var. *heterocalcata*				⊙						
瘦曲壳藻	*A. exilis*									⊙	
线形曲壳藻	*A. linearis*	⊙	⊙							⊙	
近缘曲壳藻	*A. affinis*	⊙	⊙					⊙	⊙		

续表

中文名	拉丁名	图们江干流上游	图们江干流中游	图们江干流下游	珲春河	密江河	嘎呀河	布尔哈通河	海兰河	红旗河	国家重点保护野生动植物名录
格里门曲壳藻	*A. grimei*	⊙				⊙					
管壳缝目	Aulonoraphidinales										
菱形藻科	Nitzschiaceae										
菱形藻属	*Nitzschia*										
小片菱形藻	*Nitzschia frustulum*	⊙	⊙		⊙			⊙	⊙	⊙	
小片菱形藻细变种	*Nitzschia frustulum* var. *gracialis*	⊙	⊙							⊙	
尖端菱形藻	*Nitzschia acula*	⊙	⊙	⊙		⊙	⊙			⊙	
钝端菱形藻解剖刀变种	*Nitzschia obtuse* var. *scalpelliformis*	⊙									
谷皮菱形藻	*Nitzschia palea*	⊙	⊙	⊙	⊙	⊙		⊙	⊙	⊙	
线形菱形藻	*Nitzschia linearis*				⊙			⊙		⊙	
小头端菱形藻	*Nitzschia capitellata*	⊙	⊙					⊙		⊙	
缢缩菱形藻	*Nitzschia constricta*	⊙			⊙					⊙	⊙
菱板藻属	*Hantzschia*										
两尖菱板藻	*Hantzschia amphioxys*	⊙	⊙		⊙	⊙		⊙		⊙	
两尖菱板藻较大变种	*Hantzschia amphioxys* var. *major*									⊙	
两尖菱板藻相等变型	*Hantzschia amphioxys* var. *aequalis*		⊙			⊙					
拟菱形藻属	*Pseudo-nitzschia*										
拟菱形藻	*Pseudo-nitzschia*	⊙							⊙		
双菱藻科	Surirellaceae										
双菱藻属	*Surirella*										
软双菱藻	*Surirella tenera*		⊙	⊙	⊙					⊙	
二列双菱藻	*Surirella biseriata*		⊙	⊙							
窄双菱藻	*Surirella angusta*			⊙						⊙	
粗壮双菱藻	*Surirella robusta*				⊙				⊙		
近盐生双菱藻	*Surirella subsalsa*									⊙	
波缘藻属	*Cymatopleura*										
草鞋形波缘藻	*Cymatopleura solea*		⊙		⊙					⊙	
裸藻门											
裸藻纲	Euglenophyceae										
裸藻目	Euglenales										
裸藻科	Euglenaceae										
裸藻属	*Eyglena*										
绿裸藻	*Eyglena viridis*							⊙	⊙		

续表

中文名	拉丁名	图们江干流上游	图们江干流中游	图们江干流下游	珲春河	密江河	嘎呀河	布尔哈通河	海兰江	红旗河	国家重点保护野生动植物名录
喜滨裸藻	*E. thinophila*			⊙							
囊裸藻属	*Trachelomonas*										
扁圆囊裸藻	*Trachelomonas curta*							⊙			
距圆囊裸藻	*Trachelomonas oblonga*						⊙				
扁裸藻属	*Phacus*										
梨形扁裸藻	*Phacus pyrym*									⊙	
三棱扁裸藻	*Phacus triqueter*				⊙						
金藻门											
金藻纲	Chrysophyta										
色金藻目	Chromulinales										
锥囊藻科	Dinobryonaceae										
锥囊藻属	*Dinobryon*										
分歧锥囊藻	*Dinobryon divergens*				⊙						
长锥形锥囊藻	*D. bavaricum*									⊙	
绿藻门											
绿藻纲	Chlorophyceae										
团藻目	Volvocales										
衣藻科	Chlamydomonadaceae										
衣藻属	*Chlamydomonas*										
德巴衣藻	*Chlamydomonas debaryana*				⊙	⊙					
球衣藻	*C. globosa*	⊙									
团藻科	Volvocaceae										
实球藻属	*Pandorina*										
实球藻	*Pandorina morum*				⊙		⊙				
空球藻属	*Eudorina*										
空球藻	*Eudorina elegans*				⊙	⊙		⊙	⊙		
绿球藻目	Chlorococcales										
非集结亚目	Acoenobianae										
绿球藻科	Chlorococcaceae										
绿球藻属	*Chlorococcum*										
水溪绿球藻	*Chlorococcum infusionum*	⊙	⊙		⊙	⊙		⊙	⊙		
小桩藻科	Characaceae										
弓形藻属	*Schroederia*										
弓形藻	*Schroederia setigera*			⊙				⊙	⊙		

续表

中文名	拉丁名	图们江干流上游	图们江干流中游	图们江干流下游	珲春河	密江河	嘎呀河	布尔哈通河	海兰河	红旗河	国家重点保护野生动植物名录
小球藻科	Chlorellaceae										
小球藻属	*Chlorella*										
蛋白核小球藻	*Chlorella pyrenoidosa*	⊙	⊙	⊙	⊙	⊙	⊙				
四角藻属	*Tetraedron*										
微小四角藻	*Tetraedron minimum*		⊙						⊙		
戟形四角藻	*T. haststum*		⊙								
三角四角藻	*Tetraedron trigonum*										
纤维藻属	*Ankistrodesmus*										
针形纤维藻	*Ankistrodesmus acicularis*				⊙		⊙	⊙	⊙		
月牙藻属	*Selenastrum*										
月牙藻	*Selenastrum bibraianum*	⊙	⊙		⊙			⊙			
纤细月牙藻	*Selenastrum gracile*				⊙						
小型月牙藻	*Selenastrum minutum*			⊙							
蹄形藻属	*Kirchneriella*										
蹄形藻	*Kirchneriella lunaris*				⊙			⊙	⊙		
肥壮蹄形藻	*Kirchneriella obesa*				⊙						
卵囊藻科	Oocystaceae										
卵囊藻属	*Oocystis*										
单生卵囊藻	*Oocystis slitaria*				⊙	⊙	⊙				
椭圆卵囊藻	*Oocystis elliptica*			⊙							
湖生卵囊藻	*Oocystis lacustris*							⊙	⊙		
真集结体亚目	Eucoenobianae										
盘星藻科	Pediastraceae										
盘星藻属	*Pediastrum*										
四角盘星藻	*Pediastrum tetras*			⊙							
二角盘星藻	*Pediastrum duplex*				⊙				⊙		
单角盘星藻	*Pediastrum simplex*	⊙									
栅藻科	Scenedesmaceae										
栅藻属	*Scenedesmus*										
阿库栅藻	*Scenedesmaceae acuuae*	⊙		⊙	⊙			⊙	⊙		
斜生栅藻	*S. obliquus*							⊙	⊙		
二形栅藻	*Scenedesmaceae dimorphus*		⊙	⊙	⊙			⊙			

续表

中文名	拉丁名	图们江干流上游	图们江干流中游	图们江干流下游	珲春河	密江河	嘎呀河	布尔哈通河	海兰河	红旗河	国家重点保护野生动植物名录
四尾栅藻	*Scenedesmaceae quadricauda*		⊙		⊙			⊙	⊙		
十字藻属	*Crucigenia*										
四足十字藻	*Crucigenia quadrata*				⊙						
集星藻属	*Actinastrum*										
集星藻	*Actinastrum hantzschii*				⊙			⊙		⊙	
空星藻属	*Coelastrum*										
小空星藻	*Coelastrum microporum*				⊙				⊙		
丝藻目	Ulothrichales										
丝藻科	Ulothrichaceae										
丝藻属	*Ulothrix*										
细丝藻	*Ulothrix tenerrima*				⊙	⊙	⊙		⊙		
环丝藻	*Ulothrix zonata*	⊙				⊙	⊙		⊙		
尾丝藻属	*Uronema*										
尾丝藻	*Uronema confervicolum*	⊙			⊙						
微孢藻科	Microsporaceae										
微孢藻属	*Microspora*										
方形微孢藻	*Microspora quadrata*				⊙						
双星藻纲	Zygnemaphyceae										
鼓藻目	Desmidiales										
鼓藻科	Desmidiaceae										
新月藻属	*Closterium*										
锐新月藻	*Closterium acerosum*		⊙					⊙	⊙		
鼓藻属	*Cosmarium*										
光滑鼓藻	*Cosmarium leave*				⊙			⊙			
颤鼓藻	*Cosmarium vexatum*					⊙		⊙			
甲藻门											
甲藻纲	Dinophyceae										
多甲藻目	Peridiniales										
多甲藻科	Peridiniaceae										
多甲藻属	*Peridinium*										
微小多甲藻	*Peridinium pusillum*							⊙	⊙		
角甲藻科	Ceratiaceae										
角甲藻属	*Ceratium*										

续表

中文名	拉丁名	图们江干流上游	图们江干流中游	图们江干流下游	珲春河	密江河	嘎呀河	布尔哈通河	海兰河	红旗河	国家重点保护野生动植物名录
飞燕角甲藻	*Ceratium hirundinella*							⊙			
大型底栖动物（Macro-invertebrate）											
环节动物门											
寡毛纲	Oligochaeta										
近孔寡毛目	Plesiopora										
颤蚓科	Tubificidae										
水丝蚓属	*Limnodrilus*										
一种水丝蚓	*Limnodrilus* sp.	⊙	⊙	⊙	⊙	⊙	⊙	⊙	⊙		
尾鳃蚓属	*Branchiura*										
一种尾鳃蚓	*Branchiura* sp.	⊙	⊙	⊙		⊙		⊙	⊙	⊙	
蛭纲	Clitellata										
无吻蛭目	Arhynchobdellida										
医蛭科	Hirudinidae										
金线蛭属	*Whitmania*										
尖细金线蛭	*Whitmania acranulata*		⊙	⊙							
宽体金线蛭	*W. pigra*		⊙	⊙							
吻蛭目	Rhynchobdellida										
舌蛭科	Glossiphoniidae										
舌蛭属	*Glossiphonia*										
宽身舌蛭	*Glossiphonia lata*				⊙			⊙	⊙		
软体动物门											
腹足纲	Gastropoda										
基眼目	Basommatophora										
扁卷螺科	Planorbidae										
旋螺属	*Gyraulus*										
白旋螺	*Gyraulus albus*				⊙		⊙	⊙	⊙		
圆扁螺属	*Hippeutis*										
大脐圆扁螺	*Hippeutis umbilicalis*							⊙			
萝卜螺属	*Radiz*										
耳萝卜螺	*Radix auricularia*							⊙		⊙	
卵萝卜螺	*R. ovata*			⊙				⊙	⊙	⊙	
中腹足目	Mesogastropoda										
肋螺科	Plenroseridae										
短沟蜷属	*Semisulcospira*										
方格短沟蜷	*Semisulcospira cancellata*							⊙			

续表

中文名	拉丁名	图们江干流上游	图们江干流中游	图们江干流下游	珲春河	密江河	嘎呀河	布尔哈通河	海兰河	红旗河	国家重点保护野生动植物名录
拟沼螺科	Assimineidae										
拟沼螺属	Assiminea										
一种拟沼螺	Assiminea sp.					⊙	⊙				
	线形动物门										
铁线虫纲	Gordioda										
铁线虫目	Gordioidea										
铁线虫科	Gordiidae										
铁线虫属	Gordius										
铁线虫	Gordius aquaticus		⊙			⊙	⊙	⊙			
	节肢动物门										
软甲纲	Malacostraca										
端足目	Amphipoda										
钩虾科	Gammaridae										
钩虾属	Gammarus				⊙	⊙		⊙	⊙		
一种钩虾	Gammarus sp.										
异钩虾属	Anisogammarus				⊙	⊙	⊙	⊙			
一种异钩虾	Anisogammarus sp.										
十足目	Decapoda										
螯虾科	Cambaridae										
蝲蛄属	Cambaroides										
东北蝲蛄	Cambaroides dauricus	⊙	⊙	⊙	⊙			⊙		⊙	
长臂虾科	Palaemonidae										
白虾属	Exopalaemon										
秀丽白虾	Exopalaemon modestus		⊙	⊙			⊙	⊙			
长臂虾属	Palaemonetes										
中华小长臂虾	Palaemonetes sinensis	⊙		⊙			⊙	⊙			
昆虫纲	Insecta										
半翅目	Hemiptera										
跳蝽科	Saldidae										
跳蝽属	Saldula										
一种跳蝽	Saldula sp.			⊙	⊙	⊙					
朝鲜跳蝽	Saldula koreana			⊙	⊙						
划蝽科	Corixidae										
小划蝽属	Micronecta										

续表

中文名	拉丁名	图们江干流上游	图们江干流中游	图们江干流下游	珲春河	密江河	嘎呀河	布尔哈通河	海兰河	红旗河	国家重点保护野生动植物名录
亨氏小划蝽	*Micronecta hungerfordi*						⊙				
蝎蝽科	Nepidae										
蝎蝽属	*Nepa*										
霍氏蝎蝽	*Nepa hoffmanni*		⊙	⊙		⊙					
盖蝽科	Aphelocheiridae										
盖蝽属	*Aphelocheirus*										
那霸盖蝽	*Aphelocheirus nawae*		⊙	⊙				⊙	⊙		
负子蝽科	Belostomatidae										
负子蝽属	*Diplonychus*										
锈色负子蝽	*Diplonychus rusticus*		⊙	⊙		⊙					
广翅目	Megaloptera										
泥蛉科	Sialidae										
泥蛉属	*Sialis*										
古北泥蛉	*Sialis sibirica*						⊙	⊙			
鳞翅目	Lepidoptera										
螟蛾科	Pyralidae										
斑水螟属	*Eoophyla*										
连斑水螟	*Eoophyla conjunctalis*				⊙	⊙					
筒水螟属	*Parapoynx*										
三点筒水螟	*Parapoynx stagnslis*				⊙	⊙					
鞘翅目	Coleoptera										
龙虱科	Dytiscidae										
孔龙虱属	*Nebrioporus*										
细带斑孔龙虱	*Nebrioporus hostilis*	⊙	⊙	⊙		⊙					
水龙虱属	*Oreodytes*										
善游山龙虱	*Oreodytes natrix*				⊙	⊙					
泥甲科	Dryopidae										
溪泥甲属	*Elmomorphus*										
短脚溪泥甲	*Elmomorphus brevicornis*							⊙	⊙		
溪泥甲科	Elmidae										
假爱菲泥甲属	*Pseudamophilus*										
日假爱菲泥甲	*Pseudamophilus japonicas*				⊙	⊙					
牙甲科	Hydrophilidae										

续表

中文名	拉丁名	图们江干流上游	图们江干流中游	图们江干流下游	珲春河	密江河	嘎呀河	布尔哈通河	海兰河	红旗河	国家重点保护野生动植物名录
牙甲属	*Hydrophilus*										
尖叶牙甲	*Hydrophilus acuminatus*					⊙	⊙		⊙	⊙	
苍白牙甲属	*Enochrus*										
一种苍白牙甲	*Enochrus* sp.				⊙	⊙	⊙		⊙		
沼梭科	Haliplidae										
沼梭属	*Haliplus*				⊙	⊙	⊙				
一种沼梭	*Haliplus* sp.										
蜻蜓目	Odonata										
春蜓科	Gomphidae										
扩腹春蜓属	*Stylurus*										
一种扩腹春蜓	*Stylurus* sp.		⊙		⊙		⊙	⊙		⊙	
日春蜓属	*Nihonogomphus*										
白齿日春蜓	*Nihonogomphus ruptus*	⊙	⊙				⊙	⊙	⊙	⊙	
叶春蜓属	*Ictinogomphus*										
小团扇春蜓	*Ictinogomphus rapax*						⊙				
新叶春蜓属	*Sinictinogomphus*										
新叶春蜓	*Sinictinogomphus* sp.				⊙		⊙	⊙			
大团扇春蜓	*S. clavatus*				⊙		⊙				
异春蜓属	*Anisogomphus*										
马奇异春蜓	*Anisogomphus maacki*				⊙	⊙		⊙			
双翅目	Diptera										
大蚊科	Tipulidae										
	Angaratipula										
	Angaratipula sp.						⊙				
	Nippotipula										
	Nippotipula sp.							⊙	⊙		
朝大蚊属	*Antocha*										
一种朝大蚊	*Antocha* sp.	⊙	⊙	⊙	⊙		⊙	⊙	⊙	⊙	
棘膝大蚊属	*Holorusia*										
一种棘膝大蚊	*Holorusia* sp.			⊙	⊙			⊙	⊙		
大蚊属	*Tipula*										
大蚊属物种1	*Tipula* sp.1	⊙	⊙	⊙	⊙	⊙					
大蚊属物种2	*Tipula* sp.2	⊙		⊙		⊙					

续表

中文名	拉丁名	图们江干流上游	图们江干流中游	图们江干流下游	珲春河	密江河	嘎呀河	布尔哈通河	海兰河	红旗河	国家重点保护野生动植物名录
毛黑大蚊属	*Hexatoma*										
白斑毛黑大蚊	*Hexatoma*（*Eriocera*）sp.	⊙		⊙	⊙	⊙	⊙				
双大蚊属	*Dicranota*										
一种双大蚊	*Dicranota* sp.	⊙	⊙	⊙	⊙	⊙		⊙	⊙	⊙	
蠓科	Ceratopogonidae										
库蠓属	*Culicoides*										
一种库蠓	*Culicoides* sp.	⊙	⊙	⊙	⊙	⊙		⊙	⊙		
虻科	Tabanidae										
瘤虻属	*Hybomitra*										
毛头瘤虻	*Hybomitra hirticeps*	⊙	⊙		⊙				⊙		
蚋科	Simulidae										
蚋属	*Simulium*										
新宾纺蚋	*Simulium xinbinense*	⊙	⊙				⊙		⊙		
原蚋属	*Prosimulium*										
辽宁原蚋	*Prosimulium liaoningense*			⊙			⊙			⊙	
伪鹬虻科	Athericidae										
伪鹬虻属	*Suragina*										
蓝苏伪鹬虻	*Suragina caerulescens*	⊙			⊙	⊙					
长足虻科	Dolichopodidae										
针长足虻属	*Rhaphium*										
一种针长足虻	*Rhaphium* sp.				⊙	⊙	⊙				
网蚊科	Blephaceridae										
	Bibocephala										
	Bibocephala sp.					⊙			⊙		
	Blepharicera										
	Blepharicera sp.					⊙			⊙		
斐网蚊属	*Philorus*										
一种斐网蚊	*Philorus* sp.	⊙	⊙								
伪蚊科	Tanyderidae										
原伪蚊属	*Protanyderus*										
一种原伪蚊	*Protanyderus* sp.			⊙		⊙	⊙				
摇蚊科	Chironomidae										
北七角摇蚊属	*Boreoheptagyia*										

续表

中文名	拉丁名	图们江干流上游	图们江干流中游	图们江干流下游	珲春河	密江河	嘎呀河	布尔哈通河	海兰河	红旗河	国家重点保护野生动植物名录
一种北七角摇蚊	*Boreoheptagyia* sp.	☉					☉				
寡角摇蚊属	*Diamesa*										
春寡角摇蚊	*Diamesa vemalis*							☉			
格氏寡角摇蚊	*D. gregsoni*							☉			
泽尼寡角摇蚊	*D. zernyi*							☉			
帕摇蚊属	*Pagastia*										
东方帕摇蚊	*Pagastia orientalis*	☉	☉		☉			☉	☉	☉	
剑帕摇蚊	*P. lanceolata*		☉					☉	☉	☉	
似波摇蚊属	*Sympotthastia*										
高田似波摇蚊	*Sympotthastia takatensis*	☉	☉					☉			
匍行似波摇蚊	*S. repentina*		☉					☉			
波摇蚊属	*Potthastia*										
盖波摇蚊	*Potthastia gaedii*	☉	☉					☉	☉		
前突摇蚊属	*Procladius*										
一种前突摇蚊	*Procladius* sp.							☉			
扎突摇蚊属	*Zavarelimyia*										
一种扎突摇蚊	*Zavarelimyia* sp.						☉				
大粗摇蚊属	*Macropelopia*										
拟杂色大粗腹摇蚊	*Macropelopia paranbulosa*		☉				☉				
流粗腹摇蚊属	*Rheopelopia*										
斑点流粗腹摇蚊	*Rheopelopia maculipennis*							☉	☉		
特突摇蚊属	*Thienemannimyia*										
盖氏特突摇蚊	*Thienemannimyia geijskesi*			☉	☉			☉	☉		
合铗特突摇蚊	*T. fusciceps*			☉	☉			☉		☉	
前寡角摇蚊属	*Prodianesa*										
一种前寡角摇蚊	*Prodianesa* sp.	☉	☉								
单寡角摇蚊属	*Monodiamesa*										
尼提达单寡角	*Monodiamesa nitida*				☉	☉					
布摇蚊属	*Brillia*										
一种布摇蚊	*Brillia* sp.		☉				☉	☉			
二叉布摇蚊	*B. bifida*							☉			
刀突摇蚊属	*Psectrocladius*										
巴比刀突摇蚊	*Psectrocladius barbimanus*							☉			
浪突摇蚊属	*Zalutschia*										

301

续表

中文名	拉丁名	图们江干流上游	图们江干流中游	图们江干流下游	珲春河	密江河	嘎呀河	布尔哈通河	海兰河	红旗河	国家重点保护野生动植物名录
一种浪突摇蚊	*Zalutschia* sp.						⊙				
矮突摇蚊属	*Nanocladius*										
亚洲矮突摇蚊	*Nanocladius asiaticus*						⊙				
双色矮突摇蚊	*N. dichromus*						⊙				
异三突摇蚊属	*Terotrissocladus*										
软异三突摇蚊	*Terotrissocladus marcolotus*	⊙	⊙					⊙	⊙		
似突摇蚊属	*Paracladius*										
高山似突摇蚊	*Paracladius alpicola*						⊙				
双突摇蚊属	*Diplocladius*										
双突摇蚊属物种 1	*Diplocladius* sp.1					⊙					
双突摇蚊属物种 2	*Diplocladius* sp.2					⊙					
特维摇蚊属	*Tvetenia*										
塔马特维摇蚊	*Tvetenia tamafulva*					⊙					
韦尔特维摇蚊	*T. verralli*					⊙					
直突摇蚊属	*Orthocladius*										
联直突摇蚊	*Orthocladius mixtus*	⊙	⊙		⊙		⊙		⊙		
木直突摇蚊	*O. lignicola*					⊙					
瓦莱直突摇蚊	*O. vaillanti*				⊙						
环足摇蚊属	*Cricotopus*										
白色环足摇蚊	*Cricotopus albiforceps*	⊙	⊙	⊙			⊙		⊙		
一种环足摇蚊属	*Cricotopus* sp.					⊙					
三轮环足摇蚊	*C. triannulatus*	⊙	⊙	⊙							
双线环足摇蚊	*C. bicinctus*		⊙								
委瑞环足摇蚊	*C. vierriensis*			⊙			⊙		⊙		
拟刚毛突摇蚊属	*Paratrichocladius*										
红腹拟刚毛突摇蚊	*Paratrichocladius rufivertris*						⊙				
拟环足摇蚊属	*Paracricotopus*										
拟环足摇蚊物种 1	*Paracricotopus* sp.1			⊙							
拟环足摇蚊物种 2	*Paracricotopus* sp.2					⊙					
塔马拟环足摇蚊	*P. tamabrevis*			⊙	⊙				⊙		
异样拟环足摇蚊	*P. irregularis*						⊙				
趋流摇蚊属	*Rheocricotopus*										
褐色趋流摇蚊	*Rheocricotopus fuscipes*	⊙	⊙				⊙				

续表

中文名	拉丁名	图们江干流上游	图们江干流中游	图们江干流下游	珲春河	密江河	嘎呀河	布尔哈通河	海兰河	红旗河	国家重点保护野生动植物名录
散趋流摇蚊	R. effuses	⊙	⊙							⊙	
真开氏摇蚊属	Eukiefferiella										
一种真开氏摇蚊	Eukiefferiella sp.					⊙					
细真开氏摇蚊	E. gracei		⊙			⊙		⊙	⊙		
亮铗真开氏摇蚊	E. claripennis	⊙	⊙			⊙					
摇蚊属	Chironomus										
花翅摇蚊	Chironomus kiiensis			⊙				⊙			
猛摇蚊	C. acerbiphilus				⊙	⊙		⊙			
墨黑摇蚊	C. anthracinus		⊙			⊙					
小摇蚊属	Microchironomus										
软铗小摇蚊	Microchironomus tener	⊙	⊙		⊙	⊙					
齿斑摇蚊属	Stictochironomus										
俊才齿斑摇蚊	Stictochironomus juncai	⊙	⊙	⊙							
多齿齿斑摇蚊	S. multannulatus				⊙						
斯蒂齿斑摇蚊	S. sticticus			⊙				⊙	⊙		
倒毛摇蚊属	Microtendipes										
绿倒毛摇蚊	Microtendipes chloris				⊙			⊙			
多足摇蚊属	Polypedilum										
白角多足摇蚊	Polypedilum albicorne	⊙	⊙	⊙	⊙	⊙					
步行多足摇蚊	P. pedestre	⊙	⊙	⊙	⊙	⊙		⊙			
鲜艳多足摇蚊	P. laetum	⊙	⊙								
小云多足摇蚊	P. nubeculosum			⊙	⊙	⊙		⊙			
骑蜉摇蚊属	Epoicocladius										
蜉蝣骑蜉摇蚊	Epoicocladius ephemerae							⊙			
裸须摇蚊属	Propsiocerus										
一种裸须摇蚊	Propsiocerus sp.	⊙				⊙					
长跗摇蚊属	Tanytarsus										
渐变长跗摇蚊	Tanytarsus mendax			⊙	⊙						
一种长跗摇蚊	Tanytarsus sp.				⊙						
隐摇蚊属	Cryptochironomus										
凹铗隐摇蚊	Cryptochironomus defectus		⊙	⊙	⊙		⊙	⊙			
喙隐摇蚊	C. rostratus				⊙	⊙			⊙		
小突摇蚊属	Micropsectra										
异带小突摇蚊	Micropsectra atrofasciata	⊙	⊙	⊙	⊙	⊙		⊙			

续表

中文名	拉丁名	图们江干流上游	图们江干流中游	图们江干流下游	珲春河	密江河	嘎呀河	布尔哈通河	海兰河	红旗河	国家重点保护野生动植物名录
瑟摇蚊属	*Sergentia*										
一种瑟摇蚊	*Sergentia* sp.					⊙					
萨摇蚊属	*Saetheria*										
瑞斯萨摇蚊	*Saetheria reissi*		⊙				⊙	⊙	⊙		
拟枝角摇蚊属	*Paracladopelma*										
长方拟枝角摇蚊	*Paracladopelma undine*			⊙	⊙		⊙				
内摇蚊属	*Endochironomus*										
伸展内摇蚊	*Endochironomus tendens*				⊙	⊙					
流长跗摇蚊属	*Rheotanytarsus*										
一种流长跗摇蚊	*Rheotanytarsus* sp.					⊙					
林摇蚊属	*Lipiniella*										
马德林摇蚊	*Lipiniella moderata*			⊙	⊙						
间摇蚊属	*Paratendipes*										
白间摇蚊	*Paratendipes albimanus*				⊙	⊙					
脊突摇蚊属	*Cyphomella*										
角脊突摇蚊	*Cyphomella cornea*			⊙	⊙		⊙		⊙		
肛齿摇蚊属	*Neozavrelia*										
凤城肛齿摇蚊	*Neozavrelia fengchengensis*								⊙		
一种肛齿摇蚊	*Neozavrelia* sp.	⊙							⊙		
二叉摇蚊属	*Dicrotendipus*										
叶二叉摇蚊	*Dicrotendipus lobifer*				⊙				⊙		
罗摇蚊属	*Robackia*										
毛尾罗摇蚊	*Robackia pilicauda*			⊙	⊙		⊙		⊙		
蜉蝣目	Ephemeroptera										
扁蜉科	Heptageniidae										
扁蜉属	*Heptesenia*										
一种扁蜉	*Heptesenia* sp.	⊙	⊙	⊙	⊙				⊙	⊙	
扁蚴蜉属	*Ecdyonurus*										
一种扁蚴蜉	*Ecdyonurus* sp.	⊙	⊙	⊙	⊙				⊙	⊙	
似动蜉属	*Cinygma*										
一种似动蜉	*Cinygma* sp.						⊙				
高翔蜉属	*Epeorus*										
	Epeorus erratus								⊙		
	E. nipponicus						⊙				

续表

中文名	拉丁名	图们江干流上游	图们江干流中游	图们江干流下游	珲春河	密江河	嘎呀河	布尔哈通河	海兰河	红旗河	国家重点保护野生动植物名录
宽叶高翔蜉	*E. latifolium*			⊙	⊙	⊙	⊙	⊙	⊙		
弯钩高翔蜉	*E. curvatulus*			⊙	⊙	⊙					
透明高翔蜉	*E. pellucidus*		⊙						⊙		
等蜉科	Isonychiidae										
等蜉属	*Isonychina*										
一种等蜉	*Isonychina* sp.	⊙	⊙		⊙	⊙		⊙			
栉颚蜉科	Ameletidae										
栉颚蜉属	*Ameletus*										
一种栉颚蜉	*Ameletus* sp.	⊙	⊙				⊙		⊙	⊙	
河花蜉科	Potamanthidae										
一种河花蜉	*Potamanthus* sp.	⊙	⊙								
黄河花蜉	*P. luteus*							⊙			
美丽河花蜉	*P. formosus*							⊙			
红纹蜉属	*Rhoenanthus*										
一种红纹蜉	*Rhoenanthus* sp.							⊙	⊙		
四节蜉科	Baetidae										
花翅蜉属	*Baetiella*										
一种花翅蜉属	*Baetiella* sp.				⊙	⊙	⊙				
四节蜉属	*Baetis*										
一种四节蜉	*Baetis* sp.	⊙	⊙	⊙	⊙		⊙		⊙	⊙	
小蜉科	Ephemerellidae										
带肋蜉属	*Cincticostella*										
一种带肋蜉属	*Cincticostella* sp.		⊙				⊙			⊙	
	C. elongatula	⊙	⊙				⊙				
	C. levanidovae						⊙				
	C. orientalis	⊙	⊙				⊙				
黑带肋蜉	*C. nigra*	⊙								⊙	
栗带肋蜉	*C. castanea*				⊙	⊙					
弯握蜉属	*Drunella*										
一种弯握蜉属	*Drunella* sp.	⊙	⊙		⊙	⊙			⊙		
	D. sacharinensis				⊙	⊙					
	D. basalis				⊙	⊙					
背粒弯握蜉	*D. lepnevae*	⊙	⊙	⊙	⊙	⊙			⊙	⊙	
刺棘弯握蜉	*D. aculea*	⊙	⊙	⊙	⊙	⊙			⊙	⊙	

续表

中文名	拉丁名	图们江干流上游	图们江干流中游	图们江干流下游	珲春河	密江河	嘎呀河	布尔哈通河	海兰河	红旗河	国家重点保护野生动植物名录
石氏弯握蜉	*D. cryptomeria*			⊙	⊙	⊙					
三刺弯握蜉	*D. trispina*	⊙	⊙	⊙	⊙	⊙	⊙	⊙	⊙	⊙	
小蜉属	*Ephemerella*										
一种小蜉	*Ephemerella* sp.	⊙	⊙		⊙	⊙			⊙	⊙	
安特小蜉	*E. atogosana*	⊙	⊙				⊙			⊙	
天角蜉属	*Uracanthella*										
一种天角蜉	*Uracanthella* sp.	⊙	⊙			⊙				⊙	
细裳蜉科	Leptophlebiidae										
宽基蜉属	*Choroterpes*										
一种宽基蜉	*Choroterpes* sp.						⊙				
短丝蜉科	Siphlonuridae										
短丝蜉属	*Siphlonurus*										
常氏短丝蜉	*Siphlonurus chankae* Tshernova						⊙				
超众短丝蜉	*S. immanis*	⊙	⊙				⊙				
湖生短丝蜉	*S. lacustris*				⊙	⊙	⊙				
蜉蝣科	Ephemeridae										
蜉蝣属	*Ephemera*										
东方蜉	*Ephemera orientalis*	⊙	⊙	⊙	⊙	⊙	⊙	⊙	⊙		
条纹蜉	*E. strigata*		⊙	⊙	⊙						
细蜉科	Caenidae										
细蜉属	*Caenis*										
中华细蜉	*Caenis sinensis*			⊙	⊙						
襀翅目	Plecoptera										
带襀科	Taeniopterygidae										
	Meystsia										
	Meystsia sp.	⊙	⊙	⊙				⊙		⊙	
叉襀科	Nemouridae										
	Amphinemura										
	Amphinemura sp.	⊙			⊙	⊙		⊙			
	Protonemura										
	Protonemura sp.						⊙				
叉襀属	*Nemoura*										
一种叉襀	*Nemoura* sp.						⊙				
襀科	Perlidae										

续表

中文名	拉丁名	图们江干流上游	图们江干流中游	图们江干流下游	珲春河	密江河	嘎呀河	布尔哈通河	海兰河	红旗河	国家重点保护野生动植物名录
钩䗛属	*Kamimuria*										
一种钩䗛	*Kamimuria* sp.			⊙	⊙	⊙	⊙		⊙		
襟䗛属	*Togoperla*										
一种襟䗛	*Togoperla* sp.	⊙	⊙		⊙	⊙	⊙				
新䗛属	*Neoperla*										
一种新䗛	*Neoperla* sp.				⊙	⊙					
	N. callneuria							⊙			
绿䗛科	Chloroperlidae										
简绿䗛属	*Haploperla*										
一种简绿䗛	*Haploperla* sp.		⊙		⊙	⊙		⊙			
异绿䗛属	*Alloperla*										
一种异绿䗛	*Alloperla* sp.	⊙	⊙		⊙		⊙		⊙		
钩绿䗛属	*Suwallia*										
一种钩绿䗛	*Suwallia* sp.	⊙	⊙		⊙		⊙		⊙	⊙	
长绿䗛属	*Sweltsa*										
一种长绿䗛	*Sweltsa* sp.	⊙	⊙	⊙						⊙	
黑䗛科	Capniidae										
	Paracapnia										
	Paracapnia sp.							⊙			
球黑䗛属	*Eucapnopsis*										
一种球黑䗛	*Eucapnopsis* sp.	⊙	⊙				⊙		⊙	⊙	
网䗛科	Perlodidae										
斯卡拉网䗛属	*Skwala*										
一种斯卡拉网䗛	*Skwala* sp.	⊙	⊙								
狭网䗛属	*Stavsolus*										
一种狭网䗛	*Stavsolus* sp.	⊙	⊙				⊙		⊙		
	Ostrovus										
	Ostrovus sp.	⊙	⊙						⊙		
	Sopkalia										
	Sopkalia yamadae					⊙					
	Tadamus										
	Tadamus kohnonis	⊙		⊙	⊙	⊙			⊙		
巨网䗛属	*Megarcys*										
黄褐巨网䗛	*Megarcys ochracea*				⊙	⊙	⊙				

续表

中文名	拉丁名	图们江干流上游	图们江干流中游	图们江干流下游	珲春河	密江河	嘎呀河	布尔哈通河	海兰河	红旗河	国家重点保护野生动植物名录
大𧎼科	Pteronarcyidae										
大𧎼属	Pteronarcys										
萨哈林大𧎼	Pteronarcys sachalina	⊙	⊙	⊙	⊙	⊙		⊙	⊙	⊙	
毛翅目	Trichoptera										
角石蛾科	Stenopsychidae										
角石蛾属	Stenopsyche										
黄山角石蛾	Stenopsyche huangshanensis					⊙					
纳氏角石蛾	S. navasi			⊙	⊙	⊙					
色氏角石蛾	S. sauteri					⊙			⊙		
条纹角石蛾	S. marmorata		⊙			⊙	⊙		⊙		
纹石蛾科	Hydopsychidae										
纹石蛾属	Hydropsyche										
	Hydropsyche sp.1	⊙		⊙	⊙	⊙		⊙	⊙		
	Hydropsyche sp.2					⊙	⊙				
	Hydropsyche sp.3					⊙	⊙				
缺距纹石蛾属	Potamyia										
一种缺距纹石蛾	Potamyia sp.				⊙	⊙			⊙		
长角纹石蛾属	Macrostemum										
一种长角纹石蛾	Macrostemum sp.			⊙							
瘤石蛾科	Goeridae										
瘤石蛾属	Goera										
	Goera curvispina	⊙				⊙	⊙	⊙			
沼石蛾科	Limnephilidae										
	Dicosmoecus										
	Dicosmoecus jozankeanus									⊙	
	Ecclisomyia										
	Ecclisomyia kamtshatica							⊙	⊙		
	Hydatophlax										
	Hydatophylax festivus				⊙	⊙					
	H. nigrovitatus				⊙	⊙	⊙				
	Lenarchus										
	Lenarchus fuscostramineus				⊙						
	Nothopsyche										
	Nothopsyche ruficollis				⊙	⊙					

续表

中文名	拉丁名	图们江干流上游	图们江干流中游	图们江干流下游	珲春河	密江河	嘎呀河	布尔哈通河	海兰河	红旗河	国家重点保护野生动植物名录
沼石蛾属	*Limnephilus*										
	Limnephilus fuscovittaatus					⊙					
	Limnephilus sp. 1							⊙	⊙		
	Limnephilus sp. 2			⊙	⊙						
伪突沼石蛾属	*Pseudostenophylax*										
一种伪突沼石蛾	*Pseudostenophylax* sp.	⊙	⊙		⊙	⊙		⊙			
内石蛾属	*Nemotaulius*										
埃莫内石蛾	*Nemotaulius admorsus*				⊙						
原石蛾科	Rhyacophilidae										
原石蛾属	*Rhyacophila*										
	Rhyacophila hokkaidensis				⊙	⊙					
	R. lezeyi				⊙	⊙					
短头原石蛾	*R. brevicephala*	⊙			⊙			⊙		⊙	
黑头原石蛾	*R. nigrocephala*							⊙	⊙		
突异原石蛾	*R. lata*	⊙	⊙	⊙	⊙			⊙	⊙	⊙	
隐缩原石蛾	*R. retracta*		⊙		⊙				⊙		
喜马原石蛾属	*Himalopsyche*										
一种喜马原石蛾	*Himalopsyche* sp.				⊙				⊙		
鳞石蛾科	Lepidostomatidae										
条鳞石蛾属	*Goerodes*										
日本条鳞石蛾	*Goerodes japonicas*		⊙			⊙			⊙		
长角石蛾科	Leptoceridae										
	Ceraclea										
津氏突长角石蛾	*Ceraclea tsudai*							⊙			
长角石蛾属	*Mystacides*										
一种长角石蛾	*Mystacides* sp.				⊙						
	Oecetis										
	Oecetis sp.				⊙	⊙		⊙	⊙		
石蛾科	Phryganeidae										
趋石蛾属	*Sembis*										
黑白趋石蛾	*Sembis melaleuca*							⊙			
短石蛾科	Brachycentridae										
短石蛾属	*Brachycentrus*										
	Brachycentrus americanus							⊙			

续表

中文名	拉丁名	图们江干流上游	图们江干流中游	图们江干流下游	珲春河	密江河	嘎呀河	布尔哈通河	海兰河	红旗河	国家重点保护野生动植物名录
	Brachycentrus sp. 1					⊙		⊙			
	Brachycentrus sp. 2					⊙		⊙			
齿角石蛾科	Odontoceridae										
裸齿角石蛾属	*Psilotreta*										
木曾裸齿角石蛾	*Psilotreta kisoensis*	⊙									
舌石蛾科	Glossosomatidae										
舌石蛾属	*Glossosoma*										
一种舌石蛾	*Glossosoma* sp.	⊙	⊙	⊙	⊙			⊙	⊙		
弓石蛾科	Arctopsychidae										
弓石蛾属	*Arctopsyche*										
一种弓石蛾	*Arctopsyche* sp.	⊙	⊙	⊙	⊙				⊙	⊙	
乌石蛾科	Uenoidae										
	Neophylax										
	Neophylax sp.				⊙	⊙		⊙			
细翅石蛾科	Molannidae										
细翅石蛾科一种	Molannidae						⊙	⊙			
鱼类（Fish）											
七鳃鳗目	Petromyzontiformes										
七鳃鳗科	Petromyzontidae										
七鳃鳗属	*Lampetra* Gray										
东北七鳃鳗	*Lampetra morii*	⊙	⊙	⊙	⊙						二级
日本七鳃鳗	*L. japonica*	⊙	⊙	⊙							二级
雷氏七鳃鳗	*L. reissneri*	⊙	⊙								二级
鲟形目	Acipenseriformes										
鲟科	Acipenseridae										
鲟属	*Acipenser* Linnaeus										
施氏鲟	*Acipenser schrenckii*			⊙							二级
鲑形目	Salmoniformes										
鲑亚目	Salmonoide										
鲑科	Salmonidae										
麻哈鱼属	*Oncorhynchus* Suckley										
马苏大麻哈鱼陆封型	*Oncorhynchus masou*				⊙	⊙		⊙		⊙	二级
马苏大麻哈鱼洄游型	*O. masou*	⊙	⊙		⊙	⊙					二级

续表

中文名	拉丁名	图们江干流上游	图们江干流中游	图们江干流下游	珲春河	密江河	嘎呀河	布尔哈通河	海兰河	红旗河	国家重点保护野生动植物名录
大麻哈鱼	*O. keta*	⊙	⊙	⊙	⊙						
红点鲑属	*Salvelinus* Nilsson										
花羔红点鲑	*Salvelinus malma*	⊙	⊙		⊙						二级
细鳞鱼属	*Brachymystax* Günther										
细鳞鱼	*Brachymystax lenok*	⊙	⊙		⊙						二级
胡瓜鱼目	Osmeriformes										
香鱼科	Plecoglossidae										
香鱼属	*Plecoglossus*										
香鱼	*Plecoglossus altivelis*				⊙	⊙					
胡瓜鱼科	Osmeridae										
公鱼属	*Hypomesus* Gill										
池沼公鱼	*Hypomesus olidus*			⊙		⊙					
鳗鲡目	Anguilliformes										
鳗鲡科	Anguillidae										
鳗鲡属	*Anguilla*										
鳗鲡	*Anguilla japonica*		⊙	⊙				⊙			
鲤形目	Cypriniformes										
鲤科	Cyprinidae										
鲌亚科	Danioninae										
马口鱼属	*Opsariichthys* Bleeker										
马口鱼	*Opsariichthys bidens*	⊙	⊙	⊙	⊙	⊙					
雅罗鱼亚科	Leueiscinae										
雅罗鱼属	*Leuciscus* Cuvier										
瓦氏雅罗鱼	*Leuciscus waleckii*			⊙	⊙						
图们雅罗鱼	*L. tumensis*			⊙	⊙						
三块鱼属	*Tribolodon* Sauvage										
三块鱼	*Tribolodon brandtii*			⊙							
鱥属	*Phoxinus* Agassiz										
图们鱥	*Phoxinus phoxinu*	⊙	⊙	⊙	⊙		⊙	⊙		⊙	
湖鱥	*P. percnurus*		⊙	⊙	⊙	⊙	⊙	⊙		⊙	
洛氏鱥	*P. lagowskii*		⊙	⊙	⊙	⊙	⊙	⊙			
尖头鱥	*P. oxycephalus*		⊙	⊙	⊙	⊙	⊙	⊙		⊙	
鲌亚科	Culterinae										
鳘属	*Hemiculter* Bleeker										

续表

中文名	拉丁名	图们江干流上游	图们江干流中游	图们江干流下游	珲春河	密江河	嘎呀河	布尔哈通河	海兰河	红旗河	国家重点保护野生动植物名录
鰲	*Hemiculter leucisculus*	⊙	⊙	⊙		⊙					
鳊属	*Parabramis*										
鳊	*Parabramis pekinensis*			⊙							
鲌属	*Culter Basilewsky*										
翘嘴鲌	*Culter alburnus*			⊙							
鳑鲏亚科	Acheilognathinae										
鳑鲏属	*Rhodeus Agassiz*										
黑龙江鳑鲏	*Rhodeus sericeus*	⊙	⊙	⊙							
鱊属	*Aceilognathus* Bleeker										
兴凯鱊	*Acheilognathus chankaensis*	⊙	⊙	⊙			⊙				
宽鳍鱊	*A. macropterus*	⊙	⊙	⊙							
鮈亚科	Gobioninae										
麦穗鱼属	*Pseudorasbora* Bleeker										
麦穗鱼	*Pseudorasbora parva*	⊙	⊙	⊙	⊙		⊙	⊙			
中鮈属	*Mesogobio* Banarescu et Nalbant										
图们江中鮈	*Mesogobio tumenensis*				⊙	⊙					
鮈属	*Gobio* Cuvier										
大头鮈	*Gobio macrocephalus*	⊙	⊙		⊙			⊙			
犬首鮈	*G. cynocephalus*	⊙	⊙		⊙			⊙			
棒花鱼属	*Abbottina* Jordan et Fowler										
棒花鱼	*Abbottina rivularis*			⊙	⊙		⊙	⊙			
鲤亚科	Cyprininae										
鲤属	*Cyprinus* Linnaeus										
鲤	*Cyprinus carpio*	⊙	⊙	⊙							
鲫属	*Carassius* Jarocki										
鲫	*Carassius auratus*	⊙	⊙	⊙	⊙	⊙	⊙				
鲢亚科	Hypophthalmichthyinae										
鲢属	*Hypophth almichthys* Bleeker										
鲢	*Hypophthalmichthys molitrix*	⊙	⊙	⊙							
鳙属	*Aristichthys*										
鳙	*Aristichys nobilis*			⊙							
鳅科	Cobitidae										
条鳅亚科	Noemacheilinae										
须鳅属	*Barbatula* Linck										

续表

中文名	拉丁名	图们江干流上游	图们江干流中游	图们江干流下游	珲春河	密江河	嘎呀河	布尔哈通河	海兰河	红旗河	国家重点保护野生动植物名录
北方须鳅	*Barbatula toni*	☉	☉	☉	☉	☉	☉				
北鳅属	*Lefua* Eerzenstein										
北鳅	*Oreonectes costata*						☉	☉			
花鳅亚科	Cobitinae										
花鳅属	*Cobitis* Linnaeus										
花鳅	*Cobitis taenia*	☉	☉		☉	☉	☉				
泥鳅属	*Misgurnus* Lacépède										
泥鳅	*Misgurnus anguillicaudatus*	☉	☉	☉	☉	☉	☉				
鲇形目	Siluriformes										
鲿科	Bagridae										
黄颡鱼属	*Pelteobagrus* Bleeker										
黄颡鱼	*Pelteobagrus fulvidraco*			☉							
鲇科	Siluridae										
鲇属	*Silurus* Linnaeus										
鲇	*Silurus asotus*	☉	☉	☉	☉	☉	☉				
刺鱼目	Gasterosteiformes										
刺鱼科	Gasterosteidae										
多刺鱼属	*Pungitius* Coste										
中华多刺鱼	*Pungitius sinensis*			☉	☉	☉	☉				
鲉形目	Scorpaeniformes										
杜父鱼科	Cottidae										
杜父鱼属	*Cottus* Linnaeus										
杂色杜父鱼	*Cottus Poecilopus*				☉	☉					
克氏杜父鱼	*C. zerskii*	☉	☉		☉	☉				☉	
鲈形目	Perciformes										
鲻科	*Mugil* Linnaeus										
鲻属	*Mugil* Linnaeus										
鲻	*Mugil cephalus*			☉							
塘鳢科	Eleotridae										
鲈塘鳢属	*Perccottus* Dybowski										
鲈塘鳢	*Perccottus glenii*							☉			
裸头虾虎鱼科	Gobiidae										
裸头虾虎鱼属	*Chaenogobius* Gill										
尾纹长颌虾虎鱼	*Chaenogobius annularis*			☉	☉						

续表

中文名	拉丁名	图们江干流上游	图们江干流中游	图们江干流下游	珲春河	密江河	嘎呀河	布尔哈通河	海兰河	红旗河	国家重点保护野生动植物名录
克丽虾虎鱼属	*Cheoea* Jordan et Snyder										
黄带长颌虾虎鱼	*Chloea laevis*				⊙		⊙				
鳢科	Channidae										
鳢属	*Ophiocephalus* Bloch										
乌鳢	*Channa argus*			⊙							
鲀形目	Tetraodontiformes										
鲀科	Tetraodontidae										
东方鲀属	*Takifugu*										
黄鳍东方鲀	*Takifugu xanthopterus*			⊙							
两栖动物（Amphibians）											
有尾目	Caudata										
小鲵科	Hynobiidae										
小鲵属	*Hynobius*										
东北小鲵	*Hynobius leechii*				⊙	⊙	⊙				二级
无尾目	Anura										
铃蟾科	Bombinatoridae										
铃蟾属	*Bombina*										
东方铃蟾	*Bombina orientalis*	⊙			⊙	⊙	⊙	⊙	⊙		
蟾蜍科	Bufonidae										
蟾蜍属	*Bufo*										
中华蟾蜍	*Bufo gargarizans*	⊙	⊙	⊙	⊙		⊙	⊙	⊙		
雨蛙科	Hylidae										
雨蛙属	*Hyla*										
东北雨蛙	*Hyla ussuriensis*			⊙	⊙	⊙					
姬蛙科	Microhylidae										
狭口蛙属	*Kaloula*										
北方狭口蛙	*Kaloula borealis*	⊙	⊙	⊙	⊙		⊙		⊙		
蛙科	Ranidae										
蛙属	*Rana*										
东北林蛙	*Rana dybowskii*	⊙			⊙	⊙	⊙	⊙	⊙		
黑龙江林蛙	*R. amurensis*				⊙	⊙					
腺蛙属	*Glandirana*										
东北粗皮蛙	*Glandirana emeljanovi*				⊙	⊙	⊙				
侧褶蛙属	*Pelophylax*										

续表

中文名	拉丁名	图们江干流上游	图们江干流中游	图们江干流下游	珲春河	密江河	嘎呀河	布尔哈通河	海兰河	红旗河	国家重点保护野生动植物名录
黑斑侧褶蛙	*Pelophylax nigromaculatus*	⊙	⊙	⊙	⊙	⊙	⊙	⊙	⊙		
爬行动物（Reptiles）											
有鳞目	Squamata										
蜥蜴亚目	Sauria										
蜥蜴科	Lacertidae										
麻蜥属	*Eremias*										
山地麻蜥	*Eremias brenchleyi*				⊙						
草蜥属	*Takydromus*										
黑龙江草蜥	*Takydromus amurensis*					⊙	⊙				
白条草蜥	*T. wolteri*	⊙	⊙								
蛇亚目	Ophidia										
游蛇科	Colubridae										
锦蛇属	*Elaphe*										
白条锦蛇	*Elaphe dione*	⊙	⊙	⊙	⊙	⊙	⊙	⊙	⊙	⊙	
棕黑锦蛇	*E. schrenckii*	⊙	⊙	⊙		⊙	⊙	⊙	⊙	⊙	
赤峰锦蛇	*E. anomala*					⊙					
腹链蛇属	*Hebius*										
东亚腹链蛇	*Hebius vibakar*					⊙	⊙				
颈槽蛇属	*Rhabdophis*										
虎斑颈槽蛇	*Rhabdophis tigrinus*	⊙	⊙	⊙	⊙	⊙	⊙	⊙	⊙		
蝰科	Viperidae										
亚洲蝮属	*Gloydius*										
短尾蝮	*Gloydius brevicaudus*					⊙					
乌苏里蝮	*G. ussuriensis*				⊙			⊙	⊙		
岩栖蝮	*G. saxatilis*	⊙	⊙		⊙		⊙	⊙	⊙		
大型水生植物（Aquatic plant）											
蕨类植物门	Pteridophyta										
蕨纲	Filicopsida										
槐叶苹目	Salviniales										
槐叶苹属	*Salvinia*										
槐叶苹	*Salvinia natans*				⊙	⊙	⊙				
被子植物门	Angiospermae										
单子叶植物纲	Monocotyledoneae										
沼生目	Helobiae										

续表

中文名	拉丁名	图们江干流上游	图们江干流中游	图们江干流下游	珲春河	密江河	嘎呀河	布尔哈通河	海兰河	红旗河	国家重点保护野生动植物名录
泽泻科	Alismataceae										
泽泻属	Alisma										
草泽泻	Alisma gramineum	⊙	⊙	⊙	⊙	⊙		⊙	⊙	⊙	
泽泻	A. plantago-aquatica				⊙	⊙					
慈姑属	Sagittaria										
野慈姑	Sagittaria trifolia				⊙	⊙					
水鳖科	Hydrocharitaceae										
水鳖属	Hydrocharis										
水鳖	Hydrocharis dubia					⊙					
眼子菜科	Potamogetonaceae										
眼子菜属	Potamogeton										
菹草	Potamogeton crispus					⊙			⊙	⊙	
异叶眼子菜	P. heterophyllus							⊙	⊙		
浮叶眼子菜	P. natans					⊙					
小浮叶眼子菜	P. vaseyi									⊙	
篦齿眼子菜属	Stuckenia										
篦齿眼子菜	Stuckenia pectinata					⊙					
天南星目	Arales										
天南星科	Araceae										
菖蒲属	Acorus										
菖蒲	Acorus calamus	⊙	⊙	⊙	⊙	⊙					
莎草目	Cyperales										
莎草科	Cyperaceae										
三棱草属	Bolboschoenus										
荆三棱	Bolboschoenus yagara								⊙		
薹草属	Carex										
莎薹草	Carex bohemica				⊙	⊙					
二籽薹草	C. disperma							⊙	⊙		
黑水薹草	C. drymophila				⊙	⊙				⊙	
溪水薹草	C. forficula				⊙	⊙					
湿薹草	C. humida	⊙	⊙	⊙	⊙	⊙		⊙	⊙	⊙	
尖嘴薹草	C. leiorhyncha					⊙				⊙	
乌拉草	C. meyeriana	⊙	⊙	⊙						⊙	
翼果薹草	C. neurocarpa	⊙	⊙	⊙	⊙	⊙		⊙	⊙	⊙	

续表

中文名	拉丁名	图们江干流上游	图们江干流中游	图们江干流下游	珲春河	密江河	嘎呀河	布尔哈通河	海兰河	红旗河	国家重点保护野生动植物名录
大穗薹草	*C. rhynchophysa*									⊙	
莎草属	*Cyperus*										
高秆莎草	*Cyperus exaltatus*								⊙		
头状穗莎草	*Cyperus glomeratus*	⊙	⊙	⊙	⊙	⊙		⊙	⊙	⊙	
荸荠属	*Eleocharis*										
牛毛毡	*Eleocharis yokoscensis*							⊙			
藨草属	*Scirpus*										
东方藨草	*Scirpus orientalis*	⊙	⊙	⊙	⊙	⊙		⊙		⊙	
球穗藨草	*S. wichurae*						⊙				
水葱	*S. validus*	⊙	⊙	⊙	⊙		⊙	⊙		⊙	
百合目	Liliiflorae										
鸢尾科	*Iridaceae*										
鸢尾属	*Iris*										
玉蝉花	*Iris ensata*				⊙	⊙					
雨久花科	*Pontederiaceae*										
雨久花属	*Monochoria*										
雨久花	*Monochoria korsakowii*							⊙	⊙		
鸭舌草	*M. vaginalis*						⊙				
灯心草目	Juncales										
灯心草科	Juncaceae										
灯心草属	*Juncus*										
小灯心草	*Juncus bufonius*						⊙				
灯心草	*J. effusus*	⊙	⊙	⊙	⊙		⊙	⊙	⊙	⊙	
洮南灯心草	*J. taonanensis*						⊙				
佛焰花目	Spathiflorae										
浮萍科	Lemnaceae										
浮萍属	*Lemna*										
浮萍	*Lemna minor*	⊙	⊙	⊙	⊙		⊙	⊙	⊙	⊙	
禾本目	Graminales										
禾本科	Poaceae										
茵草属	*Beckmannia*										
茵草	*Beckmannia syzigachne*	⊙	⊙	⊙	⊙		⊙	⊙	⊙	⊙	
甜茅属	*Glyceria*										
水甜茅	*Glyceria maxima*						⊙				

续表

中文名	拉丁名	图们江干流上游	图们江干流中游	图们江干流下游	珲春河	密江河	嘎呀河	布尔哈通河	海兰河	红旗河	国家重点保护野生动植物名录
狭叶甜茅	G. spiculosa								⊙		
芦苇属	Phragmites										
芦苇	Phragmites australis	⊙	⊙	⊙	⊙	⊙		⊙	⊙	⊙	
菰属	Zizania										
菰	Zizania latifolia					⊙					
香蒲科	Typhaceae										
香蒲属	Typha										
水烛	Typha angustifolia	⊙	⊙	⊙	⊙	⊙		⊙	⊙	⊙	
小香蒲	T. minima					⊙					
香蒲	T. orientalis				⊙	⊙			⊙		
鸭跖草目	Commelinales										
鸭拓草科	Commelinaceae										
水竹叶属	Murdannia										
疣草	Murdannia keisak								⊙	⊙	
双子叶植物纲	Dicotyledoneae										
蓼目	Polygonales										
蓼科	Polygonaceae										
酸模属	Rumex										
水生酸模	Rumex aquaticus									⊙	
蓼属	Persicaria										
两栖蓼	Persicaria amphibia						⊙			⊙	
红蓼	P. orientalis						⊙				
伞形目	Apiales										
伞形科	Apiaceae										
水芹属	Oenanthe										
水芹	Oenanthe javanica	⊙	⊙	⊙	⊙	⊙		⊙	⊙	⊙	
泽芹属	Sium										
泽芹	Sium suave							⊙			
桔梗目	Campanulales										
菊科	Asteraceae										
紫菀属	Aster										
圆苞紫菀	Aster maackii									⊙	⊙	
鬼针草属	Bidens										
柳叶鬼针草	Bidens cernua									⊙	⊙	

续表

中文名	拉丁名	图们江干流上游	图们江干流中游	图们江干流下游	珲春河	密江河	嘎呀河	布尔哈通河	海兰河	红旗河	国家重点保护野生动植物名录
风毛菊属	*Saussurea*										
龙江风毛菊	*Saussurea amurensis*									⊙	
橐吾属	*Ligularia*										
蹄叶橐吾	*Ligularia fischeri*						⊙			⊙	
大戟目	Euphorbiales										
水马齿科	Callitrichaceae										
水马齿属	*Callitriche*										
水马齿	*Callitriche palustris*						⊙				
毛茛目	Ranales										
金鱼藻科	Ceratophyllaceae										
金鱼藻属	*Ceratophyllum*										
金鱼藻	*Ceratophyllum demersum*				⊙		⊙				
毛茛科	Ranunculaceae										
水毛茛属	*Batrachium*										
长叶水毛茛	*Batrachium kauffmanii*				⊙	⊙				⊙	
驴蹄草属	*Caltha*										
驴蹄草	*Caltha palustris*	⊙	⊙	⊙	⊙	⊙	⊙			⊙	
侧膜胎座目	Parietales										
藤黄科	Clusiaceae										
三腺金丝桃属	*Triadenum*										
红花金丝桃	*Triadenum japonicum*									⊙	
瓶子草目	Sarraceniales										
茅膏菜科	Droseraceae										
茅膏菜属	*Drosera*										
圆叶茅膏菜	*Drosera rotundifolia*									⊙	
管状花目	Tubiflorae										
唇形科	Lamiaceae										
地笋属	*Lycopus*										
地笋	*Lycopus lucidus*	⊙	⊙	⊙	⊙	⊙	⊙	⊙			
水苏属	*Stachys*										
毛水苏	*Stachys baicalensis*						⊙	⊙			
狸藻科	Lentibulariaceae										
狸藻属	Lentibulariaceae										
异枝狸藻	*Utricularia intermedia*									⊙	

续表

中文名	拉丁名	图们江干流上游	图们江干流中游	图们江干流下游	珲春河	密江河	嘎呀河	布尔哈通河	海兰河	红旗河	国家重点保护野生动植物名录
狸藻	*U. Vulgaris*								⊙		
玄参科	Scrophulariaceae										
婆婆纳属	*Veronica*										
北水苦荬	*Veronica anagallis-aquatica*	⊙	⊙	⊙	⊙	⊙	⊙	⊙	⊙		
马先蒿属	*Pedicularis*										
野苏子	*Pedicularis grandiflora*									⊙	
胡麻科	Sesamum										
茶菱属	*Trapella*										
茶菱	*Trapella sinensis*					⊙					
菱属	*Trapa*										
格菱	*Trapa pseudoincisa*							⊙	⊙		
桃金娘目	Myrtiflorae										
千屈菜科	Lythraceae										
千屈菜属	*Lythrum*										
千屈菜	*Lythrum salicaria*				⊙			⊙	⊙		
捩花目	Contortae										
龙胆科	Gentianaceae										
睡菜属	*Menyanthes*										
睡菜	*Menyanthes trifoliata*					⊙			⊙	⊙	
荇菜属	*Nymphoides*										
荇菜	*Nymphoides peltata*					⊙					
报春花目	Primulales										
报春花科	Primulaceae										
珍珠菜属	*Lysimachia*										
球尾花	*Lysimachia thyrsiflora*	⊙	⊙	⊙	⊙	⊙	⊙	⊙	⊙		
蔷薇目	Rosales										
虎耳草科	Saxifragaceae										
金腰属	*Chrysosplenium*										
蔓金腰	*Chrysosplenium flagelliferum*				⊙	⊙					
杜鹃花目	Ericales										
杜鹃花科	Ericaceae										
越橘属	*Vaccinium*										
小果红莓苔子	*Vaccinium microcarpum*									⊙	